工业和信息化部"十四五"规划专著

键合空间模态分析与动力学仿真

戴劲松　林圣业　王茂森　李　勇　苏晓鹏　著

科学出版社

北　京

内 容 简 介

本书总结作者自"九五"以来教学和科研取得的重要学术理论成果，将键合空间理论与模态分析理论相融合，主要介绍键合空间实体的概念、键合空间模型拓扑结点表示和状态方程符号推导方法、基于键合空间理论的模态分析和动力学仿真，内容丰富，概念清晰，阐述详尽，系统性强。内容包括键合空间基础理论、键合空间实体、一维系统和多自由度系统的键合空间表示方法，并通过大量实例说明键合空间理论的基本概念及其在模态分析与动力学仿真中的应用原理和方法，通用性强，适应范围宽，非常适应多能量范畴耦合系统动力学分析的迫切需求。

本书可作为高等院校机械工程、兵器科学与技术等学科的高年级本科生和硕士研究生的参考书，也可供相关科研人员参考。

图书在版编目(CIP)数据

键合空间模态分析与动力学仿真/戴劲松等著. —北京：科学出版社，2023.9
ISBN 978-7-03-075329-8

Ⅰ. ①键… Ⅱ. ①戴… Ⅲ. ①机械图-图论 Ⅳ. ①TH126

中国国家版本馆 CIP 数据核字(2023) 第 056000 号

责任编辑：李涪汁 曾佳佳 / 责任校对：郝璐璐
责任印制：张 伟 / 封面设计：许 瑞

科 学 出 版 社 出版
北京东黄城根北街 16 号
邮政编码：100717
http://www.sciencep.com

北京厚诚则铭印刷科技有限公司 印刷
科学出版社发行 各地新华书店经销
*
2023 年 9 月第 一 版 开本：720×1000 1/16
2023 年 9 月第一次印刷 印张：14 3/4
字数：300 000

定价：139.00 元
(如有印装质量问题，我社负责调换)

前　　言

本书是作者自"九五"以来教学和科研取得的重要学术理论成果的总结，概念清晰、内容新颖、实用性强，特别是将键合空间理论和模态分析理论融为一体，丰富了机械动力学的研究内涵，具有鲜明的特色。

本书首先系统介绍了键合空间理论的基本知识，重点介绍状态确定系统、因果关系、键合空间基本元件的定义，并给出建立键合空间模型的一般步骤和列写状态方程的流程。然后按照从单自由度到二自由度、多刚体系统到柔体系统的顺序讨论键合空间理论在模态分析中的应用，由易到难，可读性强。最后结合作者多年科研经验，以多种自动机为对象，通过实例讲解基于键合空间理论的动力学仿真方法，便于读者举一反三。

本书在强调键合空间理论基本概念理解的基础上兼顾了工程应用的实用性，可供从事模态分析及相关工程技术人员参考使用，也可作为机械、兵器、航空、航天、船舶、车辆等专业高年级本科生以及研究生的参考书。

本书第 1、2、10 章由戴劲松执笔；第 3～6 章由林圣业执笔；第 7 章由王茂森执笔；第 8 章由李勇执笔；第 9 章由苏晓鹏执笔。

本书得到工业和信息化部"十四五"规划专著项目资助。在申报过程中得到南京理工大学谈乐斌教授和侯保林教授的支持和推荐。能够完成本书还要感谢科学出版社李涪汁编辑的校稿，以及课题组所有同学的绘图等工作，我们十分感谢许多朋友和学者的建议，感谢本领域研究者的卓著贡献，感谢本书参考文献中列出的各位作者。

由于作者水平有限，疏漏之处在所难免，敬希读者指正。

作　者
2023 年 4 月

目　　录

第 1 章　键合空间基础理论

模态分析和动力学仿真是兵器、航空、航天、船舶、车辆、制造装备等领域的主要研究内容之一，是机械产品设计过程中不可缺少的重要环节[1-6]。模态分析和动力学仿真要想获得准确的结果，要求所建立的模型能够客观反映系统的真实工况，即必须在理论建模过程中考虑整个系统的每一个环节。然而，传统的模态分析和动力学仿真方法，如牛顿力学法、分析力学法等，高度依赖于抽象的力学模型，局限性较大，特别是针对机、电、液、气等高度一体化的复杂耦合系统，模型精细化将急剧增加推导动力学方程的难度。因此，如何准确、高效地建立复杂耦合系统的动力学模型，继而开展模态分析和动力学仿真，成为亟须解决的关键问题。

键合空间理论是一种行之有效的系统动力学建模方法，它采用势向量、流向量、位变向量和动量向量 4 种广义变量来反映系统的基本物理过程，是传统键合图理论[7-12]的最新发展。键合空间理论的提出为解决复杂耦合系统精准建模问题提供了一种新的途径[13]。相较于传统方法，键合空间法的优势主要包括以下两点：① 系统表征方面，键合空间理论定义的基本元件物理含义明确，通过元件的简单组合就能够表征系统，可直接对照实际产品绘制键合空间拓扑结构图，且可根据研究的深入程度，对系统及环境任意细分；② 方程推导方面，键合空间理论采用的 4 种状态向量与各元件符号之间具有确定的函数关系，可根据键合空间拓扑结构图直接列写状态方程。因此，键合空间理论特别适用于复杂耦合系统的精准建模与分析，可望实现动力学方程的自动符号推导，并在此基础上研发具有我国自主知识产权的模态分析和动力学仿真软件。

1.1　状态确定系统

在考虑复杂机械系统时要从"系统的观念"出发，首先应该明确系统与环境的界限，确定系统的功能。通常我们所研究的系统是更高一级系统的一个组元，这种从属关系的确定，对准确划分系统边界，从诸多环境对系统和系统对环境的影响中找出主要影响因素，以确定系统输入-输出关系和简化系统模型是极其重要的。对于系统内部，它也可以再划分为多级带有从属关系的组元。理论上一个系统可以无限地划分下去，但对于研究者而言，划分的层次和数量是有限的，并且所关注的组元特性也是特定的，这主要取决于研究者所处的角度、研究目的、研究所采用的理论和手段等。例如，在对外能源自动机进行系统动态模拟时，研究的主要目的是：

(1) 确定自动机在外部能源的驱动下，如何完成自动射击循环的动态过程；

(2) 确定自动机对载体等环境的作用，如力的作用、供弹接口、射击控制、射击效果等。

对于这样一个系统，我们能够从物体的形态和功能上划分系统界限，同时对于系统内部也可以根据物体形态和功能把它划分为若干组元，如炮箱组件、身管组件、进弹组件、机心组件、动力组件、迟发火保险组件、控制平台等。对于每个部分，只把它再划分至具有独立功能且参与系统动力学过程的元件为止。在研究系统动力学特性时，只要关注这些元件与系统动力学有关的特性，而不过分关注这些元件本身的其他性能。虽然还可以继续往下划分，但已经没有必要，细化下去反而会淡化研究主题，带来研究的混乱。

对系统研究的重点应放在系统的性能上，这就需要了解系统各组成部分的知识，就外能源自动机而言，其系统组成涉及火炮设计、机械、电子、流体力学和控制等领域的知识，要完成其系统的研究，应该对这些方面的知识都有一定深度的了解，这样才能准确地对系统进行划分，并抽象出对系统特性有用的元件特性。

键合空间理论的提出给我们提供了这样一种可能，可以只用少量的理想元件来构造机、电、磁、液、气和热等多能量范畴耦合系统的模型，即用一些理想元件的组合就可近似地反映系统实际组成元件的动力学特性，并最终构成系统的模型。该模型的形式往往被描述成"状态确定系统"。系统采用一组状态变量所表述的常微分方程和一组代数方程来描述，其中代数方程表示了其他研究变量和系统状态变量之间的关系。从数学的观点来看，只要状态确定系统初始时刻的各状态变量已知，来自环境的各输入量与未来时间的函数关系已知，那么这一系统全部变量的未来值是已知的，从而也就确定了系统未来对环境的输出。这种基于时间单向的观点，即未来不影响过去事件的发生，正是用模型去模拟实际工程系统未来状态和运行效果的出发点。这同时表明，一项科学实验或工程系统的科学性体现在，只要提供相同的初始状态，并在运行过程中给予系统相同的输入，那么应该得到相同的结果，即可重复性。

状态确定系统的模型经过上百年的科技实践证明是有效的，这种模型适用于我们通常所见到的各种工程问题。对于一个动态模型 S 来讲，用一组状态变量 Q 来表征，Q 受到一组输入变量 D (即环境对系统的作用) 的影响。输出变量 U 是系统响应的可观察的部分，或是系统对环境的反作用。这种动态系统的模型可用于三个不同的方面：① 分析，即给定 D 的未来值和 Q 的现在值去预测系统 S 的 U 值，即预测系统未来的行为；② 识别，给出 D 和 U 的时间过程求出模型

S 同 D 和 U 相容的 Q 值,这是通常科学实验的实质;③ 综合,给定 D 和期望的 U 求出在 D 作用下会产生 U 的 S。大多数的工程涉及综合方面,而动态模型在这方面起着重要的作用,可以用动态模型去模拟多方案的系统模型,从中得出最佳的方案组合,节约大量科研和设计的费用和时间。

1.2 因 果 关 系

因果关系是键合空间理论中的一个重要概念,它贯穿键合空间理论的始终,是应用键合空间理论的关键。时至今日,因果关系的意义在很大程度上仍属于一个哲学上争论的话题,我们对它的理解还主要基于生活中的现象,例如,阴阳、矛盾的两个方面、主要矛盾的主要方面和次要方面、力和物体的运动、电压和电流的关系等。然而,不论系统是如何的繁杂,运动形式的差别如何大,也不论是有形可见的物体还是无形不可见的客观存在的运动,在这所有的背后都存在能量的转换和传递。由于键合空间理论因果关系有着极强的灵活性和概括性,也就决定了键合空间理论对多样的系统具有极强的表征能力,它对系统的描述在很大程度上与传统的系统建模方法和思想不同。

直觉的因果律是建立在人们对物理系统共同认知的基础上,并且用口头解释的模式表达出来。定量物理学强调起因解释前后关系的因果关联性,这种想法就是应用于工程系统设计和诊断的自动系统的基本思想。在关于键合图的文献中大量使用了计算因果律的概念。计算因果律通过指示模拟中的计算规则,避免了直觉上因果律的解释。计算因果律可以看成是总的因果律中的一种,即变量之间是如何相互影响的。定量物理学因果律和计算因果律都与键合空间因果律的关系很密切。

de Kleer 和 Brown[14] 认为物质的内在世界是一个相互作用的机构的集合,他们把因果律描述为在一种平衡状态到另一种平衡状态的转变过程中的信息传播。虚拟的时间和因果律概念被引用于阐述瞬间发生的传播过程,产生的扰动通过网状系统传播,只要没有反馈,就能通过简单变换来实现,且该变换值被认为是下一个派生值的起因。如果系统存在超过一个的未知量,也就是存在反馈,则选择各未知量作为变量。如果所选择的变量在传播后产生了不协调,就必须进行反向跟踪。注意到这点后,只要将变量处理为 −、0 或 +,那么程序就可以使用了。由于初始变量有好几种选择的可能,那么引进反馈,程序就产生了一系列的变化因子。de Kleer 和 Brown 采用直观推导法避免了与局部信息传播直觉因果律不相容的模拟方程的求解。

Williams[15] 在关于物理系统定量分析的论文中主张,在处理网络水平的因果关系时,采用电动力水平 (波的传播) 的直接推导理论来对电路进行分析。他的方法和 de Kleer 与 Brown 的方法等效，不同的是，Williams 认为因果律的一般概念在有反馈的系统中是行不通的。分析倾向于在数学反馈环中沿主流方向赋予因果律，而且在有完整反馈的系统中，Williams 观察到因果律不是从一个定值至派生值，而是沿积分路径选择的。

Iwasaki 和 Simon[16] 提出了一种叫起因法则的数学方法。他们假设了一种根据结构方程或机构装置来阐述的模式。他们认为：假如对一组结构方程组来讲，方程数等于未知数的个数，则这一组结构方程式体系是自行控制的。那些不需要替换变量就能解决的变量称为外生变量，它们由外部直接确定。其他方程里的变量替换值导致产生了新的自行控制的方程组，由这些变量解出的变量称为变量的诱发性从变量，接着新发现的值依次被用于确定其他未知数。这个步骤一直重复着，直到所有变量都包含在起因法则里。

Forbus[17] 在他的定量过程理论中，将两种关系区别开来：直接影响关系和间接影响关系。直接影响关系中是一个变量确定了另一个变量的出处，而间接影响关系中则是由相对应的代数关系表达式来体现。

尽管计算因果律把重点放在对数字模拟的说明上，但许多学者指出，计算因果律在概念上已经有了键合空间因果律的基本特征，对于定量分析起因的解释是有用的。在键合空间中，键合空间因果律不仅是一种数学工具，能够记录下系统中因果关系的形式和顺序，进而为系统模型的分析和模拟计算提供完整的信息流，同时它也是物理意义上因果关系直觉感受的一种体现和表述，也同样能够表述出真实系统物理量之间的因果关系，从而反映出能量和信息在系统时间、空间上的传播及过程。

键合空间因果律和时间的关系：在描述限定的动力学系统时，时间的过程基本上是由状态的连续而构成。为了确定下一状态，从上一状态所获得的信息必须是充分的。在这一点上键合空间因果律同时间联系在一起。时间信息的基本传播就是过程的储存，在数学上时间的储存可表示为：广义状态变量流 f 对时间积分而形成位变 q，以及广义状态变量势 e 对时间的积分而形成动量变量 p 这两个方面。但是由于系统模型是建立在特定的时间尺度上的，所以许多过程都被假设为瞬时发生的过程，它们可用代数表达式或储存的过程来表示。这样的过程就产生了零阶的环，在环中有关联的变量被确定下来而不能任意地选择初始值。在零阶环中，因果律是受限制的，但可透过环的可变化的方向进行选择，且相对于系统时间尺度来讲，其相互作用的时间几乎不用考虑，认为环中相互作用在一个瞬时就达到了平衡。

键合空间因果律和能量的关系：在物理系统的网状模型中，信息交换只在沿功率流的方向上进行，很自然会将这种物理的相互作用同双边的信号流联系在一起。在键合空间中，这种双向流动的信号流具体来讲体现为功率的传递。在一个复杂系统中,通常必须要进行监测和控制,而相对于整个系统的能量基准来讲,局部信号传递所消耗的能量微乎其微,或者是其所供给的能量和系统的运动完全不相干,我们只是为了获得一个便于控制和监测的单向信号并对之进行适当处理,因此为了建模和计算的方便,可假设其所消耗的功率恒为零,如后续介绍的零功率键,但是因果律对这样的局部仍然是成立的,而且对局部内接口以及局部与大系统之间接口的分析也必须遵循键合空间因果律的定义和构成。

键合空间因果律和边界条件的关系:一个状态确定的系统模型,其内部关系总可以体现为一定的因果律,这种模型的建立依赖于外部定义的模型假设,这种假设加强了系统的边界条件。对于一个系统模型来讲,要实现模型的强制运动,实现运动的可预测性,其边界条件就必须是充分的。边界条件从形式上讲总可以通过一系列的因果关系来体现,而且这种因果关系延伸到整个系统模型的内部都是合理的,它是系统运动的主要起因。从作用方式上可以将主要起因分为三种:① 参数必须被精确赋值来建立系统的精确结构;② 对系统内部动力学在特征点进行初始化,即对状态参量赋初值;③ 系统的持续运作往往依赖于系统的输入变量。

输入变量通常以源的方式出现,它反映了系统和外部环境之间的相互作用。输入变量既可以是时变的量,也可以是状态参量或系统控制信息变化的量。在键合空间模型中,因果关系由每根键势和流的因果关系来具体地体现,这种势和流的因果关系相当于控制理论中方块图的输入和输出关系。在方块图中用变量和传递函数来计算输出变量,而在键合空间理论中则是通过利用原因变量和键合空间元件的特性方程来计算结果变量。因此对键合空间模型中每根键因果关系的确定,实质就是确定该键两个广义状态变量谁是因变量、谁是果变量。对整个模型来讲,因果关系受制于系统构成的元件、元件间的连接方式以及系统的输入–输出关系等,整个模型因果关系的确定就展示了系统主因在系统内的传递过程和效果。所以通过对键合空间模型因果关系的确定,可以避免在推导系统动力学方程过程中由于变量代换造成的麻烦和错乱,同时也能很方便地检查系统模型的正确性,在解系统动力学方程之前就可直观地了解系统的一系列性质。

1.3 键与键合空间

单纯从概念来看,不同能量范畴系统中的元件是千差万别的,如机械系统通常有杠杆、齿轮、链条、凸轮、皮带轮以及弹簧、电机等;电子系统有电阻、二极管、三极管、电容、线圈、导线和电源等;而液压系统有各种液压控制阀、流量控制阀、液压缸、液压泵和各种管路等。仔细分析各种能量范畴系统中的元件和元件实现系统功能的组合方式,可以发现它们之间存在着许多共同点,其中最根本的是：不管系统构成如何不同，元件的数量和性质差别如何大，系统的功能归根结底是通过能量在系统各元件的传递和转换来实现的。因此只要抓住能量传递和转换的过程，就可以对系统进行有效的分析。一般而言，系统能量的传递和转换是随时间变化而变化的，为了便于考虑能量与时间的关系，以瞬时功率来表示能量的传递和转换。

对于不同能量范畴的系统，由于各自元件运动形式和能量传递方式的差异，功率的体现不尽相同，如在机械系统中，对于平动系统，功率等于作用于刚体上的力和速度在力方向上投影的乘积；对于平面转动系统，功率等于力矩和角速度的乘积；在电子线路中，功率等于电压和电流的乘积；在液压和气压系统中，功率等于压力和体积流量的乘积。这种在系统间和系统内部传递功率的地方就称为通口。功率是标量，在上面几种情况中，功率是两个互为因果关系的物理量的乘积，从广义上讲，我们把这种形成功率传递的互为因果关系的量称为"势"和"流"。在键合图理论中，一般把势和流当成标量处理，但由于实际系统中很多可以表示为势和流的物理量是矢量，如作用在刚体上的力和速度等，因此为了更好地反映系统的真实状况并具有更普遍的意义，将势和流表征为在有限维空间中的向量。

1.3.1   广义状态变量

1. 势和流

在系统中，把两个互为因果关系且其点乘为功率的物理量分别叫作势和流。势通常表示系统中广义元件间以及它们和系统外的相互作用；而流通常表示系统中的广义元件在其所对应广义空间中的位置相对于时间的变化。

对系统中的某一广义元件来讲，其势的全体为一非空集合 E，R 为实数域。定义 E 是实数域 R 上的线性空间，并定义 E 是有限维的，就把 E 叫作势空间。取 $V = \{v_1, v_2, v_3, \cdots, v_n\}$ 是 E 的基，则 E 中的任一元素 e，可唯一表示为

$$e = e_1 v_1 + e_2 v_2 + e_3 v_3 + \cdots + e_n v_n = \{v_1, v_2, v_3, \cdots, v_n\}\{e_1, e_2, e_3, \cdots, e_n\}^{\mathrm{T}}$$

$$(1.3.1)$$

同样，对同一个广义元件来讲，设 F 为其流全体的非空集合，并定义 F 为实数域 R 上的线性空间，就把 F 叫作流空间。根据势和流的定义，它们的点乘等于该元件瞬时功率，因此流空间和势空间的维数相等，即互为因果关系的势空间和流空间同构。设 $W = \{w_1, w_2, w_3, \cdots, w_n\}$ 是流空间 F 的基，则流空间中的任一元素 f，可唯一表示为

$$f = f_1 w_1 + f_2 w_2 + f_3 w_3 + \cdots + f_n w_n = \{w_1, w_2, w_3, \cdots, w_n\}\{f_1, f_2, f_3, \cdots, f_n\}^{\mathrm{T}}$$

$$(1.3.2)$$

2. 动量变量和位变

定义: 设势空间的元素 e 是时间的函数,则从 t_0 时刻到 t 时刻 e 对时间的积分就叫 e 从 t_0 时刻到 t 时刻对应的动量变量;同样设流空间的元素 f 是时间的函数,则从 t_0 时刻到 t 时刻 f 对时间的积分就叫 f 从 t_0 时刻到 t 时刻对应的位变。即

$$
\begin{cases}
\boldsymbol{p} = \int\limits_{t_0}^{t} \boldsymbol{e}\mathrm{d}t \\
\boldsymbol{q} = \int\limits_{t_0}^{t} \boldsymbol{f}\mathrm{d}t
\end{cases}
\tag{1.3.3}
$$

反之,有

$$
\begin{cases}
\boldsymbol{e} = \dfrac{\mathrm{d}\boldsymbol{p}}{\mathrm{d}t} \triangleq \dot{\boldsymbol{p}} \\
\boldsymbol{f} = \dfrac{\mathrm{d}\boldsymbol{q}}{\mathrm{d}t} \triangleq \dot{\boldsymbol{q}}
\end{cases}
\tag{1.3.4}
$$

从式 (1.3.1) 和式 (1.3.2) 看出,势空间和流空间都和坐标空间 $\mathbf{R}^n$ 一一对应,同样我们可以用 $\mathbf{R}^n$ 中的坐标向量来分别表示动量变量空间中的动量变量和位变空间中的位变。显然,这种对应表示的坐标向量和势空间、流空间基的取法有关,为此从元件的物理意义上取互为因果关系的势空间和流空间的基,它们的基具有一致性,即满足: 势和流向量的点乘与功率的物理意义吻合,功率为

$$
w = \boldsymbol{e} \cdot \boldsymbol{f} = \sum_{i=1}^{n} e_i f_i
\tag{1.3.5}
$$

则从 t_0 时刻到 t 时刻 w 对时间的积分就是 t_0 时刻到 t 时刻的能量,为

$$
\varepsilon = \int_{t_0}^{t} w\mathrm{d}t = \int_{t_0}^{t} \sum_{i=1}^{n} e_i f_i \mathrm{d}t
\tag{1.3.6}
$$

由式 (1.3.3) 和式 (1.3.4) 可得,动量变量和位变集合所形成的动量变量空间和位变空间也是与对应的势空间和流空间同构,同样也可用式 (1.3.5) 确定的 $\mathbf{R}^n$ 中的坐标向量来表示。为了便于理解,表 1.3.1 给出了几种常见通口的四种广义变量所对应的物理量。

表 1.3.1　几种常见通口的四种广义变量所对应的物理量

广义变量	机械平移通口	机械转动通口	液压通口	电通口
势	力	力矩	压力	电压
流	速度	角速度	体积流量	电流
动量变量	动量变量	角动量变量	压力冲量	磁通量变量
位变	位移	角位移	体积	电荷

1.3.2　键合空间、键和通口

互为因果关系的势空间和流空间中的元素以及动量变量和位变都可用式 (1.3.5) 所确定的坐标空间 $\mathbf{R}^n$ 中的坐标向量表示，因此我们就可以这样说，在线性空间中存在四种不同的向量，即势向量、流向量、动量变量向量和位变向量，从物理意义上讲，势向量与流向量是相互独立的，它们的点乘即是功率，而动量变量向量和位变向量也是相互独立的，它们是势向量和流向量对时间的积分。我们把定义了四种向量且满足式 (1.3.3) 和式 (1.3.5) 的线性空间叫作键合空间。

在键合空间中，势向量和流向量的点乘确定了功率。从系统的角度看，一个系统包含了若干个键合空间，功率总是由一个键合空间流向另一个键合空间，从而表现出能量在系统中的流动过程，因此在键合空间的表述时也把这种功率的流动关系表示出来。互为因果关系的势向量和流向量的点乘为功率，从系统来看，这种因果关系的确立对系统模型的建立和分析至关重要，所以在键合空间的表述时，也应体现出这种因果关系。特别要指出的是：键合空间和通常的三维真实空间是不一样的，键合空间要求其中势向量和流向量所有元素的因果关系具有一致性，而在三维真实空间中运动的物体，其各个运动坐标及其所受的力则没有这种严格的一致性要求；同时还要注意，在考虑键合空间中各向量对时间的变化关系时，要同时考虑表示向量的坐标值和键合空间的基，所以尽管在后面许多地方我们所应用的键合空间的维数是一维，但这时的四种广义变量也不能单纯地看成标量，而是一个包含一维基和一个坐标值的乘积的量，对现实空间中运动的物体来讲，这个基往往是某个惯性空间的线性组合，如果这个基相对于惯性空间不变或变化可以不计，则四种广义变量的考虑和一般键合图理论中的标量是相同的，但如果基相对于惯性空间有变化且这种变化对系统来讲不能忽略，这时就必须同时考虑坐标值和基的变化。这也是键合空间和一般标量系统键合图理论的最大差别。据以上这些因素定义键合空间的键的符号为

$$\begin{cases} \boldsymbol{B}_i^{(m>n)}\left[\boldsymbol{e},(\boldsymbol{f})\right] \\ \boldsymbol{B}_i^{(m>n)}\left[(\boldsymbol{e}),\boldsymbol{f}\right] \end{cases} \tag{1.3.7}$$

式中，下标 i 表示该键合空间在系统中的标识符；上标 $(m>n)$ 表示功率是由标

识符为 m 的键合空间 (或元件、结点等) 通过该键流向标识符为 n 的键合空间 (或元件、结点等);对于后面方括号中的势和流,被小括号括起来的表示它是产生功率流动的主因,而没有被括起来的表示它是功率流动的结果。

定义:在系统中,系统与外部、系统内各子系统之间、各元件之间能够相互连接使功率流动的地方就叫通口,每一通口可用一根键来表示,用如图 1.3.1 所示的图形符号表示。其中:箭体的线段代表键合空间,箭头表示功率的流向,用与箭体垂直的短线表示因果关系,当短线和箭头异侧时表示功率流动的主因为流,当短线和箭头同侧时表示功率流动的主因为势。

图 1.3.1 键的图形符号表示

1.3.3 零功率键

定义:如果某键中通过的功率恒等于零,则这样的键就叫零功率键。零功率键在表示系统中信号的采集、传递和处理,以及系统中单纯的空间转换等方面有着极为重要的作用。由式 (1.3.5) 得

$$\sum_{i=1}^{n} e_i f_i = 0 \tag{1.3.8}$$

通常考虑两种极端的情况:即势恒等于 0 和流恒等于 0 这两种情况。当势恒等于 0 时的零功率键就叫零势键,当流恒等于 0 时就叫零流键。零势键和零流键的符号为:$\boldsymbol{B}_i[0,\boldsymbol{f}]$ 和 $\boldsymbol{B}_i[e,0]$,图形符号如图 1.3.2 所示。通常零势键总是以一个共流结作为始发点,而零流键总是以一个共势结作为始发点,起着传导共流结的流和共势结的势的作用。因此,虽然零流键和零势键的图形符号都一样,但只要判定它们的初始点就可以将它们区分开来。

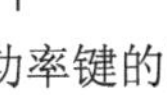

图 1.3.2 零功率键的图形符号表示

1.4 键合空间基本元件

1.4.1 阻性元件

与电路中的电阻和机械振动里的阻尼类似,我们把在一个通口处借助于某种已知的函数将该通口处的势和流联系起来的元件统称作阻性元件。通常要求这种

表示阻性元件特性的函数是可逆的，为

$$\begin{cases} e = \Phi_R(\boldsymbol{f}) \\ \boldsymbol{f} = \Phi_R^{-1}(e) \end{cases} \tag{1.4.1}$$

式中，Φ_R 和 Φ_R^{-1} 分别称为阻函数和导函数，它们互为逆。特别对于线性关系，有

$$\begin{cases} e = \boldsymbol{R}\boldsymbol{f} \\ \boldsymbol{f} = \boldsymbol{R}^{-1}e = \boldsymbol{D}e \end{cases} \tag{1.4.2}$$

式中，$\boldsymbol{R}$ 和 $\boldsymbol{D}$ 就分别为阻率矩阵和导率矩阵。

从能量输入输出的形式上，又可把阻性元件分为有源阻性元件和无源阻性元件。有源阻性元件在系统中既可消耗功率又可提供功率，通常称之为混合源，有时为了标识方便可用符号 **S** 表示。而无源阻性元件在系统中只消耗功率，用符号 **R** 表示。约定图形符号如图 1.4.1 所示。

图 1.4.1　阻性元件的图形符号表示

1.4.2　容性元件

与电路中的电容和机械系统中的弹性体类似，我们把在一个通口处将该通口的势和位变用一已知函数联系起来的元件称作容性元件。和阻性元件类似，通常也要求这一函数是可逆的，为

$$\begin{cases} \boldsymbol{q} = \Phi_C(e) \\ e = \Phi_C^{-1}(\boldsymbol{q}) \end{cases} \tag{1.4.3}$$

式中，Φ_C 和 Φ_C^{-1} 分别为柔度函数和刚度函数，它们互为逆。特别对于线性关系，有

$$\begin{cases} \boldsymbol{q} = \boldsymbol{C}e \\ e = \boldsymbol{C}^{-1}\boldsymbol{q} = \boldsymbol{E}\boldsymbol{q} \end{cases} \tag{1.4.4}$$

式中，$\boldsymbol{C}$ 和 $\boldsymbol{E}$ 分别为柔度矩阵和刚度矩阵。

容性元件用符号 **C** 表示，约定的符号如图 1.4.2 所示。

图 1.4.2　容性元件的图形符号表示

容性元件在系统中起着储存能量的作用，储存的能量为

$$\varepsilon = \int_{\boldsymbol{q}_0}^{\boldsymbol{q}} \boldsymbol{e}\,(\boldsymbol{q})\mathrm{d}\boldsymbol{q} + \varepsilon_0 \tag{1.4.5}$$

式中，ε_0 为 $\boldsymbol{q}_0$ 时容性元件储存的能量。

现在考虑一种特殊情况，即柔度为无限大 (刚度为 0)，定义：对某容性元件，若其 $\boldsymbol{q}$ 在域 $\boldsymbol{\Omega}$ 上，有 $\mathrm{d}\boldsymbol{e}/\mathrm{d}\boldsymbol{q} = 0$，这样的容性元件叫作 $\boldsymbol{q}$ 在域 $\boldsymbol{\Omega}$ 上的零刚度容性元件，简称零刚度元件。在考虑系统模型时，零刚度元件的因果关系及对确定系统状态变量的影响和容性元件一样。它的引入，使我们可以用容性元件的特性去刻画系统中构件间相对运动的情况，更便于系统状态变量的确定。同时，在实际的缓冲装置和一些非线性弹簧的设计和使用中，在位移的某段范围内实现零刚度的特性又是所企求的理想特性，因此零刚度元件的定义又有一定的实际意义。为便于识别，在必要时可以用 $\mathbf{Q}$ 标识零刚度元件，其符号如图 1.4.3 所示。

图 1.4.3　零刚度元件的图形符号表示

1.4.3　惯性元件

和常用的质量、转动惯量类似，我们把在一个通口处将该通口的动量变量和流用一已知函数联系起来的元件叫惯性元件。和阻性元件、容性元件类似，通常也要求这一函数是可逆的。其定义式为

$$\begin{cases} \boldsymbol{p} = \varPhi_I\,(\boldsymbol{f}) \\ \boldsymbol{f} = \varPhi_I^{-1}\,(\boldsymbol{p}) \end{cases} \tag{1.4.6}$$

式中，$\varPhi_I$ 和 $\varPhi_I^{-1}$ 分别为惯量函数和惯量函数逆函数。特别对于线性关系，有

$$\begin{cases} \boldsymbol{p} = \boldsymbol{I}\boldsymbol{f} \\ \boldsymbol{f} = \boldsymbol{I}^{-1}\boldsymbol{p} \end{cases} \tag{1.4.7}$$

式中，$\boldsymbol{I}$ 为惯性矩阵。

惯性元件用符号 $\mathbf{I}$ 表示，约定的符号如图 1.4.4 所示。

图 1.4.4　惯性元件的图形符号表示

惯性元件在系统中起着储存能量的作用，储存的能量为

$$\varepsilon = \int\limits_{\boldsymbol{f}_0}^{\boldsymbol{f}} \boldsymbol{p}\,(\boldsymbol{f})\mathrm{d}\boldsymbol{f} + \varepsilon_0 \tag{1.4.8}$$

式中，ε_0 为 $\boldsymbol{f}_0$ 时惯性元件储存的能量。

1.4.4 源性元件

一个系统要正常运作起来，总需要给系统提供一定的能量，前文提到的有源阻性元件，即混合源可以向系统提供能量。除此以外，能够给系统提供能量的构件和方式是多种多样的，但只要进行详细的归类研究就可以发现，能量主要以势或流的形式提供，如常见的恒压源、已知外力、恒流源等，我们把这种在单通口单纯以势或流的形式作用于系统，且这种所提供的势或流不受系统运动影响的元件称作源性元件。从定义上讲，源性元件分为两种，即势源 (用符号 **E** 表示) 和流源 (用符号 **F** 表示)，分别为

$$\begin{cases} \boldsymbol{e} = \boldsymbol{E}\,(t) \\ \boldsymbol{f} = \boldsymbol{F}\,(t) \end{cases} \tag{1.4.9}$$

源性元件的图形符号如图 1.4.5 所示。

图 1.4.5 源性元件的图形符号表示

1.5 键合空间基本二通口元件

二通口元件实质上是把两个通口的键连接起来的元件，完成功率由一个通口向另一个通口转换和传递的功能。二通口元件所连接的这两个通口的键合空间性质和维数可以一样也可以不一样，通过二通口元件既可表示不同能量范畴元件和系统间功率的传递和转换，也可表示键合空间的转换。我们说键合空间理论能够把包含不同能量范畴的系统用统一的符号表示，很重要的一点就是用二通口元件能够清楚地描述系统中不同能量范畴的元件和子系统之间势、流的转换关系以及功率的传递关系。

1.5.1 理想二通口元件

二通口元件的功能就是完成两个通口间功率的传递和转换，从理想特性上讲这种功率传递和转换应该是守恒的。对于任一二通口元件来讲，其表示符号如图 1.5.1 所示。

$$\xrightarrow{\quad i \quad} \text{TF} \xrightarrow{\quad j \quad}$$

图 1.5.1　二通口元件的图形符号表示

因此根据功率守恒的原则定义理想的二通口元件的特性，其表达式为

$$e_i \cdot f_i = e_j \cdot f_j \tag{1.5.1}$$

对键合空间 B_i 中的任一势或流来讲，经过二通口元件后对应于键合空间 B_j 的势或流是唯一的。根据上面的表达式和定义，定义两种理想的二通口元件，即转换器和回转器。

根据转换器的因果关系，把转换器分为两种类型。第一类转换器的因变量是流，设 i 键的键合空间 B_i 的维数为 $\dim(B_i) = m$，j 键的键合空间 B_j 的维数为 $\dim(B_j) = n$，转换器的功能可以用这样一个 $n \times m$ 的矩阵 K 表示，矩阵 K 满足：

$$f_j = Kf_i \tag{1.5.2}$$

则有

$$e_i = K^{\mathrm{T}}e_j \tag{1.5.3}$$

式中，K 为第一类变换矩阵。

第二类转换器的因变量是势，设 i 键的键合空间维数为 m，j 键的键合空间维数为 n，转换器的功能可以用这样一个 $n \times m$ 的矩阵 K^+ 表示，矩阵 K^+ 满足：

$$e_j = K^+ e_i \tag{1.5.4}$$

则有

$$f_i = \left(K^+\right)^{\mathrm{T}} f_j \tag{1.5.5}$$

式中，K^+ 为第二类变换矩阵。

同样，回转器按其因果关系也可分为两类。第一类回转器的因变量是势，设 i 键的键合空间的维数为 m，j 键的键合空间维数为 n，回转器的功能可用这样一个 $n \times m$ 的矩阵 G 表示，矩阵 G 满足：

$$e_j = Gf_i \tag{1.5.6}$$

则有

$$e_i = G^{\mathrm{T}} f_j \tag{1.5.7}$$

式中，G 为第一类回转矩阵。

　　第二类回转器的因变量是流，设 i 键的键合空间的维数为 m，j 键的键合空间维数为 n，回转器的功能可用这样一个 $n \times m$ 的矩阵 $\boldsymbol{G}^+$ 表示，矩阵 $\boldsymbol{G}^+$ 满足：

$$\boldsymbol{f}_j = \boldsymbol{G}^+ \boldsymbol{e}_i \tag{1.5.8}$$

则有

$$\boldsymbol{f}_i = \left(\boldsymbol{G}^+\right)^{\mathrm{T}} \boldsymbol{e}_j \tag{1.5.9}$$

式中，$\boldsymbol{G}^+$ 为第二类回转矩阵。

　　转换器和回转器的符号如图 1.5.2 所示。

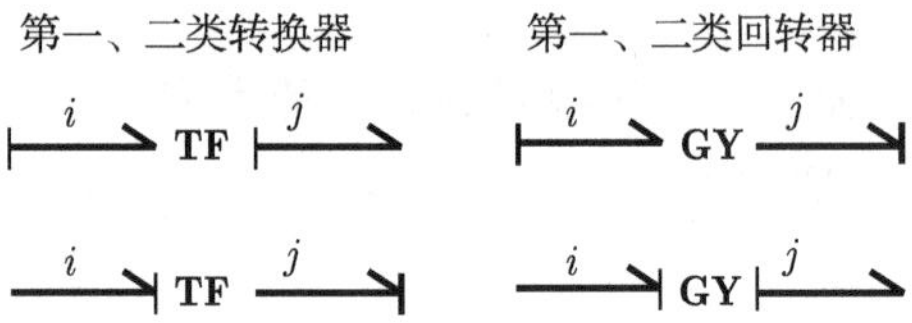

第一、二类转换器　　　　　第一、二类回转器

$\longmapsto \dfrac{i}{}\ \mathbf{TF}\ \dfrac{j}{}\longrightarrow$　　　　$\longmapsto \dfrac{i}{}\ \mathbf{GY}\ \dfrac{j}{}\longrightarrow$

$\longrightarrow \dfrac{i}{}\ \mathbf{TF}\ \dfrac{j}{}\longrightarrow$　　　　$\longrightarrow \dfrac{i}{}\ \mathbf{GY}\ \dfrac{j}{}\longrightarrow$

图 1.5.2　转换器和回转器的图形符号表示

1.5.2　二通口元件特性

　　这里以第一类转换器和第一类回转器为例进行讨论。对于第一类转换器，当键合空间 $\boldsymbol{B}_i$ 中的任一流经过二通口元件后映射于键合空间 $\boldsymbol{B}_j$ 的流唯一时，则 $\boldsymbol{B}_j$ 中的任一势经过二通口元件后对应于键合空间 $\boldsymbol{B}_i$ 的势也是唯一的；同理，对第一类回转器而言，当键合空间 $\boldsymbol{B}_i$ 中的任一流经过二通口元件后映射于键合空间 $\boldsymbol{B}_j$ 的势唯一时，则 $\boldsymbol{B}_j$ 中的任一流经过二通口元件后对应于键合空间 $\boldsymbol{B}_i$ 的势也是唯一的。

　　据矩阵运算定理，对第一类转换器设：$\forall \boldsymbol{f}_{(i,1)}, \boldsymbol{f}_{(i,2)} \in \boldsymbol{B}_i$，$\forall \boldsymbol{e}_{(j,1)}, \boldsymbol{e}_{(j,2)} \in \boldsymbol{B}_j$，则经过转换器映射后为：$\boldsymbol{f}_{(j,1)}, \boldsymbol{f}_{(j,2)} \in \boldsymbol{B}_j$，$\boldsymbol{e}_{(i,1)}, \boldsymbol{e}_{(i,2)} \in \boldsymbol{B}_i$。取 $\alpha \in \boldsymbol{R}$，有

$$\begin{cases} \boldsymbol{f}_{(j,1)} + \boldsymbol{f}_{(j,2)} = \boldsymbol{K}\left(\boldsymbol{f}_{(i,1)} + \boldsymbol{f}_{(i,2)}\right) = \boldsymbol{K}\boldsymbol{f}_{(i,1)} + \boldsymbol{K}\boldsymbol{f}_{(i,2)} \\ \alpha \boldsymbol{f}_{(j,1)} = \boldsymbol{K}\left(\alpha \boldsymbol{f}_{(i,1)}\right) = \alpha \boldsymbol{K}\boldsymbol{f}_{(i,1)} \\ \boldsymbol{e}_{(i,1)} + \boldsymbol{e}_{(i,2)} = \boldsymbol{K}^{\mathrm{T}}\left(\boldsymbol{e}_{(j,1)} + \boldsymbol{e}_{(j,2)}\right) = \boldsymbol{K}^{\mathrm{T}}\boldsymbol{e}_{(j,1)} + \boldsymbol{K}^{\mathrm{T}}\boldsymbol{e}_{(j,2)} \\ \alpha \boldsymbol{e}_{(i,1)} = \boldsymbol{K}^{\mathrm{T}}\left(\alpha \boldsymbol{e}_{(j,1)}\right) = \alpha \boldsymbol{K}^{\mathrm{T}}\boldsymbol{e}_{(j,1)} \end{cases} \tag{1.5.10}$$

　　对第一类回转器设：$\forall \boldsymbol{f}_{(i,1)}, \boldsymbol{f}_{(i,2)} \in \boldsymbol{B}_i$，$\forall \boldsymbol{f}_{(j,1)}, \boldsymbol{f}_{(j,2)} \in \boldsymbol{B}_j$，则经过回转器映射后为：$\boldsymbol{e}_{(j,1)}, \boldsymbol{e}_{(j,2)} \in \boldsymbol{B}_j$，$\boldsymbol{e}_{(i,1)}, \boldsymbol{e}_{(i,2)} \in \boldsymbol{B}_i$。取 $\alpha \in \boldsymbol{R}$，有

$$\begin{cases} \boldsymbol{e}_{(j,1)} + \boldsymbol{e}_{(j,2)} = \boldsymbol{G}\left(\boldsymbol{f}_{(i,1)} + \boldsymbol{f}_{(i,2)}\right) = \boldsymbol{G}\boldsymbol{f}_{(i,1)} + \boldsymbol{G}\boldsymbol{f}_{(i,2)} \\ \alpha \boldsymbol{e}_{(j,1)} = \boldsymbol{G}\left(\alpha \boldsymbol{f}_{(i,1)}\right) = \alpha \boldsymbol{G}\boldsymbol{f}_{(i,1)} \\ \boldsymbol{e}_{(i,1)} + \boldsymbol{e}_{(i,2)} = \boldsymbol{G}^{\mathrm{T}}\left(\boldsymbol{f}_{(j,1)} + \boldsymbol{f}_{(j,2)}\right) = \boldsymbol{G}^{\mathrm{T}}\boldsymbol{f}_{(j,1)} + \boldsymbol{G}^{\mathrm{T}}\boldsymbol{f}_{(j,2)} \\ \alpha \boldsymbol{e}_{(i,1)} = \boldsymbol{G}^{\mathrm{T}}\left(\alpha \boldsymbol{f}_{(j,1)}\right) = \alpha \boldsymbol{G}^{\mathrm{T}}\boldsymbol{f}_{(j,1)} \end{cases} \tag{1.5.11}$$

因此，第一类转换器是 B_i 中的流到 B_j 中的流，B_j 中的势到 B_i 中的势的线性映射；第一类回转器是 B_i 中的流到 B_j 中的势，B_j 中的流到 B_i 中的势的线性映射。同理，第二类转换器是 B_i 中的势到 B_j 中的势，B_j 中的流到 B_i 中的流的线性映射；第二类回转器是 B_i 中的势到 B_j 中的流，B_j 中的势到 B_i 中的流的线性映射。

特别地，当 $\dim(B_i) = \dim(B_j)$ 时，它们就是线性变换，K 和 G 是可逆的方阵，有如下关系：

$$\begin{cases} K^{-1} = K^+ \\ G^{-1} = G^+ \end{cases} \tag{1.5.12}$$

这时，第一类转换器、回转器与第二类转换器、回转器互为逆，这会给建立系统模型和计算处理带来很多方便。

1.5.3　调质二通口元件

调质二通口元件主要指调质转换器和调质回转器，是对转换器和回转器的扩展。转换器和回转器的 K、K^+ 和 G、G^+ 是常矩阵，而调质转换器和调质回转器的 K、K^+ 和 G、G^+ 则是某个信号 λ 的函数，可以表示为 $K(\lambda)$、$K^+(\lambda)$ 和 $G(\lambda)$、$G^+(\lambda)$，如图 1.5.3 所示。这个信号可以是来自系统内部的反馈信号、状态变量或中间变量，也可以是来自系统外部的调节控制信号。由于在大多数情况下，信号 λ 是时变量，因此在计算时必须考虑由此引起对系统的影响，即 $\dfrac{\mathrm{d}K}{\mathrm{d}\lambda}\dfrac{\mathrm{d}\lambda}{\mathrm{d}t}$，$\dfrac{\mathrm{d}K^+}{\mathrm{d}\lambda}\dfrac{\mathrm{d}\lambda}{\mathrm{d}t}$，$\dfrac{\mathrm{d}G}{\mathrm{d}\lambda}\dfrac{\mathrm{d}\lambda}{\mathrm{d}t}$，$\dfrac{\mathrm{d}G^+}{\mathrm{d}\lambda}\dfrac{\mathrm{d}\lambda}{\mathrm{d}t}$。

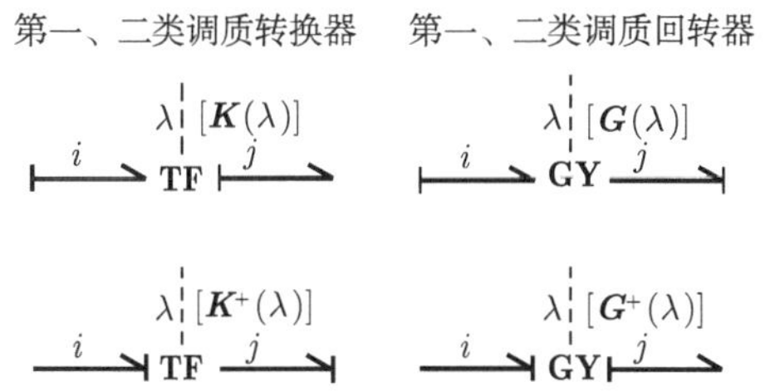

图 1.5.3　调质转换器和调质回转器的图形符号表示

1.6　键合空间基本多通口元件

1.6.1　共流结和共势结

当有三个乃至三个以上的通口和一个元件连接时，就把这个元件叫作多通口元件，一个多通口元件和它所连接的键就构成了一个结。在电路中常说电器元件是并联还是串联，在机械系统中我们也要判定机械构件是共力或者是速度相同等，这些实际上都是判定几个相连元件的势和流的关系，为此定义两种基本的多通口元件，即共势结和共流结 (又称 0 结和 1 结)。先定义共势结 (0 结)：如果一个结上的所有键的势相等，并且所有键上的流之和为零，则称它为一个共势结 (0 结)。定义式为键 B_1, B_2, $\cdots$, B_n 和结相连，并满足：

$$\begin{cases} e_1 = e_2 = e_3 = \cdots = e_n \\ \sum_{i=1}^{n} f_i = 0 \end{cases} \qquad (1.6.1)$$

类似定义共流结 (1 结)，如果一个结上的所有键的流相等，并且所有键上的势之和为零，则称它为一个共流结 (1 结)。定义式为键 B_1, B_2, $\cdots$, B_n 和结相连，并满足：

$$\begin{cases} f_1 = f_2 = f_3 = \cdots = f_n \\ \sum_{i=1}^{n} e_i = 0 \end{cases} \qquad (1.6.2)$$

这样定义的共势结和共流结功率守恒，它们的物理意义也是明确的：如在电路中，0 结可表示多根导线连接处的基尔霍夫定律，1 结可表示一个回路中的基尔霍夫定律，表示只有一个电流，但有多个电压降；在机械系统中，0 结可表示一个力和多个速度和为 0 的场合所具有的几何相容性，1 结可表示多个力只在同一个速度有联系时的动态平衡，当涉及一个惯性元件时，此结遵守质量元件的牛顿定律等。从式 (1.6.1) 和式 (1.6.2) 我们不难确定出 0 结和 1 结的因果关系，在与 0 结相连的众多键中，必定只有一个键上的势为结的因变量；而与 1 结相连的众多键中，必定也只有一个键的流为结的因变量。并且定义，所有流向结的功率取为正，共流结和共势结的图形符号如图 1.6.1 所示。

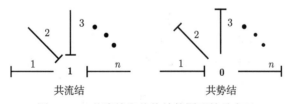

图 1.6.1　共流结和共势结的图形符号表示

同时从 0 结和 1 结的定义式可以看出，和一个 0 结或 1 结相连通口的键合空间必定同构，而且等效，我们就把这种和该 0 结或 1 结相连通口键合空间等效的空间叫作该结的结空间。

1.6.2 摩阻元件

系统动力学键合图理论在耗能元件这一项中，一般只定义了阻性元件，在定义阻性元件时，规定"1-通口的阻性元件是一个在其唯一通口处借助静态函数将势和流变量联系起来的元件"。如电学中的电阻，机械振动中的阻尼，液压、气动系统中的阻尼及流动损失都可用阻性元件来表示。但是在许多机械系统中，如火炮自动机、凸轮传动机构等，摩擦阻力对系统动力学特性的影响非常大，在动力学的计算和分析中必须考虑摩擦阻力。以最常见的库仑摩擦力为例，库仑摩擦力等于摩擦系数和正压力的乘积，也就是说这时摩擦力是势的函数，因此很难用阻性元件表示系统中的摩擦力特性。通常的做法是，通过引入转换器的效率来表示火炮自动机和凸轮机构中摩擦力的作用效果，这样做虽然易于借用传统计算方法中关于传动效率的定义、计算方法及特性，但是它改变了键合图理论中关于二通口元件功率守恒的定义，不利于进一步利用功率的传导和守恒来分析系统。因此为了表述的方便和理论的完整性，有必要再定义能够表示类似库仑摩擦力作用效果和特性的元件，我们就把这类元件叫作摩阻元件。

摩阻元件确定了在一个共流结点上，三个通口势之间的静态函数关系，其中一个为输入势通口，一个为输出势通口，最后一个为摩阻元件通口。设输入势通口的标识为 i，输出势通口的标识为 j，而摩阻元件通口标识为 k，则有

$$\begin{cases} \boldsymbol{e}_j = \boldsymbol{\Phi}_H(\boldsymbol{e}_i) \\ \boldsymbol{e}_i - \boldsymbol{e}_j - \boldsymbol{e}_k = \boldsymbol{0} \end{cases} \tag{1.6.3}$$

摩阻元件用 **H** 表示，键合空间图形符号如图 1.6.2 所示。

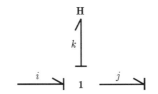

图 1.6.2   摩阻元件的图形符号表示

特别当这种关系为线性关系时，有

$$\begin{cases} \boldsymbol{e}_j = \boldsymbol{H}\boldsymbol{e}_i \\ \boldsymbol{e}_i - \boldsymbol{e}_j - \boldsymbol{e}_k = \boldsymbol{0} \end{cases} \tag{1.6.4}$$

由于共流结点的键合空间都同构，若设这时的键合空间的维数为 n，则 **H** 是一个可逆的 $n \times n$ 矩阵。

　　如同前面所定义的阻性元件可分为无源阻性元件和有源阻性元件一样，也可以把摩阻元件分为有源摩阻元件和无源摩阻元件。对于无源摩阻元件来讲，它总是消耗功率，定义其传递效率为

$$\eta = \frac{e_j \cdot f_i}{e_i \cdot f_i} = 1 - \frac{e_k \cdot f_i}{e_i \cdot f_i} \tag{1.6.5}$$

　　对于正传动来讲，η 总是一个介于 0 到 1 的量。通常在没有特殊说明时，摩阻元件是指无源摩阻元件。

　　但是对于有源摩阻元件来讲，它本身就可以作为一个供能元件使用，如正传动时，其物理意义可以理解为一个类似已经包含电源三极管的放大器。有时为了便于区别，也把有源摩阻元件叫作放大器，可用符号 **T** 表示。其键合空间图形符号如图 1.6.3 所示。

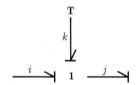

图 1.6.3　放大器 (有源摩阻元件) 的图形符号表示

　　设输入势通口的标识为 i，输出势通口的标识为 j，而摩阻元件通口标识为 k，则对放大器有

$$\begin{cases} e_j = \Phi_T e_i \\ e_i - e_j + e_k = \mathbf{0} \end{cases} \tag{1.6.6}$$

　　特别当这种关系为线性关系时，有

$$\begin{cases} e_j = \boldsymbol{T} e_i \\ e_i - e_j + e_k = \mathbf{0} \end{cases} \tag{1.6.7}$$

　　定义其功率放大倍数为

$$\eta = \frac{e_j \cdot f_i}{e_i \cdot f_i} = 1 + \frac{e_k \cdot f_i}{e_i \cdot f_i} \tag{1.6.8}$$

1.7　结型结构和拓扑结点表示方法

　　在键合空间模型中，**0** 结、**1** 结以及 **TF**、**GY** 统称结型结构，所有结型结构的功率都必须守恒。一个具有 n 通口的结型结构，设并矢 $\boldsymbol{V}_{\text{in}}$ 表示输入，并矢

V_{out} 表示输出，$n \times n$ 的矩阵 J 表示结型结构矩阵，则其输入–输出特性方程为

$$V_{\text{out}} = J V_{\text{in}} \tag{1.7.1}$$

当全部通口的功率流向均按内向 (或外向) 约定时，有功率：

$$w(t) = V_{\text{out}}^{\text{T}} \cdot V_{\text{in}} = V_{\text{out}}^{\text{T}} J^{\text{T}} V_{\text{in}} = 0 \tag{1.7.2}$$

虽然二通口元件和摩阻元件也符合结型结构的定义，但是在键合空间中，它们的功用和连接器的作用更类似，因此在无场型结构的键合空间模型中,也把除二通口元件和摩阻元件外的结型结构看成是结点。这样一个无场型结构键合空间模型就可表述为由键、二通口元件以及摩阻元件连接起来的一个拓扑结点结构，在每个结点上连接有若干的单通口元件。

对这样一个拓扑的结点结构的结点间相互连接关系，在对结点进行标号后根据功率的流向可用结点连通矩阵 A 表示，规定在连通矩阵中，行表示功率键发出的结点，列表示功率键指向的结点，而对角线元素则表明对应结点的性质。如对角线元素 $a_{jj} = 0$ 则表示 j 结点为共势结，同样若 $a_{jj} = 1$ 则表示 j 结点为共流结。当键合空间模型的所有键的功率方向确定后反映在连通矩阵上即是一个上三角的稀疏矩阵，这个矩阵只是以符号的方式表示键合结点间的连接方式。规定 i 行 j 列元素符号：$a_{ij} = 0(i < j)$，表示 i 到 j 结点无连通关系；$a_{ij} = 1(i < j)$，表示 i 到 j 结点由键直接连通；$a_{ij} = \mathbf{TF}(i < j)$，表示 i 到 j 结点通过 $\mathbf{TF}$ 连通；$a_{ij} = \mathbf{GY}(i < j)$，表示 i 到 j 结点通过 $\mathbf{GY}$ 连通；$a_{ij} = \mathbf{H}(i < j)$，表示 i 到 j 结点通过摩阻元件 $\mathbf{H}$ 连通；$a_{ij} = \mathbf{TFH}(i < j)$，表示 i 到 j 结点通过 $\mathbf{TF}$ 和 $\mathbf{H}$ 元件连通。

由对角线元素依次单列构成一向量，叫结点特征向量，用符号 A_D 表示，为

$$A_D = \{a_{11}, a_{22}, \cdots, a_{nn}\}^{\text{T}} = \{a_{D1}, a_{D2}, \cdots, a_{Dn}\}^{\text{T}}$$

结点间的因果关系可用连通因果关系矩阵 A_{ef} 表示，行和列的含义同连通矩阵 A，定义：

$a_{ij} = 0(i < j)$，表示 i 到 j 结点无连通关系；

$a_{ij} = +1(i < j)$，表示 i 到 j 结点有连通关系，且势的流向与功率流向相同；

$a_{ij} = -1(i < j)$，表示 i 到 j 结点有连通关系，且流的流向与功率流向相同。

在操作中，可对同结点上同样性质的单通口元件进行合并，每个结点上所连接的单通口元件多为惯性元件、容性元件、阻性元件、势源、流源。这样就可用结点元件矩阵 B 来表示每个结点上元件及元件的因果关系的情况，定义：元件矩阵的第 1 列到第 5 列依次为：惯性元件，容性元件，阻性元件，势源，流源。0

表示无对应单通口元件，+1 表示势由对应结点流向单通口元件，−1 表示势由单通口元件指向结点，则由 $\boldsymbol{A}_{\text{ef}}$ 的转置矩阵和 $\boldsymbol{B}$ 相并就可构成系统的全因果矩阵 $\boldsymbol{D}$，即

$$D = A_{\text{ef}}^{\text{T}}|B \qquad (1.7.3)$$

在无场型结构的键合空间模型中，结点通常只为 1 结或 0 结，因此只要将 $\boldsymbol{A}$ 或 $\boldsymbol{A}_D$ 和 $\boldsymbol{D}$ 放在一起就可识别系统因果关系的正误、系统的状态变量和输入变量等特性，系统因果关系的判别准则是：在 $\boldsymbol{A}$ 中的 $a_{ii} = 0$ 或 $\boldsymbol{A}_D$ 中的 $a_{Di} = 0$，则 $\boldsymbol{D}$ 中的第 i 行只允许有一个元素为 −1，其他元素应为 +1 或 0；在 $\boldsymbol{A}$ 中的 $a_{ii} = 1$ 或 $\boldsymbol{A}_D$ 中的 $a_{Di} = 1$，则 $\boldsymbol{D}$ 中的第 i 行只允许有一个元素为 +1，其他元素应为 −1 或 0。

系统状态变量的识别准则为：系统的状态变量只由积分形式惯性元件和容性元件对应的动量变量和位变构成。在元件矩阵中，第 1 列中为 +1 的元素和第 2 列中为 −1 的元素代表相应结点上的惯性元件和容性元件为积分形式，它们所对应的动量变量和位变为系统状态变量；而第 1 列为 −1 的元素和第 2 列为 +1 的元素则指示相应结点上的惯性元件和容性元件为微分形式，它们所对应的动量变量和位变为系统的中间变量，它们在系统状态方程中总可被系统状态变量代换。

键合空间模型的结点拓扑表示方法，可以把一个复杂的多能量范畴的系统用带因果关系的有向结点网络图的形式来表述。其表示模型的方法简明，便于模型的数学方式的转换和系统因果关系的判定，这对用计算机自动进行系统模型的建立和处理有着实际的意义。

1.8　系统状态方程的建立和处理

对一个系统或系统的一个局部来讲，根据其势和流的相对易显性，如果势相对于流来讲更易识别，如电路、液压控制系统等，我们就把它叫作势显系统或局部，反之则叫作流显系统或局部，如机械系统等。势显和流显是相对的，对于键合空间模型的建立来讲，这种区分是有好处的，但不是绝对的，一个势显的系统有时也可以按流显系统来建立模型，反之亦然。而对于一个包含多种能量范畴的系统来讲，则需要根据系统构成局部的特点，灵活掌握和应用。由于键合空间理论可以应用的对象是千差万别的，并不是每个实际应用的系统都能归纳为标准的系统进行处理建模，这就需要将两个方面的工作结合起来，即把键合空间理论建立模型的一般方法和步骤以及各自专业对实际应用系统的认识、理解及可简化的形式结合起来，才能建立能够反映实际系统动态特性的模型。势显系统和流显系统的键合空间建模的一般方法和步骤是实现键合空间模型建立的基础，下面就对这两种情况进行阐述。

1.8.1 系统键合空间模型建立的一般步骤

1. 势显键合空间模型建立的一般步骤

对于势显系统来讲，系统的势在系统中的变化传递容易识别，如电路系统，在电路中电压的变化容易判别，这样就以势在系统中的变化作为建立键合空间模型的主要依据，其一般步骤为：

在系统中势不同的地方用 0 结标识；把每个单通口元件 (**R**, **I**, **C**, **E**, **F**) 和一个 1 结相连，按照其在系统中的位置，嵌在相应的 0 结之间；把系统中转换器、回转器和摩阻元件嵌于相应的 0 结、1 结之间；对系统中的具有特殊性质的元件进行特性简化表示，并放入系统中适当的位置；按照键合空间简化的原则，对所建立键合空间的模型进行简化；正确指定键合空间模型的功率流向。

2. 流显键合空间模型建立的一般步骤

在机械和许多其他力学系统中，对物体和构件空间位置的变化情况及其变化速度是显而易见的，而对诸如力和力矩在系统中的分布和传递则不容易直接获取，像这种系统就是流显系统。在流显系统中，键合空间模型的建立是以系统中流的不同为主要依据的，其一般步骤可归纳为：

在系统中流不同的地方用 1 结标识，在力学系统中要注意相对速度和绝对速度的标识；将惯性元件和相应的 1 结相连，特别对于力学系统中的惯性元件要注意其所在的惯性参考系统和相应 1 结流所对应的结空间的物理含义的一致性，并将产生势的单通口元件以和 0 结相连的方式嵌入相应的 1 结之间；确定各 1 结和 0 结之间的连通关系，将系统中的转换器、回转器和摩阻元件嵌入相应的 1 结、0 结之间；对系统中的具有特殊性质的元件进行特性简化表示，并放入系统中适当的位置；按照键合空间简化的原则，对所建立键合空间的模型进行简化；正确指定键合空间模型的功率流向。

1.8.2 系统键合空间模型因果关系的确定

键合空间模型的结点拓扑表示方法，它的增广定向的过程和一般的键合图模型的增广定向的过程不同，一般键合图模型增广定向的步骤为：给图中各键命名；对每根键指定功率方向；对每根键的势和流变量确定一个因果关系。

而在结点拓扑表示法中，其键合空间模型的增广定向的过程为：对系统模型的结点进行标号；确定出结点间的连接关系及功率的流向；确定每个结点上的单通口元件的连接关系及相应各键的功率流向；对系统各键的势和流变量确定出因果关系。

虽然这两种方法的增广定向过程不同，但其模型因果关系的确定原则是相同的。对于单通口元件和二通口、多通口元件的可能因果关系在前文中已经以说明或图示的方式给出，而对系统模型的因果关系的确定，就是如何将上述单个元件因果关系合理地分配于系统模型中，使系统中每个元件的因果关系都和其元件特性所要求的因果关系相吻合。

从元件的因果关系特性来讲，源性元件的因果关系是唯一的。据此在确定系统模型的因果关系时，首先应确保系统中各源性元件的因果关系特性和源性元件对因果关系的唯一性相一致，否则该源性元件在系统中就是不合理的，需要重新考证系统模型及其增广过程的正确性。

对于二通口元件 **TF** 和 **GY** 来讲，由元件特性所确定的因果关系分别具有两种情况，因此出现在系统模型中的 **TF** 和 **GY** 元件，其因果关系必须是两种情况中的一种才能保证该二通口元件的定义在系统模型中的正确性。同样对于出现在系统模型中的 **0** 结和 **1** 结的因果关系也应该满足其定义所要求的因果关系。推而广之，对于任何一个键合空间的模型来讲，构成模型的所有元件的因果关系都必须满足键合空间理论关于元件本身定义所要求的因果关系的种种要求，只要有任何一处不满足，都说明所得到的增广后的系统模型不正确，需要对建模的过程和模型增广的过程进行检查。从这个意义上讲，一个系统的键合空间模型的因果关系能否正确地标识，是判定该模型正确性的一个必要条件。需要说明的是，对于同一个键合空间模型来讲，其可正确标识出的因果关系往往不止一种。同样的模型，因果关系的标识不一样，其所确定的系统状态变量和状态方程的形式往往也是不同的，但是它们所反映出的对应真实系统的物理含义应该是一致的。

在键合空间模型中，**C** 和 **I** 元件的能量变量 (**C** 上的 q，**I** 上的 p) 是系统状态变量的基本量，也就是说，当我们给系统模型一组充分的输入量 (恰好够且无多余) 时，就能通过系统能量变量的变化及分布来预测系统的动态行为，以及能量在系统内的传递过程，即得到在特定输入下的系统的动态响应。对于诸如火炮自动机这样一个复杂系统的键合空间模型来讲，不可能使所有的 **C** 元件和 **I** 元件都具有积分关系的可能，这说明在系统模型中，不是所有的能量变量都是独立的，而往往是一部分能量变量可表示为其他能量变量的某种代数的组合，这种非独立性的能量变量所对应的 **C** 和 **I** 元件在系统模型中就体现为微分关系。从物理意义上讲这也是显而易见的，如在火炮自动机中，自动机进弹组件的动作和机心完成开门、抽壳、抛壳、进弹、闭锁、击发等一系列动作大多是在基础构件或电机的带动下完成的，参与自动机动作的构件是很多的，在键合空间模型中它们大部分都可表示为 **I** 元件和 **C** 元件，但它们的运动不是独立的，而是由基础构件或电机的运动决定，在键合空间模型中，它们就是以微分关系的形式出现。在进行状态方程的简化过程中，所有非独立的能量变量，最终都可以在状态方程中被消去。

单从 **R** 元件的定义上讲，**R** 元件能够接受赋予它的任何因果关系。对系统而言，**R** 元件的因果关系对系统的因果关系不具有决定性的作用。通常情况下，在确定一个系统键合空间模型的因果关系时，应尽量使 **R** 元件的因果关系对整个系统的因果关系影响不大，也就是说对系统来讲，**R** 元件的加入或删去对系统其他元件的因果关系都不影响。这样做的最大好处在于，我们可以很方便地对不考虑损耗的理想情况和考虑损耗的情况进行对比和处理。

对于 **H** 元件的加入也采用同样的考虑。从系统的角度来看，**H** 元件输入键和输出键在模型中因果关系的传递类似转换器，可以这样理解，我们在原来不考虑摩阻元件时的系统模型中的某个键上嵌入 **H** 元件，**H** 元件就把该键的因果关系按原来的方向进行传递。这样的话，**H** 元件的加入与否，也不应对系统原来所确定的因果关系产生决定性的作用。在更多的情况下，可以等系统的因果关系确定后再在需要加入 **H** 元件的地方嵌入 **H** 元件。

综上所述，可以把因果关系的确定过程归纳如下：

用单键代替系统模型中的 **H** 元件，并暂时屏蔽系统中的 **R** 元件，按照源性元件因果关系唯一性的原则，确定系统中所有源性元件的因果关系；从任一源性元件出发，利用系统中的约束元件 (**0** 结，**1** 结，**TF** 和 **GY**) 的特性对因果关系的要求，使因果关系的推断尽可能地在系统模型中间延伸，直到所有的源性元件用完为止。

根据事先对系统的分析或研究的目的，选择相关储能元件 (**C** 或 **I**) 指定其优先的因果关系 (积分关系)，并以此为出发点，使用系统中的约束元件使因果关系尽量在系统模型中间延伸。不断重复这一步骤，直到确定出所有储能元件的因果关系。

按照 **R** 元件和 **H** 元件不影响系统因果关系的原则，恢复 **R** 元件和 **H** 元件，并标识出它们的因果关系。

需要注意：对一个系统模型来讲，因果关系不取决于键合空间键序号的标识顺序和方式；而且对于一个正确的系统模型来讲，可以确定出的系统模型因果关系也可能不止一个。功率流向的选择和因果关系的确定是完全独立的，哪一个先行都可以，但通常习惯上是先确定功率流向，后确定因果关系。就自动机来讲，这种能量变量的替换实质上就是由具有积分关系的能量元件所确定的能量变量在系统中的传递，而这种传递关系体现为传递路线上转换器模数和相连摩阻元件的连乘关系。

1.8.3 系统状态方程的列写

应用键合空间理论的最大优点在于，在系统状态方程建立以前，我们就可以通过对键合空间模型的考察对系统状态方程的形式进行研究，并且应用键合空间理论由键合空间模型列出系统状态方程的过程可以看成一个标准的程式，这样既方便系统状态方程的确立，同时又便于实现系统模型的计算机自动推导。

　　一个系统的状态方程, 通常可以表示为一个 n 阶微分系统。就一个 n 阶的微分系统来讲, 一般来说可以表示为以下三种形式: 用一元 n 阶微分方程表示; 用 n 个 n 元一阶方程表示; 以若干个未知变量和适当阶数 (不必相等) 的一些方程构成的方程组表示。

　　许多数学上的重要题目、方法和答案以及工程数学对问题的表述都采用了第一种形式, 但是对于要进行系统分析、计算机动态模拟的工程技术人员来讲, 采用第二种形式更为方便和直接。而我们采用诸如拉格朗日法等力学方法进行系统分析时, 所得到的二阶方程就是第三种情况的示例。对于一个线性的 n 阶微分系统来讲, 这三种表示形式是容易实现互换的, 虽然从理论上讲, 对于非线性系统也能实现三种表示形式的互换, 但是由于在非线性系统中变量转换的确定非常困难, 很难实现三种形式的相互转换。因此对一个工程技术人员来讲, 最好的选择就是以一种快速有效的方法建立一个 n 阶微分系统的第二种表示方式, 而键合空间理论正好给我们提供了这种便利, 可以按照键合空间理论所确定的标准程式得到一个联立的一阶方程组来表示系统。对于非线性系统来讲, 所确定的方程组形式如下:

$$
\begin{cases}
\dot{\boldsymbol{q}}_1\left(t\right) = \Phi_1\left(\boldsymbol{q}_1, \boldsymbol{q}_2, \boldsymbol{q}_3, \cdots, \boldsymbol{q}_n, \boldsymbol{d}_1, \boldsymbol{d}_2, \boldsymbol{d}_3, \cdots, \boldsymbol{d}_r\right) \\
\dot{\boldsymbol{q}}_2\left(t\right) = \Phi_2\left(\boldsymbol{q}_1, \boldsymbol{q}_2, \boldsymbol{q}_3, \cdots, \boldsymbol{q}_n, \boldsymbol{d}_1, \boldsymbol{d}_2, \boldsymbol{d}_3, \cdots, \boldsymbol{d}_r\right) \\
\vdots \\
\dot{\boldsymbol{q}}_n\left(t\right) = \Phi_n\left(\boldsymbol{q}_1, \boldsymbol{q}_2, \boldsymbol{q}_3, \cdots, \boldsymbol{q}_n, \boldsymbol{d}_1, \boldsymbol{d}_2, \boldsymbol{d}_3, \cdots, \boldsymbol{d}_r\right)
\end{cases}
\tag{1.8.1}
$$

式中, $\boldsymbol{q}_i$ 为系统状态变量; $\boldsymbol{d}_i$ 为系统输入变量。

　　对于线性系统则可以表示为

$$
\boldsymbol{Q} = \boldsymbol{A}\boldsymbol{Q} + \boldsymbol{B}\boldsymbol{D}
\tag{1.8.2}
$$

式中, $\boldsymbol{Q} = \{\boldsymbol{q}_1, \boldsymbol{q}_2, \boldsymbol{q}_3, \cdots, \boldsymbol{q}_n\}^{\mathrm{T}}$; $\boldsymbol{D} = \{\boldsymbol{d}_1, \boldsymbol{d}_2, \boldsymbol{d}_3, \cdots, \boldsymbol{d}_r\}^{\mathrm{T}}$; $\boldsymbol{A}$ 为状态变量矩阵; $\boldsymbol{B}$ 为输入变量矩阵。而对于自动机来讲, 它多为一个二次型, 其状态方程的通式可以表示为

$$
\dot{\boldsymbol{Q}} = \boldsymbol{D}\left(\boldsymbol{Q}\right)\boldsymbol{Q}^2 + \boldsymbol{A}\left(\boldsymbol{Q}\right)\boldsymbol{Q} + \boldsymbol{B}\left(\boldsymbol{Q}\right)\boldsymbol{U}\left(\boldsymbol{Q}, t\right)
\tag{1.8.3}
$$

式中, $\boldsymbol{D}\left(\boldsymbol{Q}\right)$ 表示系统液压阻尼和调质转换器模数时变效应的二次项矩阵; $\boldsymbol{A}\left(\boldsymbol{Q}\right)$ 为状态变量一次项矩阵, 这里面主要包含系统等效惯量和系统弹性的影响; $\boldsymbol{B}\left(\boldsymbol{Q}\right)$ 和 $\boldsymbol{U}\left(\boldsymbol{Q}, t\right)$ 则共同表示系统的输入变量随状态变量和时间变化对系统的影响。$\boldsymbol{A}\left(\boldsymbol{Q}\right)$、$\boldsymbol{B}\left(\boldsymbol{Q}\right)$ 和 $\boldsymbol{D}\left(\boldsymbol{Q}\right)$ 都是通过对系统的预处理所得到的代数表达式或数学函数, 在仅考虑系统状态方程的建立时它们可视为常矩阵。

前面已经阐述了有关键合空间模型因果关系标识和状态变量认定的有关问题，从能量元件的因果关系来讲，我们可以分两种情况来讨论。

1. 键合空间模型状态方程的列写

如果一个键合空间模型的所有 **C** 和 **I** 元件在模型中都可赋予积分关系，则这样的键合空间模型就叫作全积分关系的键合空间模型。在该模型中，所有能量元件的能量变量都是系统的状态变量，其列写状态方程的过程比较方便，通常的步骤可归纳为：将系统中所有能量元件的能量变量，即 **C** 构件的 q 变量，**I** 构件的 p 变量，作为状态变量；将系统模型中所有的势源和流源作为系统的输入变量；求出系统模型中所有储能元件和阻性元件的输出变量；写出所有 $\dot{q}$ 和 $\dot{p}$ 对应的流方程表达式和势方程表达式；将系统模型中所有储能元件和阻性元件的输出变量代入流方程和势方程的表达式，这样就可以获得系统的状态方程。

全积分关系键合空间模型状态方程的列写比较容易，但实际应用中，遇到更多的是包含微分关系的键合空间模型。下面就主要论述具有微分关系键合空间模型状态方程列写的问题。

2. 包含微分关系键合空间模型状态方程的列写

在实际应用的系统中，大量出现包含微分关系的键合空间模型。前面已经讲过，具有微分关系的能量元件的能量变量是非独立状态变量，它总可以表示为系统独立状态变量的某种代数组合。从自动炮的特点来看，在系统模型建立后的最烦琐的工作是如何确定非独立能量变量的这种代数组合，从其形式上看，它具体体现在呈线状、枝状或网络状的转换器、回转器和摩阻元件对运动和能量的连续的传递上。而这种转换器和回转器(主要是转换器)及摩阻元件本身表现为其元件特性是系统状态变量的函数，而在系统状态变量中，又主要体现为系统某些位变的函数。因此在大多数情况下，自动炮和大部分机械系统的键合空间模型中的转换器、摩阻元件甚至阻性元件的特性表现为系统状态空间的函数，在解状态方程之前，它们可通过运动学关系的分析来求解。

相对全积分关系的键合空间模型来讲，带微分关系键合空间模型的状态方程的列写比较麻烦，特别对于包含大量需要对转换器、回转器和摩阻元件的特性表示为系统状态空间的函数进行大量预处理的自动机和复杂机械系统来讲，其列写过程就更为复杂。通常可以把包含微分关系的键合空间模型状态方程的列写归纳如下：确定系统模型中具有积分关系的能量元件的能量变量作为系统的状态变量；按系统的势源和流源确定系统的输入变量；求出具有积分关系的能量元件和阻性元件的输出变量；根据系统构成特点，确定具有微分关系能量元件的能量变量和系统状态变量的关系，把它们表示为某种函数，并将这种函数表达式对时间作一次导数;列写出各能量元件的能量变量对时间导数的势方程和流方程的表达式;对状态方程进行简化,得到状态方程的最终形式。

1.9　键合空间系统碰撞理论

碰撞是机构运动中的一种常见运动形式,因此要应用键合空间理论对碰撞机构进行表述,就必然涉及碰撞的键合空间表示和应用的问题。由于碰撞发生的过程相对于机构运动来讲,是极其短暂的过程,因此在研究碰撞时,把它视为在一个瞬时发生的系统状态突变。

1.9.1　系统碰撞时系统运动的连续和不连续

键合空间理论是用势、流、位变和动量变量四种广义变量来表示一个系统。从这四种状态变量的特性来看,势表示系统内部以及系统外部对系统的一种相互作用;位变表示系统在状态空间位置的移动情况,是流对时间的积分,是 C 元件的能量变量;而流则是系统在状态空间里的位置相对时间的变化速度,即是系统位变对时间的导数;而动量变量,一方面可以理解为系统势对时间积分的效果,另一方面也可理解为是系统惯性元件的动量在一个时间段上的变化。因此,从一个连续的时间方向上观察系统,不论系统如何变化,系统在其状态空间中位置的变化应该是连续的,即位变是连续的。系统的碰撞则定义为:外部或内部的某种强制的因素在某时刻,$\Delta t \to 0$ 的条件下,使系统的动量发生突变或系统进行重组(这种重组也是在保持系统各元件位变连续的情况下进行)。系统在发生碰撞时,系统的重组和动量的突变通常都伴随进行。如果用键合空间来表示,则碰撞前后的键合空间模型往往不一样。从系统运动的观点看这很自然,例如在自动炮中,系统碰撞点叫系统的特征点,自动炮的运动循环过程就被特征点划分为若干的特征段,每个特征段的模型往往是不一样的,整个自动炮的动力学模型就是由按序排列的特征段模型和特征点碰撞模型组成。所以对表示系统碰撞的键合空间模型来讲,应该分成三段来考虑,即碰撞前瞬间的键合空间模型、碰撞键合空间模型、碰撞结束瞬间的键合空间模型。

如果把凡是参与碰撞的元件和碰撞时碰撞元件所连接的所有元件看成是一个系统,则发生的瞬间前后,系统所有元件的 q 不变,系统的流和动量发生变化。对于系统中的有限势 e 来讲,有

$$\lim_{\Delta t \to 0} \int_{t_0}^{t_0 + \Delta t} e \mathrm{d}t = 0 \tag{1.9.1}$$

这说明:当认为系统的碰撞发生在某时刻,且 $\Delta t \to 0$ 的条件下,系统外部对

系统的作用凡是可以用有限势来表示的，即输出为有限的势源，在碰撞瞬间，不影响系统的动量的改变。对机械系统和自动机而言，即碰撞发生的瞬间作用于系统的外力不影响系统碰撞前后瞬间的状态。同理，在系统中由状态变量所限的其势大小的元件，如 C 元件、R 元件等，在碰撞发生的瞬间对系统碰撞瞬间前后的状态也不影响。对 C 元件而言，有

$$e = \Phi_C(\boldsymbol{q}) \tag{1.9.2}$$

从系统角度来看，碰撞瞬间 $\boldsymbol{q}$ 是不变的，是可以确定的值，则 C 元件的 e 值是可确定的有限的值，所以有

$$\lim_{\Delta t \to 0} \int_{t_0}^{t_0 + \Delta t} \Phi_C(\boldsymbol{q}) \, \mathrm{d}t = 0 \tag{1.9.3}$$

同理，对于阻性元件，有

$$e = \Phi_R(\boldsymbol{f}) \tag{1.9.4}$$

对于 R 元件来讲，碰撞前后 $\boldsymbol{f}$ 可能是不一样的，但也是可以确定的值，则 R 元件的 e 值是可确定的有限的值，所以有

$$\lim_{\Delta t \to 0} \int_{t_0}^{t_0 + \Delta t} \Phi_R(\boldsymbol{f}) \, \mathrm{d}t = 0 \tag{1.9.5}$$

由于流源直接对系统输出流，因此在系统直接发生碰撞的元件上，一般不会用流源去限定碰撞元件的流的大小。从以上分析可以看出，在键合空间中，和碰撞关系最为密切的是 I 元件，碰撞时系统动量的改变直接体现在 I 元件 p 的改变上，系统的碰撞发生在 I 元件上。

1.9.2 系统刚性连接和碰撞在系统中的传递

由于认为系统的碰撞发生在某时刻，$\Delta t \to 0$ 的条件下，系统的动量发生变化，设系统的转换器和回转器是可求逆的，系统的碰撞发生在 $\mathbf{I}_j$ 和 $\mathbf{I}_n$ 上。由于 $\Delta t \to 0$，$\mathbf{I}_j$ 和 $\mathbf{I}_n$ 的动量发生变化分别为：$\Delta \boldsymbol{p}_j$，$\Delta \boldsymbol{p}_n$。对于键合空间来讲，仍然认为作用和反作用相等，且方向相反。我们用势 e_j 和 e_n 来表示碰撞时的作用和反作用，则有

$$\begin{cases} \boldsymbol{e}_j = -\boldsymbol{e}_n \\ \boldsymbol{e}_j \Delta t = \Delta \boldsymbol{p}_j \\ \boldsymbol{e}_n \Delta t = \Delta \boldsymbol{p}_n \end{cases} \tag{1.9.6}$$

当 $\Delta t \to 0$ 时，则

$$\begin{cases} \boldsymbol{e}_j = -\boldsymbol{e}_n \\ \boldsymbol{e}_j \to \infty \\ \boldsymbol{e}_n \to \infty \end{cases} \tag{1.9.7}$$

由此定义系统的刚性连接：如果键合空间模型中的 $\mathbf{I}_j$ 上发生碰撞，而碰撞瞬间作用于 $\mathbf{I}_j$ 的 $\boldsymbol{e}_j \to \infty$，和 $\mathbf{I}_j$ 位于同一键合空间上的 $\mathbf{I}_i$ 元件，作用于 $\mathbf{I}_i$ 上的 $\boldsymbol{e}_i$ 也有 $\boldsymbol{e}_i \to \infty$，或者当 $\mathbf{I}_j$ 的流一定时，则必然确定出 $\mathbf{I}_i$ 的流，即 $\boldsymbol{f}_i = \varPsi(\boldsymbol{f}_j)$，从而引起 $\mathbf{I}_i$ 动量的同步变化，$\mathbf{I}_j$ 和 $\mathbf{I}_i$ 的这种连接关系就叫刚性连接。系统的碰撞只能沿与碰撞元件刚性连接的惯性元件中传递，这就是系统碰撞的直接波及范围。

为了论述方便，把系统碰撞发生前瞬间的状态叫 0 状态，碰撞完成瞬间的状态叫 1 状态，碰撞时的状态叫 Z 状态。并设碰撞系统在 0 状态时包含两个键合空间模型，即 A_0 和 B_0；1 状态系统的键合空间模型重组为 A_1 和 B_1。由于碰撞时碰撞直接波及的范围只限于与碰撞元件刚性连接的惯性元件，因此在考虑碰撞时，可只考虑 0 状态键合空间模型中的碰撞直接波及范围，然后再把碰撞完成后元件状态的参数反映到 1 状态的系统模型中，构成 1 状态系统运动的初始条件。这里把在 0 状态键合空间模型中，只考虑碰撞直接波及范围而简化成的键合空间模型叫 Z 状态键合空间模型，即 A_Z 和 B_Z。

前面已经讲过，通常惯性元件间是通过键、结和连通元件连接，而摩阻元件也可视为一种连通元件，下面考察连通元件传递碰撞的情况。

1. 转换器

按系统刚性连接的定义，连通元件要能传递碰撞的必要条件为：当碰撞势输入端的 $\boldsymbol{e}^{[0]} \to \infty$，在势输出端必然也有 $\boldsymbol{e}^{[1]} \to \infty$。由转换器定义，根据转换器可能具有的两种因果关系，令功率输入端的势、流为 $\boldsymbol{e}_{\mathrm{in}}$、$\boldsymbol{f}_{\mathrm{in}}$，功率输出端的势、流为 $\boldsymbol{e}_{\mathrm{out}}$、$\boldsymbol{f}_{\mathrm{out}}$，则有

$$\boldsymbol{e}_{\mathrm{in}} = \boldsymbol{K}\boldsymbol{e}_{\mathrm{out}} \tag{1.9.8}$$

或

$$\boldsymbol{e}_{\mathrm{out}} = \boldsymbol{K}^{+}\boldsymbol{e}_{\mathrm{in}} \tag{1.9.9}$$

考虑两种情况：

1) 转换器可求逆

转换器可求逆，一方面是从数学关系讲，$\boldsymbol{K}$ 或 $\boldsymbol{K}^{+}$ 本身或加上一定的约束条件后可以求逆；另一方面从对应真实系统的物理意义上讲，这意味着转换器是

双面约束, 可以逆向传递功率. 对于这种情况, 碰撞势的输入端不论是 e_{in} 还是 e_{out}, 转换器对碰撞的传递都成立:

若 $e^{[0]}$ 为 e_{in}, 当因果关系为式 (1.9.8) 时, 有 $\lim\limits_{e_{in} \to \infty} e_{out} = \lim\limits_{e_{in} \to \infty} \boldsymbol{K}^{-1} e_{in} = \infty$ 成立; 当因果关系为式 (1.9.9) 时, 有 $\lim\limits_{e_{in} \to \infty} e_{out} = \lim\limits_{e_{in} \to \infty} \boldsymbol{K}^{+} e_{in} = \infty$ 成立.

若 $e^{[0]}$ 为 e_{out}, 当因果关系为式 (1.9.8) 时, 有 $\lim\limits_{e_{out} \to \infty} e_{in} = \lim\limits_{e_{out} \to \infty} \boldsymbol{K} e_{out} = \infty$ 成立; 当因果关系为式 (1.9.9) 时, 有 $\lim\limits_{e_{out} \to \infty} e_{in} = \lim\limits_{e_{out} \to \infty} \left(\boldsymbol{K}^{+}\right)^{-1} e_{out} = \infty$ 成立.

2) 转换器不可逆时

转换器不可逆时, 从物理意义上讲该转换器是单面约束, 或类似二极管和自锁蜗轮蜗杆机构的单向传递元件. 这时, 碰撞的传递只能沿因果关系所规定的势的传递方向进行:

若 $e^{[0]}$ 为 e_{in}, 碰撞传递时因果关系应为式 (1.9.9), 有 $\lim\limits_{e_{in} \to \infty} e_{out} = \lim\limits_{e_{in} \to \infty} \boldsymbol{K}^{+} e_{in} = \infty$ 成立.

若 $e^{[0]}$ 为 e_{out}, 碰撞传递时因果关系应为式 (1.9.8), 有 $\lim\limits_{e_{out} \to \infty} e_{in} = \lim\limits_{e_{out} \to \infty} \boldsymbol{K} e_{out} = \infty$ 成立.

2. 回转器

回转器不能传递碰撞. 据两种因果关系回转器的定义有

$$e_{in} = \boldsymbol{G} f_{out} \tag{1.9.10}$$

$$e_{out} = \boldsymbol{G}^{+} f_{in} \tag{1.9.11}$$

显然, 对于一个正常系统来讲, 流 $\to \infty$ 是不允许的, 因此回转器无法满足当碰撞势输入端的 $e^{[0]} \to \infty$, 在势输出端必然也有 $e^{[1]} \to \infty$ 的要求, 不能实现碰撞的传递.

3. 摩阻元件

摩阻元件的逆传动并不是简单地将 $\boldsymbol{H}$ 求逆, 而更多是要从系统物理意义上判定逆传动是否存在, 对于存在的情况, 常常也要按逆传动的条件进行 $\boldsymbol{H}$ 元件特性的重新求解, 因此这里只按碰撞势的传递方向和摩阻元件正向传动方向同向的情况进行分析. 按摩阻元件的定义, 有

$$e_{out} = \boldsymbol{H} e_{in} \tag{1.9.12}$$

显然有 $\lim\limits_{e_{in} \to \infty} e_{out} = \lim\limits_{e_{in} \to \infty} \boldsymbol{H} e_{in} = \infty$ 成立, 所以碰撞能沿摩阻元件正传动方向传递.

1.9.3　系统碰撞动量方程

如前文所述，系统的碰撞只能在刚性连接的范围内传递，因此要构筑 Z 状态时的键合空间模型，只需考虑系统和碰撞惯性元件刚性连接的惯性元件即可。而且从前面的分析中来看，刚性连接只能在惯性元件连接的 **1** 结间由转换器和摩阻元件构成的一种枝状组合连接；而支路流完全由碰撞惯性元件流所确定，在一个 **0** 结上再复合为新的流的惯性元件，这样的连接关系是一种网状结构。但无论连接的方式多么复杂，所有系统中和碰撞惯性元件刚性连接的惯性元件与碰撞惯性元件的关系最终都可简化成为如图 1.9.1 所示的形式。由于碰撞瞬间已没必要讨论功率，因此图 1.9.1 未标出功率流向。

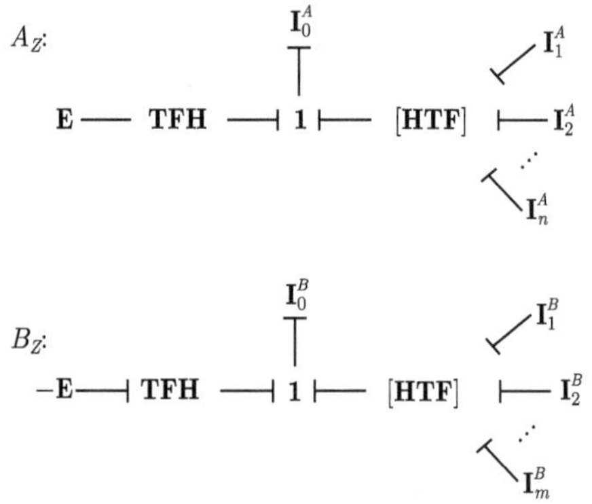

图 1.9.1　碰撞惯性元件和与之刚性连接的惯性元件之间关系的图形符号表示

图中 A_Z 和 B_Z 中的 **E** 和 **−E** 表示 $\mathbf{I}_0^A$，$\mathbf{I}_0^B$ 碰撞时的作用和反作用，它们大小相等、方向相反。这样可列出 A_Z 和 B_Z 的动量方程：

$$\begin{cases} \dfrac{\Delta \boldsymbol{p}_0^A}{\Delta t} + \boldsymbol{K}_0^A \left(\boldsymbol{H}_0^A\right)^{-1} \boldsymbol{e} + \displaystyle\sum_{j=1}^{n} \boldsymbol{K}_j^A \left(\boldsymbol{H}_j^A\right)^{-1} \dfrac{\Delta \boldsymbol{p}_j^A}{\Delta t} = 0 \\[3mm] \dfrac{\Delta \boldsymbol{p}_0^B}{\Delta t} - \boldsymbol{K}_0^B \left(\boldsymbol{H}_0^B\right)^{-1} \boldsymbol{e} + \displaystyle\sum_{i=1}^{m} \boldsymbol{K}_i^B \left(\boldsymbol{H}_i^B\right)^{-1} \dfrac{\Delta \boldsymbol{p}_i^B}{\Delta t} = 0 \end{cases} \quad (1.9.13)$$

此时认为系统各惯性元件的惯量不变，则

$$\begin{cases} \Delta \boldsymbol{p}_j^A = \boldsymbol{I}_j^A \boldsymbol{K}_j^A \left(\boldsymbol{I}_0^A\right)^{-1} \Delta \boldsymbol{p}_0^A \\[2mm] \Delta \boldsymbol{p}_i^B = \boldsymbol{I}_i^B \boldsymbol{K}_i^B \left(\boldsymbol{I}_0^B\right)^{-1} \Delta \boldsymbol{p}_0^B \end{cases} \quad (i=1,2,\cdots,m; \quad j=1,2,\cdots,n) \quad (1.9.14)$$

得

$$\left[\boldsymbol{I}_0^A + \sum_{j=1}^n \boldsymbol{K}_j^A \left(\boldsymbol{H}_j^A \right)^{-1} \boldsymbol{I}_j^A \boldsymbol{K}_j^A \right] \left(\boldsymbol{f}_0^{A1} - \boldsymbol{f}_0^{A0} \right)$$

$$= \boldsymbol{K}_0^A \left(\boldsymbol{H}_0^A \right)^{-1} \left(\boldsymbol{K}_0^B \right)^{-1} \boldsymbol{H}_0^B \left[\boldsymbol{I}_0^B + \sum_{i=1}^m \boldsymbol{K}_i^B \left(\boldsymbol{H}_i^B \right)^{-1} \boldsymbol{I}_i^B \boldsymbol{K}_i^B \right] \left(\boldsymbol{f}_0^{B1} - \boldsymbol{f}_0^{B0} \right)$$

$$(1.9.15)$$

式中，$\boldsymbol{f}_0^{A0}$，$\boldsymbol{f}_0^{B0}$，$\boldsymbol{f}_0^{A1}$，$\boldsymbol{f}_0^{B1}$ 分别为 $\mathbf{I}_0^A$，$\mathbf{I}_0^B$ 碰撞前瞬间和碰撞结束瞬间的流。式 (1.9.15) 就是系统碰撞的动量方程，单由这个方程还不能确定出碰撞结束瞬间 $\mathbf{I}_0^A$，$\mathbf{I}_0^B$ 的流，因此还要引进碰撞恢复系数，定义恢复系数为一对角线常数矩阵 $\boldsymbol{b}$：

$$\boldsymbol{b} \left[\boldsymbol{f}_0^{A0} - \boldsymbol{K}_0^A \left(\boldsymbol{H}_0^A \right)^{-1} \left(\boldsymbol{K}_0^B \right)^{-1} \boldsymbol{H}_0^B \boldsymbol{f}_0^{B0} \right]$$

$$= \boldsymbol{f}_0^{A1} - \boldsymbol{K}_0^A \left(\boldsymbol{H}_0^A \right)^{-1} \left(\boldsymbol{K}_0^B \right)^{-1} \boldsymbol{H}_0^B \boldsymbol{f}_0^{B1} \qquad (1.9.16)$$

对于 $\boldsymbol{b}$ 来讲，对角线元素 $0 \leqslant b_{ii} \leqslant 1$，当所有的 $b_{ii} = 1$ 时，系统的碰撞为完全弹性碰撞；当所有的 $b_{ii} = 0$ 时，系统的碰撞为完全非弹性碰撞。

第 2 章　键合空间实体及一维无阻尼振动

2.1　键合空间实体

惯性空间的一个广义无阻尼键合空间实体,应具备惯性和容性 (柔性) 两个基本特性,且惯性和容性不随时间变化,分别由惯性元件 **I** 和容性元件 **C** 表示。以图 2.1.1 所示单自由度质量–弹簧系统为例进行说明,其键合空间模型如图 2.1.2 所示。其中,**1** 结为可拓展的共流结,凡是由该实体流所确定的与其他实体或元件之间的关系都可与之相连;而 **0** 结为可拓展的共势结,凡是由该实体势所确定的与其他实体或元件之间的关系皆可与之相连。

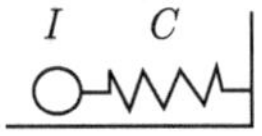

图 2.1.1　单自由度质量–弹簧系统

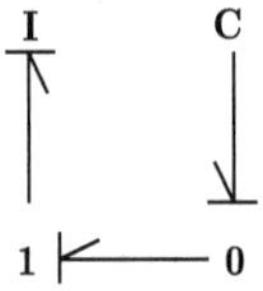

图 2.1.2　单自由度质量–弹簧系统键合空间模型

对于如图 2.1.2 所示的键合空间模型,在无外部作用时,其状态方程为

$$\begin{cases} \dot{p} = -C^{-1}q \\ \dot{q} = I^{-1}p \end{cases} \tag{2.1.1}$$

式中,p 为动量;q 为位变;C 为柔度;I 为惯量。

由式 (2.1.1) 可以看出,键合空间实体的运动特性由其动量和位变所确定。对于时不变系统,通过式 (2.1.1) 对时间求一阶导,并整理得

$$\ddot{q} + (IC)^{-1} q = 0 \tag{2.1.2}$$

令

$$\omega_0 = \sqrt{\frac{1}{IC}} \tag{2.1.3}$$

式中，ω_0 为固有频率，或称作圆频率，表征系统的固有特性，与系统是否正在振动和是否加载没有关系。

式 (2.1.1) 可写作

$$\ddot{q} + \omega_0^2 q = 0 \tag{2.1.4}$$

其通解为

$$q(t) = \mu_1 \sin(\omega_0 t) + \mu_2 \cos(\omega_0 t) \tag{2.1.5}$$

式中，μ_1 和 μ_2 为待定系数，由初始条件确定；t 为时间。

式 (2.1.5) 也可写作

$$q(t) = A\sin(\omega_0 t + \varphi) \tag{2.1.6}$$

式中，A 为振幅，$A = \sqrt{\mu_1^2 + \mu_2^2}$；$\varphi$ 为初位相，$\varphi = \arctan(\mu_2/\mu_1)$。$A$ 和 φ 不是系统的固有特性，而与系统所受激励以及初始状态有关。图 2.1.3 为键合空间实体自由振动位移曲线。

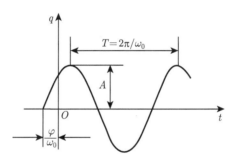

图 2.1.3　键合空间实体自由振动位移曲线

2.2　键合空间实体一维自由振动

设键合空间实体在 $t = \tau$ 时刻的位移和速度分别为

$$q(\tau) = q_\tau \tag{2.2.1}$$

$$\dot{q}(\tau) = \dot{q}_\tau = f_\tau \tag{2.2.2}$$

式中，f_τ 为键合空间实体在 $t = \tau$ 时刻的流。

令

$$\begin{cases} \mu_1 = b_1 \cos(\omega_0 \tau) + b_2 \sin(\omega_0 \tau) \\ \mu_2 = -b_1 \sin(\omega_0 \tau) + b_2 \cos(\omega_0 \tau) \end{cases} \tag{2.2.3}$$

式中，b_1 和 b_2 为待定系数。

将式 (2.2.3) 代入式 (2.1.5)，整理得键合空间实体在 τ 时刻后自由振动的位移为

$$q(t) = q_\tau \cos\left[\omega_0(t-\tau)\right] + \frac{f_\tau}{\omega_0}\sin\left[\omega_0(t-\tau)\right] \tag{2.2.4}$$

若键合空间实体在零时刻的位移和速度分别为

$$q(0) = q_0 \tag{2.2.5}$$

$$\dot{q}(0) = f_0 \tag{2.2.6}$$

式中，q_0 为键合空间实体在零时刻的位变；f_0 为键合空间实体在零时刻的流。则键合空间实体在零时刻初始扰动下自由振动的位移为

$$q(t) = q_0 \cos(\omega_0 t) + \frac{f_0}{\omega_0}\sin(\omega_0 t) = A_0 \sin(\omega_0 t + \varphi_0) \tag{2.2.7}$$

$$A_0 = \sqrt{q_0^2 + \left(\frac{f_0}{\omega_0}\right)^2} \tag{2.2.8}$$

$$\varphi_0 = \arctan\left(\frac{q_0 \omega_0}{f_0}\right) \tag{2.2.9}$$

对于无阻尼键合空间实体而言，受到初始扰动后，其自由振动是以 ω_0 为频率的简谐运动，并将一直持续下去。

2.3　键合空间实体一维无阻尼振动

以如图 2.3.1 所示受重力作用的键合空间实体为例，说明受静力作用的键合空间实体固有频率的求解。图 2.3.2 为相应的键合空间模型。

图 2.3.1　受重力作用的单自由度质量–弹簧系统

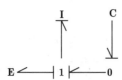

图 2.3.2　受重力作用系统的键合空间模型

对于如图 2.3.2 所示的键合空间实体，考虑外部作用，其状态方程为

$$\begin{cases} \dot{p} = -C^{-1}q - E \\ \dot{q} = I^{-1}p \end{cases} \tag{2.3.1}$$

式中，E 为势源，表征外部作用，这里为重力。

由式 (2.3.1) 对时间求一阶导，并整理得

$$I\ddot{q} + C^{-1}q + E = 0 \tag{2.3.2}$$

当质量块处于静力平衡时，动量为 0，有

$$C^{-1}\lambda = E = Ig \tag{2.3.3}$$

式中，λ 为弹簧受重力时的静变形；g 为重力加速度。

令 $q^* = q - \lambda$，上述问题转化为质量块在静力平衡位置的自由振动，有

$$I\ddot{q}^* + C^{-1}q^* = 0 \tag{2.3.4}$$

其固有频率为

$$\omega_0 = \sqrt{\frac{1}{IC}} = \sqrt{\frac{g}{\lambda}} \tag{2.3.5}$$

式 (2.3.5) 表明，通过键合空间实体受静力时的静变形，也可以确定其固有频率。

例 2.3.1 如图 2.3.3 所示的提升机构，重物的重力为 $E = 1.47 \times 10^5 \text{N}$，以 $f = 0.25 \text{m/s}$ 的速度匀速下降。当吊绳上端突然被卡住时，其吊绳的柔度为 $C = 1/(5.78 \times 10^6)\text{m/N}$，求重物的振动频率和吊绳的最大张力。

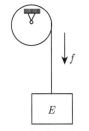

图 2.3.3 提升机构示意图

解 重物和吊绳构成一个键合空间实体，建立物理模型及其键合空间模型分别如图 2.3.4 和图 2.3.5 所示。可以看出，提升机构键合空间模型与图 2.3.2 完全

相同，则其固有频率为

$$\omega_0 = \sqrt{\frac{g}{EC}} = 19.6 \text{ rad/s}$$

图 2.3.4　提升机构物理模型

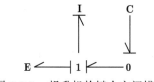

图 2.3.5　提升机构键合空间模型

设吊绳上端卡住时刻为 $t = 0\text{s}$，此时重物的位移和速度分别为

$$q_0 = 0 \text{ m}$$

$$\dot{q}_0 = f_0 = 0.25 \text{ m/s}$$

则

$$q(t) = \frac{f}{\omega_0} \sin(\omega_0 t) = 0.013 \sin(19.6t) \text{ m}$$

绳的最大张力等于静张力与因振动引起的动张力之和，有

$$E_{\max} = E + C^{-1}\frac{f}{\omega_0} = 2.21 \times 10^5 \text{ N}$$

可通过增大吊绳的柔度降低动张力。

例 2.3.2　重物 I 从 h 高处跌落到下方简支梁的中间位置，如图 2.3.6 所示，求梁的自由振动频率和最大挠度。

解　重物和简支梁可以构成一个键合空间实体，如图 2.3.7 所示，以梁承受重物时的静平衡位置为坐标原点，建立键合空间模型如图 2.3.8 所示。可以看出，键合空间模型与图 2.3.2 完全相同。

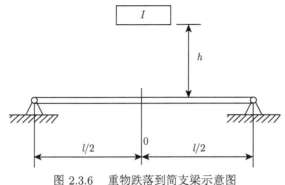

图 2.3.6 重物跌落到简支梁示意图

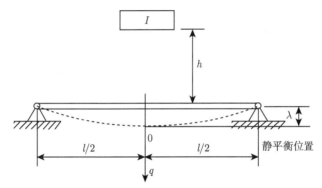

图 2.3.7 梁承受重物静平衡位置示意图

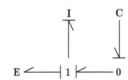

图 2.3.8 重物跌落简支梁键合空间模型

根据材料力学，简支梁中间位置的柔度和变形分别为

$$C = \frac{l^3}{48\varepsilon J}$$

$$\lambda = \frac{Igl^3}{48\varepsilon J}$$

则

$$\omega_0 = \sqrt{\frac{1}{IC}} = \sqrt{\frac{g}{\lambda}} = \sqrt{\frac{48\varepsilon J}{Il^3}}$$

设撞击时刻为 $t = 0\mathrm{s}$，此时简支梁中间位置的位移和速度分别为

$$q_0 = -\lambda$$

$$f_0 = \sqrt{2gh}$$

则简支梁自由振动的振幅为

$$A = \sqrt{q_0^2 + \left(\frac{f_0}{\omega_0}\right)^2} = \sqrt{\lambda^2 + 2h\lambda}$$

梁的最大挠度等于静平衡位置挠度与因振动引起的挠度之和，有

$$\lambda_{\max} = A + \lambda$$

例 2.3.3　图 2.3.9 为一圆盘横挂在扭杆上，圆盘及其扭杆组成扭摆，圆盘转动惯量为 I，扭杆的转动柔度为 C，确定其振动固有频率。

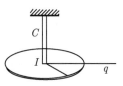

图 2.3.9　扭摆示意图

解　将扭摆视作一个键合空间实体，其键合空间模型如图 2.3.10 所示。可以看出，扭摆键合空间模型与图 2.1.2 完全相同，有

$$I\ddot{q} + C^{-1}q = 0$$

则固有频率为

$$\omega_0 = \frac{1}{\sqrt{IC}}$$

图 2.3.10　扭摆键合空间模型

从前面的例子可以看出，一维键合空间实体，可以构成一个单自由度无阻尼振动系统，包含惯性元件和容性元件。

例 2.3.4 如图 2.3.11 所示的复摆，刚体质量为 I，重心 D 相对于悬挂点 O 的转动惯量为 I_O，求复摆在平衡位置附近做微幅振动的微分方程和固有频率。

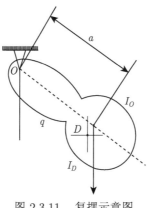

图 2.3.11 复摆示意图

解 复摆的键合空间模型如图 2.3.12 所示，其中 **C** 表示为非线性容性元件，当摆动到角度 q 时，有

$$\Phi_C(q) = aIg\sin q$$

图 2.3.12 复摆键合空间模型

复摆做幅微振动时，可近似认为

$$\sin q \approx q$$

容性元件线性化，有

$$C = \frac{1}{aIg}$$

由键合空间模型可以得到

$$I_O\ddot{q} + aIgq = 0$$

则固有频率为

$$\omega_0 = \sqrt{\frac{aIg}{I_O}}$$

若由实验测出固有频率，则可计算出转动惯量为

$$I_O = \frac{aIg}{\omega_0^2}$$

进而可确定其绕质心 D 的转动惯量为

$$I_D = I_O - Ia^2$$

例 2.3.5　如图 2.3.13 所示的质量–弹簧系统在 30° 光滑斜面做自由振动，惯量 I=1kg，弹簧柔度 C=1/4900 m/N。初始时刻，速度为零且弹簧无伸长，求系统运动方程。

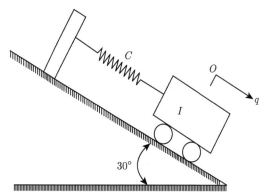

图 2.3.13　在斜面做自由振动的质量–弹簧系统

解　建立键合空间模型如图 2.3.14 所示。可以看出，键合空间模型与图 2.3.2 完全相同。以其静力平衡点为原点 O，有

$$\ddot{q} + \frac{1}{IC}q = 0$$

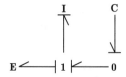

图 2.3.14　斜面上质量–弹簧系统的键合空间模型

其固有频率为

$$\omega_0 = \frac{1}{\sqrt{IC}} = 70 \text{ rad/s}$$

初始条件为

$$q_0 = -CIg \sin\left(\frac{\pi}{6}\right) = -\frac{1 \times 9.8 \times 0.5}{4900} = -0.001 \text{ m}$$

$$f_0 = 0$$

则运动方程可表示为

$$q(t) = q_0 \cos(\omega_0 t) = -0.001 \cos(70t) \text{ m}$$

2.4 键合空间实体无阻尼振动与能量关系

1) 键合空间实体的动能与势能

对于一维无阻尼振动键合空间实体,其能量由动能和势能两部分组成:

惯性元件的动能为

$$W_I = \frac{1}{2} I f^2 \tag{2.4.1}$$

容性元件的势能为

$$W_C = \frac{q^2}{2C} \tag{2.4.2}$$

无阻尼振动时,能量守恒,有

$$\frac{\mathrm{d}}{\mathrm{d}t}(W_I + W_C) = 0 \tag{2.4.3}$$

将式 (2.4.1) 和式 (2.4.2) 代入式 (2.4.3),整理得

$$\ddot{q} + \frac{1}{IC}q = 0 \tag{2.4.4}$$

从能量守恒出发,仍然能够得到与式 (2.1.2) 相同的系统运动方程。因此,对于键合空间实体,也可以从能量守恒来确定其无阻尼振动的状态方程。

2) 重力场中的键合空间实体

对于如图 2.4.1 所示的质量–弹簧系统,$I = m$,$C = 1/k$,$E = -mg$,在重力场中达到静平衡时,弹簧相对原始长度压缩行程为 λ。取静平衡位置为 O 点,建立键合空间模型如图 2.4.2 所示。

键合空间模型的状态方程为

$$\begin{cases} \dot{p} = -C^{-1}q - E \\ \dot{q} = I^{-1}p \end{cases} \tag{2.4.5}$$

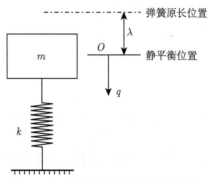

图 2.4.1   重力场中的质量–弹簧系统

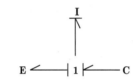

图 2.4.2   重力场中质量–弹簧系统的键合空间模型

有

$$Iddot{q} + k\left(q + \lambda\right) - mg = 0 \tag{2.4.6}$$

当 $q = 0$ 时，处于静平衡，此时 $ddot{q}|_{q=0} = 0$，有

$$k\lambda = mg \tag{2.4.7}$$

则状态方程可写为

$$mddot{q} + kq = 0 \tag{2.4.8}$$

系统动能为

$$W_I = \frac{1}{2}If^2 = \frac{1}{2}mdot{q}^2 \tag{2.4.9}$$

系统势能由两个部分构成，即重力势能和弹性势能，有

$$W_C = -mgq + \int_0^q k\left(\lambda + q\right)\mathrm{d}q = -mgq + k\lambda q + \frac{1}{2}kq^2 \tag{2.4.10}$$

代入式 (2.4.7)，得

$$W_C = \left(-mg + k\lambda\right)q + \frac{1}{2}kq^2 = \frac{1}{2}kq^2 \tag{2.4.11}$$

因系统机械能守恒, 有

$$\frac{\mathrm{d}}{\mathrm{d}t}\left(W_I + W_C\right) = 0 \qquad (2.4.12)$$

则

$$m\ddot{q} + kq = 0 \qquad (2.4.13)$$

与由状态方程得到的运动方程相同。说明, 如果重力的影响仅是改变了惯性元件的静平衡位置, 将坐标原点取在静平衡位置上, 则方程中就不会出现重力项。

3) 容性元件 (弹性元件) 质量的影响

实际系统中的弹簧都有质量, 在不考虑弹簧质量时的质量–弹簧系统, 其固有频率较实际频率高, 可看成是实际值的上限, 但在考虑很多实际工程问题时, 弹簧质量常常不能忽略, 这种考虑弹簧质量的质量–弹簧系统的固有频率的求解方法, 与瑞利法有相似之处。

而在键合空间实体中, 惯量是物理系统所有惯量等效至表征独立广义变量上的等效惯量, 而其容性元件对应的柔度也是其系统的等效柔度。

对于如图 2.4.3 所示的考虑弹簧质量的质量–弹簧系统, 在光滑的水平面上做无阻尼振动, 弹簧刚度为 k, 其等效到滑块的质量为 m_1。其对应的键合空间模型如图 2.4.4 所示。

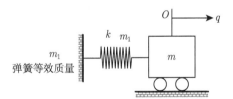

图 2.4.3　考虑弹簧质量的质量–弹簧系统

图 2.4.4　质量–弹簧系统键合空间模型

系统动能为

$$W_I = \frac{1}{2}mf^2 + \frac{1}{2}m_1 f^2 = \frac{1}{2}\left(m + m_1\right)f^2 \qquad (2.4.14)$$

势能为

$$W_C = \frac{1}{2}kq^2 \tag{2.4.15}$$

根据能量守恒，有

$$\frac{\mathrm{d}}{\mathrm{d}t}\left(W_I + W_C\right) = 0 \tag{2.4.16}$$

即

$$(m + m_1)\ddot{q} + kq = 0 \tag{2.4.17}$$

等效惯量为

$$I = m + m_1 \tag{2.4.18}$$

等效柔度为

$$C = \frac{1}{k} \tag{2.4.19}$$

固有频率为

$$\omega_0 = \sqrt{\frac{1}{IC}} = \sqrt{\frac{k}{m + m_1}} \tag{2.4.20}$$

例 2.4.1   对于图 2.4.5 所示摆球–刚性杆–弹簧系统，摆球质量为 m，刚性杆的质量可以忽略，刚性杆在 a 处两侧有刚度为 $k/2$ 的弹簧。求其微幅摆振的固有频率。

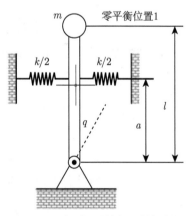

图 2.4.5   摆球–刚性杆–弹簧系统

解   以平衡位置为零点，确定广义坐标 q，键合空间模型如图 2.4.6 所示。

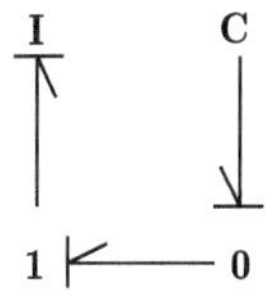

图 2.4.6 摆球–刚性杆–弹簧系统键合空间模型

确定其动能为

$$W_I = \frac{1}{2}ml^2f^2$$

势能为

$$
\begin{aligned}
W_C &= 2\frac{k\,(qa)^2}{4} - mgl\,(1 - \cos q) \\
&= \frac{1}{2}k\,(qa)^2 - \frac{1}{2}mgl\left[1 - \left(1 - \sin^2\frac{q}{2}\right)\right]^2 \\
&\approx \frac{1}{2}k\,(qa)^2 - \frac{1}{2}mglq^2 \\
&= \frac{1}{2}\left(ka^2 - mgl\right)q^2
\end{aligned}
$$

由此确定

$$I = ml^2$$

$$C = \frac{1}{ka^2 - mgl}$$

则其固有频率为

$$\omega_0 = \sqrt{\frac{ka^2 - mgl}{ml^2}}$$

从上述例题中可以明确出等效惯量和等效柔度的求解过程。

2.5 弹簧的串联与并联

1) 弹簧的串联

对于如图 2.5.1 所示的弹簧串联系统，建立键合空间模型如图 2.5.2 所示。其状态方程为

$$
\begin{cases}
\dot{p} = E - C_1^{-1}q_1 \\
\dot{q}_1 = I^{-1}p - \dot{q}_2
\end{cases}
\tag{2.5.1}
$$

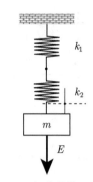

图 2.5.1　串联弹簧–质量系统

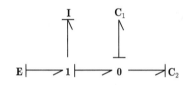

图 2.5.2　串联弹簧–质量系统键合空间模型

对时间求一阶导，整理得

$$I\left(\ddot{q}_1 + \ddot{q}_2\right) = E - C_1^{-1}q_1 \tag{2.5.2}$$

同时有以下关系：

$$\begin{cases} m\ddot{q} + k_1q_1 + E = 0 \\ q = q_1 + q_2 \\ k_2q_2 = k_1q_1 \end{cases} \tag{2.5.3}$$

则

$$q = q_1 + q_2 = \left(1 + \frac{k_1}{k_2}\right)q_1 = \frac{k_1 + k_2}{k_2}q_1 \tag{2.5.4}$$

即

$$q_1 = \frac{k_2}{k_1 + k_2}q \tag{2.5.5}$$

则

$$m\ddot{q} + \frac{k_1k_2}{k_1 + k_2}q + E = 0 \tag{2.5.6}$$

有

$$\begin{cases} I = m \\ C = \dfrac{k_1 + k_2}{k_1 k_2} = \left(\dfrac{1}{C_1} + \dfrac{1}{C_2}\right) C_1 C_2 = C_1 + C_2 \\ k = \dfrac{1}{C} = \dfrac{k_1 k_2}{k_1 + k_2} \end{cases} \tag{2.5.7}$$

式中，k 又可称为等效刚度。

2) 弹簧的并联

对于并联系统，如图 2.5.3 所示，其键合空间模型如图 2.5.4 所示。

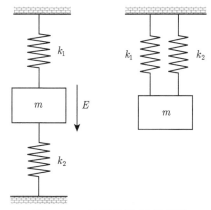

图 2.5.3 并联弹簧–质量系统

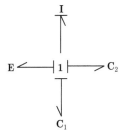

图 2.5.4 并联弹簧–质量系统键合空间模型

根据键合空间模型可列其状态方程

$$\begin{cases} \dot{p} = -E - C_1^{-1} q - C_2^{-1} q \\ \dot{q} = I^{-1} p \end{cases} \tag{2.5.8}$$

对时间求一阶导，整理得

$$m\ddot{q} + (k_1 + k_2) q + E = 0 \tag{2.5.9}$$

有

$$\begin{cases} I = m \\ k = k_1 + k_2 \\ C = \dfrac{1}{k} = \dfrac{1}{k_1 + k_2} = \dfrac{1}{\dfrac{1}{C_1} + \dfrac{1}{C_2}} = \dfrac{C_1 C_2}{C_1 + C_2} \end{cases} \tag{2.5.10}$$

例 2.5.1　如图 2.5.5 所示为双质点和弹簧的杠杆系统 (忽略杆和弹簧的质量，不考虑重力)，其平衡位置为水平位置，在平衡位置处做微幅振动，根据能量法求其等效惯量、等效柔度，以及固有频率、状态方程。

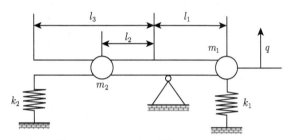

图 2.5.5　双质点–弹簧–杠杆系统

解　建立键合空间模型如图 2.5.6 所示。

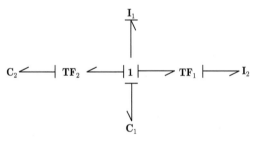

图 2.5.6　双质点–弹簧–杠杆系统键合空间模型

质点 m_1 按图中坐标取其位变和流分别为 q 和 f，且 $I_1 = m_1$，$I_2 = m_2$，$C_1 = 1/k_1$，$C_2 = 1/k_2$，转换器的传速比为 χ_1 和 χ_2，有

$$\begin{cases} \chi_1 = -\dfrac{l_2}{l_1} \\ \chi_2 = -\dfrac{l_3}{l_1} \end{cases}$$

则系统动能为

$$W_I = \frac{1}{2} m_1 f^2 + \frac{1}{2} m_2 f_2^2$$

$$= \frac{1}{2} m_1 f^2 + \frac{1}{2} m_2 \chi_1^2 f^2$$

$$= \frac{1}{2} \left(m_1 + \chi_1^2 m_2 \right) f^2$$

$$= \frac{1}{2} \left[m_1 + \left(-\frac{l_2}{l_1} \right)^2 m_2 \right] f^2$$

$$= \frac{1}{2} \left[m_1 + \left(\frac{l_2}{l_1} \right)^2 m_2 \right] f^2$$

$$= \frac{1}{2} \frac{m_1 l_1^2 + m_2 l_2^2}{l_1^2} f^2$$

因此，等效惯量为

$$I = m_1 + \left(\frac{l_2}{l_1} \right)^2 m_2$$

势能为

$$W_C = \frac{1}{2} k_1 q^2 + \frac{1}{2} k_2 q_2^2$$

$$= \frac{1}{2} k_1 q^2 + \frac{1}{2} k_2 \chi_2^2 q^2$$

$$= \frac{1}{2} \left(k_1 + k_2 \chi_2^2 \right) q^2$$

$$= \frac{1}{2} \left[k_1 + k_2 \left(-\frac{l_3}{l_1} \right)^2 \right] q^2$$

$$= \frac{1}{2} \left[k_1 + k_2 \left(\frac{l_3}{l_1} \right)^2 \right] q^2$$

$$= \frac{1}{2} \frac{k_1 l_1^2 + k_2 l_3^2}{l_1^2} q^2$$

因此，等效柔度为

$$C = \frac{l_1^2}{k_1 l_1^2 + k_2 l_3^2}$$

则固有频率为

$$\omega_0 = \frac{1}{\sqrt{IC}} = \sqrt{\frac{l_1^2}{m_1 l_1^2 + m_2 l_2^2} \frac{k_1 l_1^2 + k_2 l_3^2}{l_1^2}} = \sqrt{\frac{k_1 l_1^2 + k_2 l_3^2}{m_1 l_1^2 + m_2 l_2^2}}$$

根据能量守恒，有

$$\frac{\mathrm{d}}{\mathrm{d}t}(W_I + W_C) = 0$$

即

$$\ddot{q} + \omega_0^2 q = 0$$

则运动方程为

$$\ddot{q} + \frac{k_1 l_1^2 + k_2 l_3^2}{m_1 l_1^2 + m_2 l_2^2} q = 0$$

第 3 章 键合空间实体一维有阻尼振动

上一章考虑了键合空间实体做一维无阻尼振动的情况，振动系统机械能守恒，即系统受激后，尽管激励消失了，但自由振动还将持续下去。然而，实际系统总是存在各种阻力的，系统机械能不再守恒，当激励消失后，振动将逐步衰减，直至消失。

3.1 线 性 阻 尼

实际系统中的阻力非常复杂，线性阻尼是其中一类很重要的阻力，它与系统的速度 (流) 相关，其特性与键合空间的阻性元件相似，因此这类阻力可以用阻性函数表示，有

$$E_R = \Phi_R(f) \tag{3.1.1}$$

式中，E_R 为势；f 为流。

当阻力与速度线性相关或 n 次方相关时，则在一维振动中，线性相关的系数称为线性阻尼系数 (简称为线性阻尼)，n 次方相关的系数称为 n 次阻尼系数，可分别表示为

$$E_R = Rf \tag{3.1.2}$$

$$E_R = Rf^n \tag{3.1.3}$$

式中，R 为阻尼系数。

图 3.1.1 给出了一个典型的一维有阻尼振动系统，对应的键合空间模型如图 3.1.2 所示。其中，$I = m$，$C = 1/k$。

根据因果关系可得到状态方程为

$$\begin{cases} \dot{p} = -Rf - C^{-1}q \\ \dot{q} = I^{-1}p \end{cases} \tag{3.1.4}$$

整理后得

$$I\ddot{q} + R\dot{q} + C^{-1}q = 0 \tag{3.1.5}$$

则固有频率为

$$\omega_0 = \frac{1}{\sqrt{IC}} = \sqrt{\frac{k}{I}} \tag{3.1.6}$$

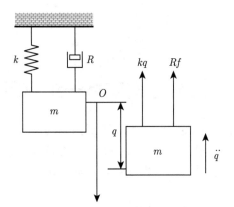

图 3.1.1   质量–弹簧–阻尼系统

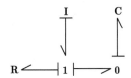

图 3.1.2   质量–弹簧–阻尼系统键合空间模型

令

$$\zeta = \frac{R}{2}\sqrt{\frac{C}{I}} = \frac{R}{2\sqrt{km}} \tag{3.1.7}$$

式中，ζ 为相对阻尼系数。

式 (3.1.5) 可改写为

$$\ddot{q} + 2\zeta\omega_0\dot{q} + \omega_0^2 q = 0 \tag{3.1.8}$$

设 $q = \mathrm{e}^{\lambda t}$，得特征方程为

$$\lambda^2 + 2\zeta\omega_0\lambda + \omega_0^2 = 0 \tag{3.1.9}$$

其特征根为

$$\lambda_{1,2} = \left(-\zeta \pm \sqrt{\zeta^2 - 1}\right)\omega_0 \tag{3.1.10}$$

下面分欠阻尼 ($\zeta < 1$)、临界阻尼 ($\zeta = 1$) 和过阻尼 ($\zeta > 1$) 三种情况进行讨论。

1. 欠阻尼

特征根为两个复数根，有

$$\lambda_{1,2} = -\zeta\omega_0 \pm \mathrm{i}\omega_d \tag{3.1.11}$$

式中，$\mathrm{i} = \sqrt{-1}$；ω_d 为有阻尼自由振动的圆频率，$\omega_d = \sqrt{1 - \zeta^2}\omega_0$。

振动解为

$$q(t) = \mathrm{e}^{-\zeta\omega_0 t}\left[\mu_1 \cos(\omega_d t) + \mu_2 \sin(\omega_d t)\right] \tag{3.1.12}$$

式中，μ_1 和 μ_2 为待定系数，由初始条件确定。

一维有阻尼自由振动的周期为

$$T_d = \frac{2\pi}{\omega_d} = \frac{2\pi}{\omega_0\sqrt{1 - \zeta^2}} = \frac{T_0}{\sqrt{1 - \zeta^2}} \tag{3.1.13}$$

式中，T_0 为一维无阻尼自由振动周期，$T_0 = \dfrac{2\pi}{\omega_0}$。

设初始条件为

$$q(0) = q_0 \tag{3.1.14}$$

$$f(0) = f_0 \tag{3.1.15}$$

则有

$$q(t) = \mathrm{e}^{-\zeta\omega_0 t}\left[q_0 \cos(\omega_d t) + \frac{f_0 + \zeta\omega_0 q_0}{\omega_d}\sin(\omega_d t)\right] \tag{3.1.16}$$

或

$$\begin{cases} q(t) = \mathrm{e}^{-\zeta\omega_0 t} A \sin(\omega_d t + \theta) \\[2mm] A = \sqrt{q_0^2 + \left(\dfrac{f_0 + \zeta\omega_0 q_0}{\omega_d}\right)^2} \\[2mm] \theta = \arctan\left(\dfrac{q_0 \omega_d}{f_0 + \zeta\omega_0 q_0}\right) \end{cases} \tag{3.1.17}$$

欠阻尼振动的响应曲线如图 3.1.3 所示。

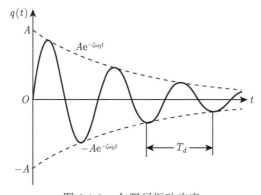

图 3.1.3　欠阻尼振动响应

　　欠阻尼振动时，不同阻尼的振动衰减快慢不同。一般阻尼越大，振动衰减越快；而阻尼越小，则振动衰减越慢。振动衰减的快慢可通过两个相邻振幅的比值，即减幅系数表征，为

$$\gamma = \frac{A_i}{A_{i+1}} = \frac{A e^{-\zeta \omega_0 t_i}}{A e^{-\zeta \omega_0 t_{i+1}}} = e^{-\zeta \omega_0 T_d} \qquad (3.1.18)$$

可见 γ 与时间无关。工程实际中，为了便于应用，常采用对数衰减率表征，有

$$\Lambda = \ln\left(\frac{A_i}{A_{i+1}}\right) = \ln\gamma = \zeta\omega_0 T_d \qquad (3.1.19)$$

　　2. 临界阻尼

　　特征根为重根，有

$$\lambda_{1,2} = -\omega_0 \qquad (3.1.20)$$

振动解为

$$q(t) = e^{-\omega_0 t}(\mu_1 + \mu_2 t) \qquad (3.1.21)$$

代入初始条件，得

$$q(t) = e^{-\omega_0 t}[q_0 + (f_0 + \omega_0 q_0)t] \qquad (3.1.22)$$

临界阻尼振动的响应曲线如图 3.1.4 所示。

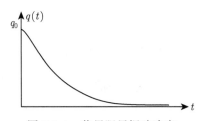

图 3.1.4　临界阻尼振动响应

临界阻尼振动是按指数规律衰减的非周期运动，临界阻尼系数 γ^* 的表达式为

$$\gamma^* = 2\sqrt{\frac{I}{C}} \qquad (3.1.23)$$

　　3. 过阻尼

　　特征根为两个不相等的负实根，有

$$\lambda_{1,2} = -\zeta\omega_0 \pm \omega_s \qquad (3.1.24)$$

式中，$\omega_s = \omega_0 \sqrt{\zeta^2 - 1}$。

振动解为

$$q(t) = e^{-\zeta\omega_0}[\mu_1 \mathrm{ch}(\omega_s t) + \mu_2 \mathrm{sh}(\omega_s t)] \tag{3.1.25}$$

代入初始条件，得

$$q(t) = e^{-\zeta\omega_0 t}\left[q_0 \mathrm{ch}(\omega_s t) + \frac{f_0 + \zeta\omega_0 q_0}{\omega_s}\mathrm{sh}(\omega_s t)\right] \tag{3.1.26}$$

过阻尼振动的响应曲线如图 3.1.5 所示。

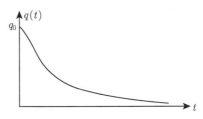

图 3.1.5　过阻尼振动响应

可见过阻尼振动也是一种按指数规律衰减的非周期运动，其运动衰减的速度比同样情况下的临界阻尼慢。

4. 三种阻尼情况的对比

欠阻尼、临界阻尼和过阻尼三种情况的响应曲线对比如图 3.1.6 所示。欠阻尼是一种振幅逐渐衰减的振动；过阻尼和临界阻尼都是按指数规律衰减的非周期运动，所不同的是临界阻尼相对过阻尼衰减更快些。临界阻尼是使物体振动刚好不做周期性振动，而能最快回到平衡位置的情况。

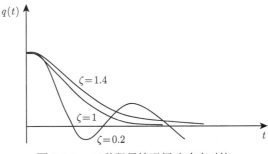

图 3.1.6　三种阻尼情况振动响应对比

例 3.1.1　如图 3.1.7 所示的阻尼缓冲器，当静载荷 E_0 去除后，质量块越过平衡位置，能够到达的最大位移是初始位移的 10%，应用键合空间理论推导阻尼缓冲器相对阻尼系数 ζ 的表达式，并求其值。

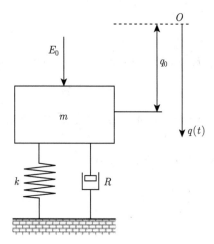

图 3.1.7　受静载荷作用的阻尼缓冲器

解　建立系统在受静载荷时的键合空间模型，如图 3.1.8 所示。其中，$I = m$，$C = 1/k$。

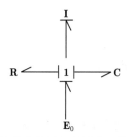

图 3.1.8　受静载荷作用阻尼缓冲器的键合空间模型

状态方程为

$$\begin{cases} \dot{p} = E_0 - R\dot{q} - C^{-1}q \\ \dot{q} = I^{-1}p \end{cases}$$

当受静载荷处于静力平衡时，$p = 0$，$\dot{q} = 0$，有 $C^{-1}q = E_0$，则

$$q_0 = CE_0 = \frac{E_0}{k}$$

建立系统在去掉静载荷时的键合空间模型，如图 3.1.9 所示。

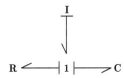

图 3.1.9 去掉静载荷后的阻尼缓冲器键合空间模型

其状态方程为

$$\begin{cases} \dot{p} = -R\dot{q} - C^{-1}q \\ \dot{q} = I^{-1}p \end{cases}$$

对时间求一阶导，整理得

$$\ddot{q} + \frac{R}{I}\dot{q} + \frac{1}{IC}q = 0$$

则特征方程为

$$\lambda^2 + \frac{R}{m}\lambda + \frac{k}{m} = 0$$

有

$$\lambda_{1,2} = -\frac{R}{2m} \pm \frac{1}{2}\sqrt{\left(\frac{R}{m}\right)^2 - \frac{4k}{m}} = \left(-\zeta \pm \sqrt{\zeta^2 - 1}\right)\omega_0$$

因此，得相对阻尼系数表达式为

$$\zeta = \frac{R}{2\sqrt{km}}$$

设去掉 E_0 的时刻为零时刻，则有

$$q(0) = q_0 = \frac{E_0}{k}$$

$$\dot{q}(0) = f_0 = 0$$

根据题意，系统做欠阻尼振动，其解为

$$q(t) = \mathrm{e}^{-\zeta\omega_0 t}\left[q_0\cos(\omega_d t) + \frac{\zeta\omega_0 q_0}{\omega_d}\sin(\omega_d t)\right]$$

式中，$\omega_d = \omega_0\sqrt{1 - \zeta^2}$。

上式对时间求一阶导，得

$$f(t) = \frac{\omega_0 q_0}{\omega_d}\mathrm{e}^{-\zeta\omega_0 t}\sin(\omega_d t)$$

设在去掉 E_0 后 τ 时刻，质量块越过平衡位置达到最大位移，此时有

$$q(\tau) = q_\tau$$

$$f(\tau) = 0$$

令

$$f(\tau) = \frac{\omega_0 q_0}{\omega_d} \mathrm{e}^{-\zeta\omega_0\tau} \sin(\omega_d\tau) = 0$$

得

$$\tau = \frac{\pi}{\omega_d}$$

经过半周期出现的第一个振幅为

$$q(\tau) = q_\tau = -q_0 \mathrm{e}^{-\zeta\omega_0\tau} = -q_0 \mathrm{e}^{-\frac{\pi\zeta}{\sqrt{1-\zeta^2}}}$$

据题知

$$\left| \frac{q(\tau)}{q_0} \right| = \mathrm{e}^{-\frac{\pi\zeta}{\sqrt{1-\zeta^2}}} = 0.1$$

解上式，且考虑到 ζ 为正值，因此有

$$\zeta = 0.59$$

例 3.1.2　如图 3.1.10 所示为一维有阻尼振动系统，小球的质量为 m，弹簧刚度 k，线性阻尼 r，且刚性杆和弹簧的质量不计，杆水平时为平衡位置，系统在水平位置做微幅振动，写出系统状态方程，并求有阻尼固有频率 ω_d 和临界阻尼 r_b。

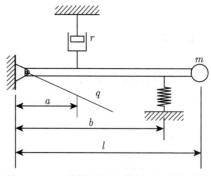

图 3.1.10　弹簧–阻尼–刚性杆–质量系统

解　设刚性杆的摆角为 q，建立键合空间模型如图 3.1.11 所示。其中，$I = ml^2$，$C^{-1} = k$，$R = r$，转换器 **TF**$_1$，**TF**$_2$ 的模数分别为 $\chi_1 = b$，$\chi_2 = a$，则根据键合空间模型，可列出状态方程为

$$\begin{cases} \dot{p} = -\chi_2 \left(R\chi_2\chi_1^{-1}\dot{q}_C \right) - \chi_1 \left(C^{-1}q_C \right) \\ \dot{q}_C = \chi_1 I^{-1}p \end{cases}$$

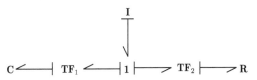

图 3.1.11　弹簧–阻尼–刚性杆–质量系统键合空间模型

整理得

$$ml^2\ddot{q}_C + ra^2\dot{q}_C + kb^2 q_C = 0$$

即

$$\ddot{q}_C + \frac{ra^2}{ml^2}\dot{q}_C + \frac{kb^2}{ml^2}q_C = 0$$

对照阻尼振动方程的标准形式

$$\ddot{q} + 2\zeta\omega_0\dot{q} + \omega_0^2 q = 0$$

得无阻尼固有频率为

$$\omega_0 = \sqrt{\frac{kb^2}{ml^2}} = \frac{b}{l}\sqrt{\frac{k}{m}}$$

则有阻尼固有频率为

$$\omega_d = \omega_0\sqrt{1 - \zeta^2} = \frac{\sqrt{4kmb^2l^2 - r^2a^4}}{2ml^2}$$

由

$$2\zeta\omega_0 = \frac{ra^2}{ml^2}$$

得

$$\zeta = \frac{ra^2}{2\omega_0 ml^2} = \frac{ra^2}{2mlb}\sqrt{\frac{m}{k}}$$

令 $\zeta = 1$，得临界阻尼为

$$r_b = \frac{2lb}{a^2}\sqrt{mk}$$

3.2   等效线性阻尼

阻尼在实际振动系统中普遍存在，且大多数为非线性阻尼，性质差异也很大，要用数学准确描述很困难。为此，在实际中常采用能量的方法，将非线性阻尼简化为等效线性阻尼来处理，即等效线性阻尼在一个周期内消耗的能量要等于需要简化的非线性阻尼在一个周期内消耗的能量。通常假设非线性阻尼系统在简谐激振力作用下的稳态响应仍然为简谐振动。这种假设在非线性阻尼比较小的情况下是合理的。

线性阻尼在一个周期 T 内消耗的能量 ΔW_R 可以近似地用无阻尼振动规律计算，有

$$\Delta W_R = -\oint Rf\mathrm{d}q = -\int\limits_0^T R\dot{q}^2\mathrm{d}t = -R\omega_0^2 A^2 \int\limits_0^T \cos^2\left(\omega_0 t + \varphi\right)\mathrm{d}t = -\pi R\omega_0^2 A^2$$

$$(3.2.1)$$

式中，A 和 φ 取决于初始条件 q_0、f_0 以及无阻尼振动固有频率 ω_0，为

$$\begin{cases} A = \sqrt{q_0^2 + \left(\dfrac{f_0}{\omega_0}\right)^2} \\ \varphi = \arctan\left(\dfrac{q_0\omega_0}{f_0}\right) \end{cases}$$

$$(3.2.2)$$

下面讨论在工程中最常见的平方阻尼和结构阻尼的等效线性阻尼处理方法。

1. 平方阻尼

在工程实际中，物体在低黏度流体里运动受到的阻力常常与其相对速度的平方成正比，与相对运动方向相反。这时阻力 E_Y 可表示为

$$E_Y = -r_Y f^2 \mathrm{sgn}f$$

$$(3.2.3)$$

式中，r_Y 为平方阻尼。

平方阻尼力在一个周期内消耗的能量为

$$\Delta W_R = -\oint r_Y f^2\mathrm{sgn}f\mathrm{d}q = -2\int\limits_{-T/4}^{T/4} r_Y \dot{q}^3\mathrm{d}t = -\frac{8}{3}r_Y\omega_0^2 A^2$$

$$(3.2.4)$$

可得平方阻尼的等效线性阻尼为

$$R_Y = \frac{8}{3\pi}r_Y\omega_0^2 A^2$$

$$(3.2.5)$$

2. 结构阻力

结构阻力为材料在变形过程中内摩擦所引起的阻力。其应力–应变曲线形成滞回曲线如图 3.2.1 所示，滞回曲线所围成的面积表示材料在一个循环中内摩擦所耗散的能量，为

$$\Delta W_R = -vA^2 \tag{3.2.6}$$

式中，v 为比例系数。

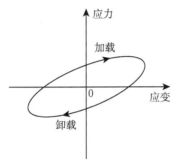

图 3.2.1　应力–应变曲线

则结构阻尼的等效线性阻尼为

$$R_v = -\frac{v}{\pi\omega_0} \tag{3.2.7}$$

第 4 章　键合空间表示线性系统的受迫振动

4.1　简谐力激励的强迫振动

图 4.1.1 为受简谐力激励的强迫振动系统，其中 $E(t)$ 为简谐力激励，为

$$E(t) = E_0 \mathrm{e}^{\mathrm{i}\omega t} = E_0 \left[\cos(\omega t) + \mathrm{i}\sin(\omega t)\right] \tag{4.1.1}$$

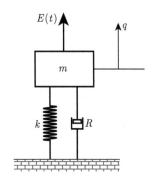

图 4.1.1　受简谐力激励的强迫振动系统

建立键合空间模型如图 4.1.2 所示。图中，$I = m$，$C = 1/k$。

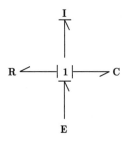

图 4.1.2　强迫振动系统键合空间模型

由键合空间模型列写状态方程为

$$\dot{p} = E(t) - R\dot{q} - C^{-1}q \tag{4.1.2}$$

$$\dot{q} = I^{-1}p \tag{4.1.3}$$

整理得

$$m\ddot{q} + R\dot{q} + kq = E_0 e^{i\omega t} \tag{4.1.4}$$

这是一个显含时间 t 的非齐次微分方程。因非齐次微分方程的通解等于齐次微分方程通解与非齐次微分方程特解之和。其中,齐次微分方程的通解,对应前面章节所说的一维有阻尼自由振动,其振动会逐渐衰减,是暂态的响应;而非齐次微分方程的特解,由于受简谐力激励,将做持续等幅运动,是稳态的响应。

设 $q = \bar{q}e^{i\omega t}$,其中 $\bar{q}$ 为稳态响应的复振幅,则复频响应函数为

$$H(\omega) = \frac{1}{k - \omega^2 m + iR\omega} \tag{4.1.5}$$

而

$$\begin{cases} \omega_0 = \dfrac{1}{\sqrt{IC}} = \sqrt{\dfrac{k}{m}} \\[2mm] \zeta = \dfrac{R}{2\sqrt{km}} \end{cases} \tag{4.1.6}$$

得到振动微分方程为

$$\ddot{q} + 2\zeta\omega_0\dot{q} + \omega_0^2 q = B\omega_0^2 e^{i\omega t} \tag{4.1.7}$$

式中,B 为静变形,$B = \dfrac{E_0}{k}$。

令 $s = \dfrac{\omega}{\omega_0}$,则

$$H(\omega) = \frac{1}{k}\left[\frac{1 - s^2 - 2is\zeta}{(1 - s^2)^2 + (2s\zeta)^2}\right] = C\beta e^{-i\theta} \tag{4.1.8}$$

其中

$$\begin{cases} \beta = \dfrac{1}{\sqrt{(1 - s^2)^2 + (2s\zeta)^2}} \\[3mm] \theta = \arctan\left(\dfrac{2s\zeta}{1 - s^2}\right) \end{cases} \tag{4.1.9}$$

式中,β 为振幅放大因子;θ 为相位差。

由

$$\bar{q} = H(\omega) E_0 \tag{4.1.10}$$

得

$$q = CE_0\beta e^{i(\omega t - \theta)} = Ae^{i(\omega t - \theta)} \tag{4.1.11}$$

则 $A = \beta B$，为稳态响应的实振幅。

若

$$E(t) = E_0 \cos(\omega t) \tag{4.1.12}$$

则

$$q(t) = A \cos(\omega t - \theta) \tag{4.1.13}$$

当无阻尼时，有

$$q(t) = \frac{B}{1 - s^2} \mathrm{e}^{\mathrm{i}\omega t} = \frac{CE_0}{1 - s^2} \mathrm{e}^{\mathrm{i}\omega t} = A \mathrm{e}^{\mathrm{i}(\omega t - \theta)} \tag{4.1.14}$$

$$A = \frac{CE_0}{\sqrt{(1 - s^2)^2 + (2s\zeta)^2}} \tag{4.1.15}$$

可见，线性系统对简谐力激励的稳态响应是频率等于激振频率，而相位滞后于激振力的简谐振动；稳态响应的振幅及相位只取决于系统本身的物理特性 (I，C，R) 和激振力的频率及幅值，而与系统进入运动的方式，也就是初始条件无关。

4.2　幅频响应特性

由 $\beta = \dfrac{1}{\sqrt{(1 - s^2)^2 + (2s\zeta)^2}}$ 绘制幅频特性曲线，如图 4.2.1 所示，则有

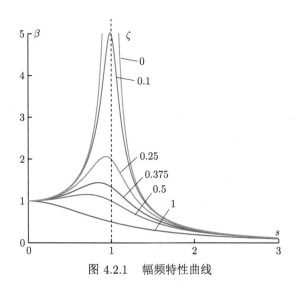

图 4.2.1　幅频特性曲线

(1) 当 $s \ll 1$，即 $\omega \ll \omega_0$ 时，激振频率相对于系统固有频率很低，有 $\beta \approx 1$，因 $A = \beta B$，此时 A 与静位移 $B = C E_0$ 相当。

(2) 当 $s \gg 1$，$\omega \gg \omega_0$ 时，激振频率相对于系统固有频率很高，有 $\beta \approx 0$，由 $A = \beta B$ 知，其振幅很小。

(3) 当 $s \gg 1$ 或 $s \ll 1$ 两个领域时，对于不同的 ζ 值，曲线密度较高，说明阻尼影响不明显。

(4) 当 $s \approx 1$，即 $\omega \approx \omega_0$ 时，对于较小的 ζ 值，β 迅速增大，当 $\zeta = 0$ 时，$\beta \to \infty$，此时，出现共振，振幅将无穷大。在 $s \approx 1$ 附近，共振对于阻尼增加很敏感，增加阻尼，将使振幅明显下降。

(5) 有阻尼系统 $\beta_{\max}$ 处，对于有阻尼系统，$\beta_{\max}$ 出现在 $s = 1$ 稍偏左，由 $\mathrm{d}q/\mathrm{d}s = 0$ 得

$$s = \sqrt{1 - 2\zeta^2} \tag{4.2.1}$$

则有

$$\beta_{\max} = \frac{1}{2\zeta\sqrt{1 - \zeta^2}} \tag{4.2.2}$$

(6) 当 $\zeta > \dfrac{1}{\sqrt{2}}$，即 $\beta < 1$ 时，振幅无极值。

令 $Q = \beta|_{s=1} = \dfrac{1}{2\zeta}$，为品质因子。如图 4.2.2 所示，在共振峰的两侧取与 $\beta = Q/\sqrt{2}$ 对应的两点 ω_1 和 ω_2 有

$$\Delta\omega = \omega_2 - \omega_1 \tag{4.2.3}$$

式中，$\Delta\omega$ 为带宽。

又有

$$Q = \frac{\omega_0}{\Delta\omega} \tag{4.2.4}$$

说明，阻尼越弱，则 Q 越大，带宽越窄，共振峰越陡峭。

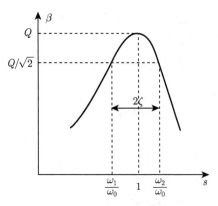

图 4.2.2　品质因子曲线

4.3　相频响应特性

根据 $\theta = \arctan\left(\dfrac{2s\zeta}{1-s^2}\right)$ 绘出相频特性曲线，如图 4.3.1 所示。

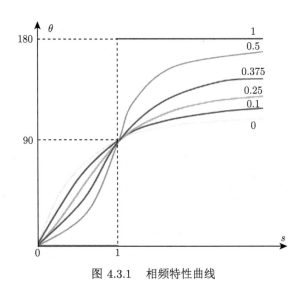

图 4.3.1　相频特性曲线

(1) 当 $s \ll 1$，即 $\omega \ll \omega_0$ 时，相位差 $\theta \approx 0$，位移与激振力在相位上基本相同。

(2) 当 $s \gg 1$，$\omega \gg \omega_0$ 时，相位差 $\theta \approx \pi$，位移与激振力反相。

(3) 当 $s \approx 1$，即 $\omega \approx \omega_0$ 时，共振时的相位差为 $\pi/2$，与阻尼无关。

4.4 受迫振动的过渡阶段

在系统受到激励, 开始振动的初始阶段, 其自由振动伴随受迫振动同时发生。如前所述, 系统的响应由对应齐次微分方程的通解所代表的暂态响应 (阻尼自由振动, 并逐渐衰减) 和非线性微分方程特解所代表的稳态响应 (持续等幅振动) 叠加而成, 其振动方程为

$$I\ddot{q} + R\dot{q} + C^{-1}q = E_0 e^{i\omega t} \tag{4.4.1}$$

式 (4.4.1) 为显含时间的非齐次微分方程。

4.4.1 无阻尼正弦激励

无阻尼时, 系统键合空间模型如图 4.4.1 所示。

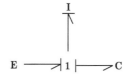

图 4.4.1   正弦激励无阻尼系统的键合空间模型

若激励为正弦激励 $E(t) = E_0 \sin(\omega t)$, 有

$$I\ddot{q} + C^{-1}q = E_0 \sin(\omega t) \tag{4.4.2}$$

令 $B = CE_0$, $s = \dfrac{\omega}{\omega_0}$, 得

$$\ddot{q} + \omega_0^2 q = B\omega_0^2 \sin(\omega t) \tag{4.4.3}$$

其通解为

$$q(t) = \mu_1 \cos(\omega_0 t) + \mu_2 \sin(\omega_0 t) + \frac{B}{1 - s^2} \sin(\omega t) \tag{4.4.4}$$

设初始条件为

$$\begin{cases} q(0) = q_0 \\ \dot{q}(0) = f_0 \end{cases} \tag{4.4.5}$$

则可通过初始条件, 确定出 μ_1, μ_2, 有

$$\begin{cases} \mu_1 = q_0 \\ \mu_2 = \dfrac{f_0}{\omega_0} - \dfrac{Bs}{1 - s^2} \end{cases} \tag{4.4.6}$$

解为

$$q\left(t\right) = q_0 \cos\left(\omega_0 t\right) + \frac{f_0}{\omega_0}\sin\left(\omega_0 t\right) - \frac{Bs}{1-s^2}\sin\left(\omega_0 t\right) + \frac{B}{1-s^2}\sin\left(\omega t\right) \quad (4.4.7)$$

解可分为三个部分：

(1) 初始条件响应

$$q_0 \cos\left(\omega_0 t\right) + \frac{f_0}{\omega_0}\sin\left(\omega_0 t\right)$$

(2) 以系统固有频率为振动频率的自由伴随振动

$$-\frac{Bs}{1-s^2}\sin\left(\omega_0 t\right)$$

(3) 强迫响应

$$\frac{B}{1-s^2}\sin\left(\omega t\right)$$

特别地，当初始条件为 $q\left(0\right) = 0$，$\dot{q}\left(0\right) = 0$ 时，有

$$q\left(t\right) = -\frac{Bs}{1-s^2}\sin\left(\omega_0 t\right) + \frac{B}{1-s^2}\sin\left(\omega t\right) \quad (4.4.8)$$

可见零初始条件下，解由自由伴随振动和强迫响应两部分组成。

1) 当 $s < 1$ 时

稳态受迫振动进行一个循环时间内，自由伴随振动完成多个循环。受迫响应为稳态响应曲线上叠加一个振荡运动。如图 4.4.2 所示。

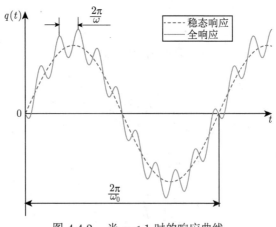

图 4.4.2　当 $s < 1$ 时的响应曲线

2) 当 $s > 1$ 时

为自由伴随振动进行一个循环时间内，稳态受迫振动完成多个循环。受迫响应为自由振动响应曲线上叠加的一个振荡运动，如图 4.4.3 所示。

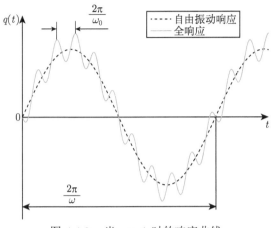

图 4.4.3　当 $s > 1$ 时的响应曲线

所以，即使在零初始条件下，也有自由振动与受迫振动相伴发生。

由于系统是线性的，也可利用叠加定理求解。对于自由振动部分，有

$$\begin{cases} \ddot{q} + \omega_0^2 q = 0 \\ q\left(0\right) = q_0, \dot{q}\left(0\right) = f_0 \end{cases} \tag{4.4.9}$$

其解为

$$q_1\left(t\right) = q_0 \cos\left(\omega_0 t\right) + \frac{f_0}{\omega_0} \sin\left(\omega_0 t\right) \tag{4.4.10}$$

对于受迫振动部分，有

$$\begin{cases} \ddot{q} + \omega_0^2 q = B\omega_0^2 \sin\left(\omega t\right) \\ q\left(0\right) = q_0, \dot{q}\left(0\right) = f_0 \end{cases} \tag{4.4.11}$$

其解为

$$q_2\left(t\right) = -\frac{Bs}{1-s^2} \sin\left(\omega_0 t\right) + \frac{B}{1-s^2} \sin\left(\omega t\right) \tag{4.4.12}$$

则

$$q\left(t\right) = q_1\left(t\right) + q_2\left(t\right)$$

$$= q_0 \cos(\omega_0 t) + \frac{f_0}{\omega_0} \sin(\omega_0 t) - \frac{Bs}{1-s^2} \sin(\omega_0 t) + \frac{B}{1-s^2} \sin(\omega t)$$

$$= q_0 \cos(\omega_0 t) + \frac{f_0}{\omega_0} \sin(\omega_0 t) + \frac{B}{1-s^2} [\sin(\omega t) - s \sin(\omega_0 t)] \tag{4.4.13}$$

由于阻尼的存在，上式右端的暂态运动会逐渐衰减，进而消失，最终系统为稳态响应。

例 4.4.1　计算初始条件，使 $I\ddot{q} + C^{-1}q = E_0 \sin(\omega t)$ 的响应，只以频率 ω 振动。

解　方程 $I\ddot{q} + C^{-1}q = E_0 \sin(\omega t)$ 的解为

$$q(t) = q_0 \cos(\omega_0 t) + \frac{f_0}{\omega_0} \sin(\omega_0 t) - \frac{Bs}{1-s^2} \sin(\omega_0 t) + \frac{B}{1-s^2} \sin(\omega t)$$

且 $B = CE_0$，$s = \frac{\omega_0}{\omega}$ 已确定。如果系统响应只以 ω 为频率振动，必须满足：

$$\begin{cases} q_0 = 0 \\ \dfrac{f_0}{\omega_0} = \dfrac{Bs}{1-s^2} \end{cases}$$

则确定初始条件为

$$q_0 = 0$$

$$f_0 = \frac{Bs\omega_0}{1-s^2}$$

讨论：对于 $I\ddot{q} + C^{-1}q = E_0 \sin(\omega t)$，且考虑零初始条件 $q(0) = 0$，$\dot{q}(0) = 0$，若激励频率与固有频率十分接近，即 $s = \omega/\omega_0 \approx 1$，令 $s = 1 + 2\sigma$，其中 σ 为小量，则其解为

$$q(t) = \frac{B}{1-s^2} [\sin(\omega t) - s \sin(\omega_0 t)]$$

将 $s = 1 + 2\sigma$ 代入，得

$$q(t) = \frac{B}{1-s^2} [\sin(\omega t) - s \sin(\omega_0 t)]$$

$$= \frac{B}{1-(4\sigma^2 + 4\sigma + 1)} [\sin(\omega t) - s \sin(\omega_0 t)]$$

$$\approx -\frac{B}{4\sigma} [\sin(\omega t) - s \sin(\omega_0 t)]$$

$$= -\frac{B}{4\sigma} \{\sin[(1+2\sigma)\omega_0 t] - \sin(\omega_0 t)\}$$

$$= -\frac{B}{4\sigma} \left[\sin(\omega_0 t) \cos(2\sigma\omega_0 t) + \cos(\omega_0 t) \sin(2\sigma\omega_0 t) - \sin(\omega_0 t) \right]$$

$$\approx -\frac{B}{4\sigma} \cos(\omega_0 t) \sin(2\sigma\omega_0 t)$$

$$= -\frac{B}{4\sigma} \cos(\omega_0 t) \cdot 2 \sin(\sigma\omega_0 t) \cos(\sigma\omega_0 t)$$

$$\approx -\frac{B}{2\sigma} \sin(\sigma\omega_0 t) \cos(\omega_0 t)$$

其运动可以看成频率为 ω_0，但振幅按 $\dfrac{B}{2\sigma}\sin(\sigma\omega_0 t)$ 规律缓慢变化的振动，这种接近共振时发生的特殊振动现象称为拍，如图 4.4.4 所示。拍的周期为 $\dfrac{\pi}{\sigma\omega_0}$，图形包络线为 $\pm\dfrac{B}{2\sigma}\sin(\sigma\omega_0 t)$。

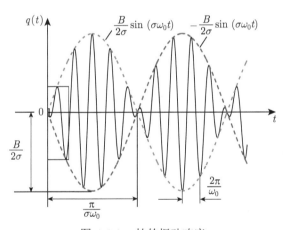

图 4.4.4 拍的振动响应

当 $\sigma \to 0$ 时，有

$$q(t) = -\frac{B}{2\sigma}\sin(\sigma\omega_0 t)\cos(\omega_0 t) \approx -\frac{B}{2\sigma}\sigma\omega_0 t \cdot \cos(\omega_0 t)$$

$$= -\frac{1}{2}B\omega_0 t \cdot \cos(\omega_0 t)$$

随着时间 t 的增大，振幅无限增大，表现为无阻尼系统共振的情况，如图 4.4.5 所示。

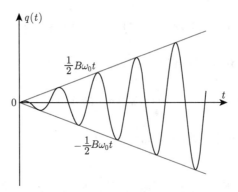

图 4.4.5　无阻尼系统共振响应

4.4.2　有阻尼简谐激励

有阻尼系统键合空间模型如图 4.4.6 所示。

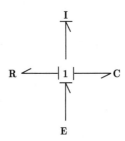

图 4.4.6　正弦激励下有阻尼系统的键合空间模型

同样，可得

$$I\ddot{q} + R\dot{q} + C^{-1}q = E_0 \sin(\omega t) \tag{4.4.14}$$

且初始条件为：$q(0) = q_0$，$\dot{q}(0) = f_0$。

同样的方法，可得其解为

$$q(t) = \mathrm{e}^{-\zeta\omega_0 t}\left[q_0 \cos(\omega_d t) + \frac{f_0 + \zeta\omega_0 q_0}{\omega_d}\sin(\omega_d t)\right]$$

$$+ B\beta\mathrm{e}^{-\zeta\omega_0 t}\left[\sin\theta\cos(\omega_d t) + \frac{\omega_0}{\omega_d}(\zeta\sin\theta - s\cos\theta)\sin(\omega_d t)\right]$$

$$+ B\beta\sin(\omega t - \theta) \tag{4.4.15}$$

式中，$\omega_0 = \dfrac{1}{\sqrt{IC}}$；$\zeta = \dfrac{R}{2}\sqrt{\dfrac{C}{I}}$；$\omega_d = \omega_0\sqrt{1 - \zeta^2}$；$s = \dfrac{\omega}{\omega_0}$；；$B = CE_0$；$\beta = \dfrac{1}{\sqrt{(1-s^2)^2 + (2s\zeta)^2}}$；$\theta = \arctan\left(\dfrac{2s\zeta}{1-s^2}\right)$。

其解也可同样看成三部分，即

(1) 初始条件响应

$$\mathrm{e}^{-\zeta\omega_0 t}\left[q_0\cos\left(\omega_d t\right)+\frac{f_0+\zeta\omega_0 q_0}{\omega_d}\sin\left(\omega_d t\right)\right]$$

(2) 自由伴随振动

$$B\beta\mathrm{e}^{-\zeta\omega_0 t}\left[\sin\theta\cos\left(\omega_d t\right)+\frac{\omega_0}{\omega_d}\left(\zeta\sin\theta-s\cos\theta\right)\sin\left(\omega_d t\right)\right]$$

(3) 强迫响应

$$B\beta\sin\left(\omega t-\theta\right)$$

说明经过充分长时间后，作为瞬态振动的前两种振动都将消失，只留下稳态的强迫振动，如图 4.4.7 所示。

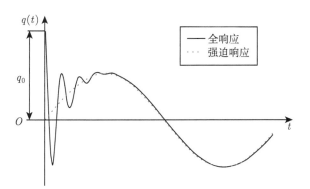

图 4.4.7　正弦激励下有阻尼系统的响应

特别地，对于零初始条件 $q(0)=0$，$\dot{q}(0)=0$ 时，有

$$q(t)=B\beta\mathrm{e}^{-\zeta\omega_0 t}\left[\sin\theta\cos(\omega_d t)+\frac{\omega_0}{\omega_d}\left(\zeta\sin\theta-s\cos\theta\right)\sin(\omega_d t)\right]$$

$$+B\beta\sin\left(\omega t-\theta\right) \tag{4.4.16}$$

4.5　简谐惯性力激励的受迫振动

载体或基座的振动，转子偏心引起的受迫振动，都可看作是简谐惯性力激励的受迫振动。

4.5.1　载体或基座简谐激励

如图 4.5.1 所示为载体或基座简谐激励的质量–弹簧–阻尼系统示意图。其键合空间模型如图 4.5.2 所示。图中，$I = m$，$C = 1/k$。考虑载体和基座质量远远大于质量块，因此它们的振动不受质量块运动的影响，在键合空间模型中由流源 **F** 表示，并以静力平衡位置为零点，有

$$q_{\mathrm{e}}\left(t\right) = D\mathrm{e}^{\mathrm{i}\omega t} \tag{4.5.1}$$

则

$$\dot{q}_{\mathrm{e}}\left(t\right) = f_{\mathrm{e}}\left(t\right) = \mathrm{i}D\omega\mathrm{e}^{\mathrm{i}\omega t} \tag{4.5.2}$$

$$\ddot{q}_{\mathrm{e}}\left(t\right) = -D\omega^2\mathrm{e}^{\mathrm{i}\omega t} \tag{4.5.3}$$

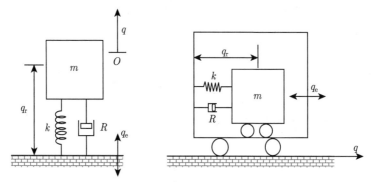

图 4.5.1　载体或基座简谐激励的质量–弹簧–阻尼系统

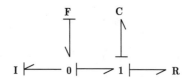

图 4.5.2　质量–弹簧–阻尼系统键合空间模型

根据键合空间模型，有

$$\begin{cases} \dot{p} = C^{-1}q_{\mathrm{r}} + R\dot{q}_{\mathrm{r}} \\ \dot{q}_{\mathrm{r}} = I^{-1}p - \dot{q}_{\mathrm{e}} \end{cases} \tag{4.5.4}$$

即

$$I\left(\ddot{q}_{\mathrm{r}} + \ddot{q}_{\mathrm{e}}\right) + R\dot{q}_{\mathrm{r}} + C^{-1}q_{\mathrm{r}} = 0 \tag{4.5.5}$$

(1) 以相对位移 q_r 为变量时，有

$$I\ddot{q}_\mathrm{r} + R\dot{q}_\mathrm{r} + C^{-1}q_\mathrm{r} = DI\omega^2\mathrm{e}^{\mathrm{i}\omega t} \tag{4.5.6}$$

令 $E_\mathrm{r} = DI\omega^2$，$s = \dfrac{\omega}{\omega_0}$，$\theta_\mathrm{r} = \arctan\left(\dfrac{2s\zeta}{1-s^2}\right)$，$B_\mathrm{r} = CE_\mathrm{r}$，则上式简写为

$$I\ddot{q}_\mathrm{r} + R\dot{q}_\mathrm{r} + C^{-1}q_\mathrm{r} = E_\mathrm{r}\mathrm{e}^{\mathrm{i}\omega t} \tag{4.5.7}$$

其解为

$$q_\mathrm{r}(t) = \beta B_\mathrm{r}\mathrm{e}^{\mathrm{i}(\omega t - \theta_\mathrm{r})} = \beta CE_\mathrm{r}\mathrm{e}^{\mathrm{i}(\omega t - \theta_\mathrm{r})} = \beta DIC\omega^2\mathrm{e}^{\mathrm{i}(\omega t - \theta_\mathrm{r})} \tag{4.5.8}$$

令

$$\beta_\mathrm{r} = \beta IC\omega^2 = \frac{s^2}{\sqrt{\left(1-s^2\right)^2 + \left(2s\zeta\right)^2}} \tag{4.5.9}$$

有

$$q_\mathrm{r}(t) = \beta_\mathrm{r}D\mathrm{e}^{\mathrm{i}(\omega t - \theta_\mathrm{r})} \tag{4.5.10}$$

则幅频曲线和相频曲线如图 4.5.3 所示。

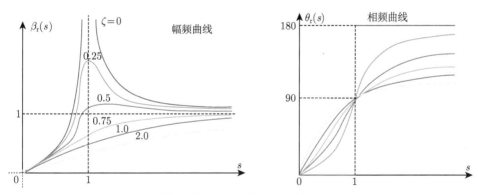

图 4.5.3 幅频曲线和相频曲线

(2) 以 q 为变量时，因 $q = q_\mathrm{r} + q_\mathrm{e}$，又

$$\begin{cases} q_\mathrm{r} = \beta_\mathrm{r}D\mathrm{e}^{\mathrm{i}(\omega t - \theta_\mathrm{r})} \\ q_\mathrm{e} = D\mathrm{e}^{\mathrm{i}\omega t} \end{cases} \tag{4.5.11}$$

即

$$q = \beta_\mathrm{r}D\mathrm{e}^{\mathrm{i}(\omega t - \theta_\mathrm{r})} + D\mathrm{e}^{\mathrm{i}\omega t} = \left(\beta_\mathrm{r} + \mathrm{e}^{\mathrm{i}\theta_\mathrm{r}}\right)D\mathrm{e}^{\mathrm{i}(\omega t - \theta_\mathrm{r})} \tag{4.5.12}$$

则

$$\beta_{\mathrm{r}} + \mathrm{e}^{\mathrm{i}\theta_{\mathrm{r}}} = \frac{s^2}{\sqrt{(1-s^2)^2 + (2s\zeta)^2}} + (\cos\theta_{\mathrm{r}} + \mathrm{i}\sin\theta_{\mathrm{r}})$$

$$= \frac{s^2}{\sqrt{(1-s^2)^2 + (2s\zeta)^2}} + \frac{1-s^2}{\sqrt{(1-s^2)^2 + (2s\zeta)^2}} + \mathrm{i}\frac{2s\zeta}{\sqrt{(1-s^2)^2 + (2s\zeta)^2}}$$

$$= \sqrt{\frac{1+(2s\zeta)^2}{(1-s^2)^2 + (2s\zeta)^2}}\mathrm{e}^{\mathrm{i}\theta_{\mathrm{e}}}$$

$$= \beta_{\mathrm{e}}\mathrm{e}^{\mathrm{i}\theta_{\mathrm{e}}} \tag{4.5.13}$$

其中

$$\begin{cases} \beta_{\mathrm{e}} = \sqrt{\dfrac{1+(2s\zeta)^2}{(1-s^2)^2 + (2s\zeta)^2}} \\ \theta_{\mathrm{e}} = \arctan(2s\zeta) \end{cases} \tag{4.5.14}$$

有

$$q = \beta_{\mathrm{e}}D\mathrm{e}^{\mathrm{i}[\omega t - (\theta_{\mathrm{r}} - \theta_{\mathrm{e}})]} = \beta_{\mathrm{e}}D\mathrm{e}^{\mathrm{i}(\omega t - \theta)} \tag{4.5.15}$$

图 4.5.4 给出了 β_{e} 随 s 变化的曲线。

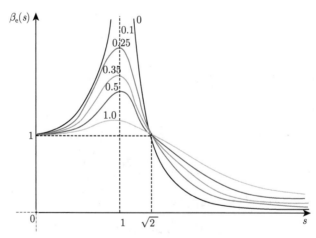

图 4.5.4　幅频特性曲线

对于无阻尼情况，有

$$q = D\frac{1}{1-s^2}\mathrm{e}^{\mathrm{i}\omega t} \tag{4.5.16}$$

显然，当 $s = \sqrt{2}$ 时，$\beta_e = 1$，振幅恒为支撑运动振幅。当 $s > \sqrt{2}$ 时，$\beta_e < 1$，振幅恒小于 D，增加阻尼反而使振幅增大。

例 4.5.1 拖车在波形道路上行驶,如图 4.5.5 所示,且拖车满载质量为 $m_B = 1000\mathrm{kg}$, 空载时为 $m_A = 250\mathrm{kg}$, 悬挂弹簧刚度为 $k = 35\mathrm{kN/m}$, 阻尼为 $R = 5.92\mathrm{kN \cdot s/m}$,车速为 $f_z = 100\mathrm{km/h}$,路面呈正弦波,可表示为:$q_e = a \sin\left(\dfrac{2\pi f_z}{l} t\right)$, 求拖车满载时和空载时的振幅比。

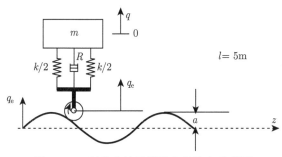

图 4.5.5 行驶在波形道路上的拖车示意图

解 建立键合空间模型如图 4.5.6 所示。空载时 $I = I_A$，满载时 $I = I_B$，并有 $I_A = m_A$，$I_B = m_B$，$C = 1/k$。

图 4.5.6 拖车系统键合空间模型

取拖车相对地面的位移为 q_r，由 $q_e = a \sin\left(\dfrac{2\pi f_z}{l} t\right)$ 知，路面激励的频率为 $\omega = \dfrac{2\pi f_z}{l} = 34.9\mathrm{rad/s}$，则 $\ddot{q}_e = -a\omega^2 \sin(\omega t)$。根据键合空间模型得

$$I(\ddot{q}_r + \ddot{q}_e) + R\dot{q}_r + C^{-1}q_r = 0$$

即

$$I\ddot{q}_r + R\dot{q}_r + C^{-1}q_r = aI\omega^2 \sin(\omega t)$$

满载时，有

$$\zeta_B = \frac{R}{2}\sqrt{\frac{C}{I_B}} = 0.5$$

则

$$R = 2\zeta_B \sqrt{\frac{I_B}{C}}$$

而空载时，有

$$\zeta_A = \frac{R}{2}\sqrt{\frac{C}{I_A}} = \frac{1}{2} \times 2\zeta_B \sqrt{\frac{I_B}{C}\frac{C}{I_A}} = \zeta_B \sqrt{\frac{I_B}{I_A}} = 2\zeta_B = 1$$

满载时频率比为

$$s_B = \frac{\omega}{\omega_{0B}} = \omega\sqrt{I_B C} = 5.90$$

空载时频率比为

$$s_A = \frac{\omega}{\omega_{0A}} = \omega\sqrt{I_A C} = \sqrt{\frac{I_A}{I_B}}s_B = 0.5s_B = 2.95$$

满载时振幅为

$$B_B = a \cdot \sqrt{\frac{1 + (2\zeta_B s_B)^2}{\left(1 + s_B^2\right)^2 + (2\zeta_B s_B)^2}} = 0.16a$$

空载时振幅为

$$B_A = a \cdot \sqrt{\frac{1 + (2\zeta_A s_A)^2}{\left(1 + s_A^2\right)^2 + (2\zeta_A s_A)^2}} = 0.53a$$

则满载与空载振幅之比为

$$\frac{B_B}{B_A} = 0.3$$

4.5.2 旋转物体偏心质量产生的激励

在高速旋转机械中，偏心质量产生的离心力是主要的激励来源，如图 4.5.7 所示，高速旋转机械系统的总质量为 I_0，偏心质量为 I_1，绕垂直纸面的 O 轴旋转，且离 O 点的距离为 d，转子角速度恒为 ω。图中 q 为机器离开平衡位置的垂直位移。

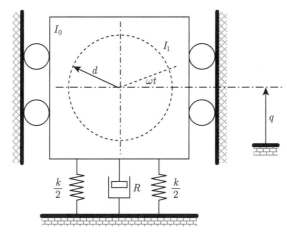

图 4.5.7　受偏心质量激励的高速旋转机械示意图

建立键合空间模型如图 4.5.8 所示。图中，$I = I_0 - I_1$，$C = 1/k$，**F** 代表偏心质点 I_1 以 ω 角速度的转动，q_1 为 I_1 运动在 q 方向的投影，则转换器 **TF** 的模数为 $\chi_1 = a\cos(\omega t)$。

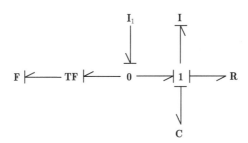

图 4.5.8　高速旋转机械键合空间模型

I$_1$ 为非独立元件，有

$$I_1^{-1} p_1 = \dot{q}_1 = \chi_1 \omega + \dot{q} = a\omega\cos(\omega t) + \dot{q} \tag{4.5.17}$$

则

$$\dot{p}_1 = I_1 \left[-a\omega^2 \sin(\omega t) + \ddot{q} \right] \tag{4.5.18}$$

系统状态方程为

$$\begin{cases} \dot{p} = -\dot{p}_1 - R\dot{q} - C^{-1}q \\ \dot{q} = I^{-1}p \end{cases} \tag{4.5.19}$$

整理，得

$$I\ddot{q} + I_1 \left[\ddot{q} - a\omega^2 \sin(\omega t) \right] + Rf + C^{-1}q = 0 \tag{4.5.20}$$

即

$$I_0\ddot{q} + R\dot{q} + C^{-1}q = I_1 a\omega^2 \sin(\omega t) \tag{4.5.21}$$

可以看出，$I_1 a\omega^2$ 即为 I_1 旋转所产生的离心力，令

$$E_0 = I_1 a\omega^2 \tag{4.5.22}$$

则可得解为

$$q(t) = \beta B \sin(\omega t - \theta) \tag{4.5.23}$$

式中，$\beta = \dfrac{1}{\sqrt{(1-s^2)^2 + (2s\zeta)^2}}$；$B = \dfrac{E_0}{k} = CI_1 a\omega^2$；$\theta = \arctan\left(\dfrac{2s\zeta}{1-s^2}\right)$；

$\zeta = \dfrac{R}{2}\sqrt{\dfrac{C}{I_0}}$；$s = \dfrac{\omega}{\omega_0}$；$\omega_0 = \dfrac{1}{\sqrt{I_0 C}}$。

B 又可写成

$$B = CI_1 a\omega^2 = \frac{I_1 a\omega^2}{I_0 \omega_0^2} = \frac{I_1 a}{I_0} s^2 \tag{4.5.24}$$

则有

$$q(t) = \frac{s^2}{\sqrt{(1-s^2)^2 + (2s\zeta)^2}} \frac{I_1 a}{I_0} \sin(\omega t - \theta) \tag{4.5.25}$$

令 $\beta_1 = \dfrac{s^2}{\sqrt{(1-s^2)^2 + (2s\zeta)^2}}$，$B_1 = \dfrac{I_1 a}{I_0}$，则

$$q(t) = \beta_1 B_1 \sin(\omega t - \theta) \tag{4.5.26}$$

例 4.5.2　在如图 4.5.7 所示的偏心质量系统中，若测得其共振时的最大振幅为 0.1m，由自由衰减振动测得阻尼系数为 $\zeta = 0.05$，且 $I_1/I_0 = 0.1$，求偏心距 a，若要使系统共振时的振幅为 0.01m，需要系统的总质量增加多少？

解　由前面推导得

$$q(t) = \beta_1 B_1 \sin(\omega t - \theta)$$

式中，$\beta_1 = \dfrac{s^2}{\sqrt{(1-s^2)^2 + (2s\zeta)^2}}$；$B_1 = \dfrac{I_1 a}{I_0}$。

当系统共振时，最大振幅为

$$\frac{1}{2\zeta} \frac{I_1 a}{I_0} = 0.1$$

则

$$a = 0.1 \text{ m}$$

若共振时最大振幅为 0.01m，即

$$\frac{1}{2\zeta} \frac{I_1 a}{I_0 + \Delta I} = 0.01$$

解得

$$\frac{\Delta I}{I_0} = 9$$

因此，总质量需增加 9 倍，才能使共振时的最大振幅为 0.01m。

4.6 机械阻抗与导纳

在工程实际中，常用机械阻抗来分析其结构的动力学特性，定义机械阻抗为：当机械系统简谐激振时复数形式的输入与输出比。

根据前面的推导，简谐激励为复数形式的方程如下：

$$I\ddot{q} + R\dot{q} + C^{-1}q = E_0 \mathrm{e}^{\mathrm{i}\omega t} \tag{4.6.1}$$

则输入为 $E_0 \mathrm{e}^{\mathrm{i}\omega t}$；输出为 $q = \bar{q}\mathrm{e}^{\mathrm{i}\omega t}$。代入方程，有

$$-I\omega^2 \bar{q}\mathrm{e}^{\mathrm{i}\omega t} + R\mathrm{i}\omega \bar{q}\mathrm{e}^{\mathrm{i}\omega t} + C^{-1}\bar{q}\mathrm{e}^{\mathrm{i}\omega t} = E_0 \mathrm{e}^{\mathrm{i}\omega t} \tag{4.6.2}$$

有

$$\bar{q} = \frac{E_0}{C^{-1} - I\omega^2 + \mathrm{i}R\omega} = H_q(\omega)\, E_0 \tag{4.6.3}$$

式中，$H_q(\omega)$ 为导纳，$H_q(\omega) = \dfrac{1}{C^{-1} - I\omega^2 + \mathrm{i}R\omega}$。

则位移阻抗为

$$Z_q(\omega) = \frac{E_0 \mathrm{e}^{\mathrm{i}\omega t}}{\bar{q}\mathrm{e}^{\mathrm{i}\omega t}} = \frac{1}{H(\omega)} = C^{-1} - I\omega^2 + \mathrm{i}R\omega \tag{4.6.4}$$

同样可得速度阻抗和加速度阻抗：

速度阻抗为

$$Z_f(\omega) = \frac{E_0 \mathrm{e}^{\mathrm{i}\omega t}}{f} = \frac{E_0 \mathrm{e}^{\mathrm{i}\omega t}}{\mathrm{i}\omega \bar{q}\mathrm{e}^{\mathrm{i}\omega t}} = \frac{1}{\mathrm{i}\omega} Z_q(\omega) = \frac{1}{\mathrm{i}\omega H(\omega)} = \frac{C^{-1} - I\omega^2 + \mathrm{i}R\omega}{\mathrm{i}\omega} \tag{4.6.5}$$

速度导纳为

$$H_f\left(\omega\right) = \mathrm{i}\omega H\left(\omega\right) = \frac{\mathrm{i}\omega}{C^{-1} - I\omega^2 + \mathrm{i}R\omega} \tag{4.6.6}$$

加速度阻抗为

$$Z_a\left(\omega\right) = \frac{E_0\mathrm{e}^{\mathrm{i}\omega t}}{\ddot{q}} = -\frac{E_0\mathrm{e}^{\mathrm{i}\omega t}}{\omega^2\bar{q}\mathrm{e}^{\mathrm{i}\omega t}} = -\frac{1}{\omega^2}Z_q\left(\omega\right) = -\frac{1}{\omega^2 H\left(\omega\right)} = -\frac{C^{-1} - I\omega^2 + \mathrm{i}R\omega}{\omega^2} \tag{4.6.7}$$

加速度导纳为

$$H_a\left(\omega\right) = -\omega^2 H\left(\omega\right) = -\frac{\omega^2}{C^{-1} - I\omega^2 + \mathrm{i}R\omega} \tag{4.6.8}$$

机械系统的阻抗和导纳都是复数，取决于其动力学特性。

导纳又可写成

$$H\left(\omega\right) = \frac{1}{C^{-1} - I\omega^2 + \mathrm{i}R\omega} = \frac{C}{1 - s^2 + \mathrm{i}\left(2s\zeta\right)} \tag{4.6.9}$$

模及辐角分别为

$$\left|H\left(\omega\right)\right| = C\frac{1}{\sqrt{\left(1 - s^2\right)^2 + \left(2s\zeta\right)^2}} = C\beta = \frac{\beta B}{E_0} \tag{4.6.10}$$

$$\arctan\left[H\left(\omega\right)\right] = \arctan\left[\frac{2s\zeta}{\left(1 - s^2\right)^2 + \left(2s\zeta\right)^2}\right] = -\theta \tag{4.6.11}$$

导纳同时反映了系统响应的幅频特性和相频特性。

记导纳实部和虚部分别为

$$\begin{cases} \mathrm{Re}\left(H\right) = C\dfrac{1 - s^2}{\left(1 - s^2\right)^2 + \left(2s\zeta\right)^2} \\ \mathrm{Im}\left(H\right) = -C\dfrac{2s\zeta}{\left(1 - s^2\right)^2 + \left(2s\zeta\right)^2} \end{cases} \tag{4.6.12}$$

实频特性曲线和虚频特性曲线如图 4.6.1 所示。

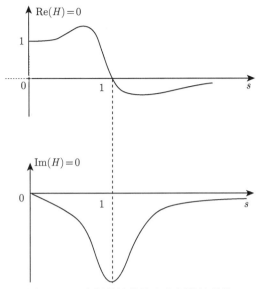

图 4.6.1   实频特性曲线和虚频特性曲线

发生共振时，$\mathrm{Re}(H) = 0$ 而 $\mathrm{Im}(H)$ 近似为最大值。也可以用频率比 s 或相对阻尼系数 ζ 为参变量，在复平面上绘出导纳曲线，称为奈奎斯特图 (Nyquist plot)。共振点附近，曲线弧长随 s 的变化率是最大的。

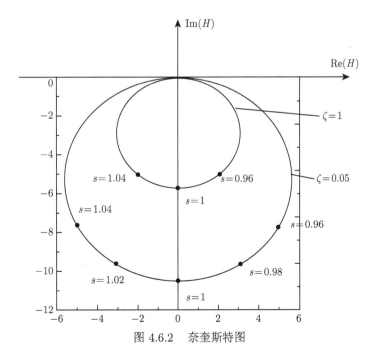

图 4.6.2   奈奎斯特图

第 5 章 键合空间表示受迫振动的典型应用

工程实际中的受迫振动有很多，本章选择几个典型的情况，来作键合空间表示受迫振动应用的说明。

5.1 惯性测振仪

惯性测振仪的结构原理如图 5.1.1 所示。

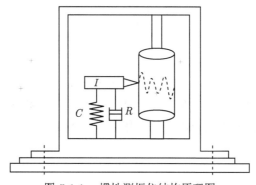

图 5.1.1　惯性测振仪结构原理图

以 I 的平衡位置为零点，垂直向上为正方向确定其绝对位移 q，而其相对于壳体的位移为 q_r，建立键合空间模型如图 5.1.2 所示。

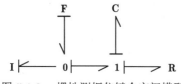

图 5.1.2　惯性测振仪键合空间模型

图中，$\mathbf{F}$ 为基体的流，基体的位移为

$$q_e = D e^{i\omega t} \tag{5.1.1}$$

有

$$q = q_r + q_e \tag{5.1.2}$$

则其状态方程为

$$\begin{cases} \dot{p} = C^{-1}q_{\mathrm{r}} + R\dot{q}_{\mathrm{r}} \\ \dot{q}_{\mathrm{r}} = \dot{q}_{\mathrm{e}} - I^{-1}p \end{cases} \tag{5.1.3}$$

以相对位移 q_{r} 为状态变量，则由前面相关推导，得

$$I\ddot{q}_{\mathrm{r}} + R\dot{q}_{\mathrm{r}} + C^{-1}q_{\mathrm{r}} = DI\omega^2 \mathrm{e}^{\mathrm{i}\omega t} \tag{5.1.4}$$

解为

$$q_{\mathrm{r}}\left(t\right) = \beta_{\mathrm{r}} D \mathrm{e}^{\mathrm{i}(\omega t - \theta_{\mathrm{r}})} \tag{5.1.5}$$

且

$$\beta_{\mathrm{r}} = \beta IC\omega^2 = \frac{s^2}{\sqrt{\left(1 - s^2\right)^2 + \left(2s\zeta\right)^2}} \tag{5.1.6}$$

则振幅为

$$A_{\mathrm{r}} = \beta IC\omega^2 D = \frac{Ds^2}{\sqrt{\left(1 - s^2\right)^2 + \left(2s\zeta\right)^2}} \tag{5.1.7}$$

$$\lim_{s \to \infty} A_{\mathrm{r}} = \lim_{s \to \infty} \left[\frac{Ds^2}{\sqrt{\left(1 - s^2\right)^2 + \left(2s\zeta\right)^2}} \right] \approx D \tag{5.1.8}$$

同时还可表示为

$$A_{\mathrm{r}} = \frac{Ds^2}{\sqrt{\left(1 - s^2\right)^2 + \left(2s\zeta\right)^2}} = \frac{1}{\sqrt{\left(1 - s^2\right)^2 + \left(2s\zeta\right)^2}} \left(\frac{D\omega^2}{\omega_0^2} \right) \tag{5.1.9}$$

$$\lim_{s \to \infty} A_{\mathrm{r}} \approx \frac{\omega^2}{\omega_0^2} D \tag{5.1.10}$$

5.2 振动的隔离

如图 5.2.1 所示，质量为 I 的物体，其工作隔振前传到地基的力为 $E\left(t\right) = E_0 \mathrm{e}^{\mathrm{i}\omega t}$，增加柔度为 C、阻尼为 R 的隔振材料，可以隔离振动，以减少对环境的影响，这种将振源与地基隔离，以减少对环境影响的方法称为主动隔振。隔振效果可以用主动隔离系数 κ 表征：

$$\kappa = \frac{\text{隔振后传到地基的力幅值}}{\text{隔振前传到地基的力幅值}}$$

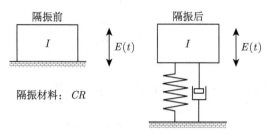

图 5.2.1　隔振示意图

振动隔离后，建立如图 5.2.2 所示的键合空间模型，有

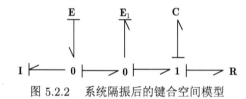

图 5.2.2　系统隔振后的键合空间模型

$$\begin{cases} \dot{p} = E_0 \mathrm{e}^{\mathrm{i}\omega t} - R\dot{q} - C^{-1}q \\ \dot{q} = I^{-1}p - \dot{q}_{\mathrm{e}} \end{cases} \tag{5.2.1}$$

由题意知 $\dot{q}_{\mathrm{e}} = 0$，有

$$\dot{p} + R\dot{q} + C^{-1}q = E_0 \mathrm{e}^{\mathrm{i}\omega t} \tag{5.2.2}$$

即

$$I\ddot{q} + R\dot{q} + C^{-1}q = E_0 \mathrm{e}^{\mathrm{i}\omega t} \tag{5.2.3}$$

解为

$$q = \beta C E_0 \mathrm{e}^{\mathrm{i}(\omega t - \theta_1)} \tag{5.2.4}$$

式中，$\beta = \dfrac{1}{\sqrt{\left(1 - s^2\right)^2 + (2s\zeta)^2}}$；$\theta_1 = \arctan\left(\dfrac{2s\zeta}{1 - s^2}\right)$；$\zeta = \dfrac{R}{2}\sqrt{\dfrac{C}{I}}$；$s = \dfrac{\omega}{\omega_0} = \omega\sqrt{IC}$。

隔振后对地基的力 E_1 为

$$\begin{aligned} E_1 &= R\dot{q} + C^{-1}q \\ &= \mathrm{i}RCE_0\beta\omega\mathrm{e}^{\mathrm{i}(\omega t - \theta_1)} + C^{-1}\beta CE_0\mathrm{e}^{\mathrm{i}(\omega t - \theta_1)} \\ &= \left(\mathrm{i}R\omega + C^{-1}\right)CE_0\beta\mathrm{e}^{\mathrm{i}(\omega t - \theta_1)} \end{aligned} \tag{5.2.5}$$

$$= E_0 \beta \left(1 + \mathrm{i}2s\zeta\right) \mathrm{e}^{\mathrm{i}(\omega t - \theta_1)}$$

$$= E_0 \sqrt{\frac{1 + (2s\zeta)^2}{(1 - s^2)^2 + (2s\zeta)^2}} \mathrm{e}^{\mathrm{i}[\omega t - (\theta_1 - \theta_2)]}$$

式中，$\theta_2 = \arctan\left(2s\zeta\right)$；$CR\omega = \dfrac{R\omega}{\omega_0^2 I} = \dfrac{R}{I}\dfrac{s}{\omega_0} = 2\zeta\omega_0\dfrac{s}{\omega_0} = 2s\zeta$。

隔振系数为

$$\kappa = \frac{E_{1\max}}{E_0} = \sqrt{\frac{1 + (2s\zeta)^2}{(1 - s^2)^2 + (2s\zeta)^2}} \tag{5.2.6}$$

例 5.2.1 测得安装在弹性支撑上的机器的固有频率 $\omega_0 = 2\pi \times 12.5\mathrm{rad/s}$，阻尼系数为 $\zeta = 0.15$，参与振动的质量 $I = 880\mathrm{kg}$，机器的转速 $n = 2400\mathrm{r/min}$，不平衡力的幅值 $E_0 = 1470\mathrm{N}$。求机器的振幅、主动隔振系数以及传到地基上的力幅 (图 5.2.3)。

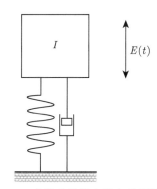

图 5.2.3 安装在弹性支撑上的机器示意图

解 建立键合空间模型，如图 5.2.4 所示。其运动方程为

$$I\ddot{q} + R\dot{q} + C^{-1}q = E_0\mathrm{e}^{\mathrm{i}\omega t}$$

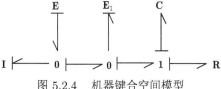

图 5.2.4 机器键合空间模型

解为

$$q = \beta C E_0 \mathrm{e}^{\mathrm{i}(\omega t - \theta_1)}$$

式中，$\beta = \dfrac{1}{\sqrt{\left(1 - s^2\right)^2 + \left(2s\zeta\right)^2}}$；$\theta_1 = \arctan\left(\dfrac{2s\zeta}{1 - s^2}\right)$；$\zeta = \dfrac{R}{2}\sqrt{\dfrac{C}{I}}$；$s = \dfrac{\omega}{\omega_0} = \omega\sqrt{IC}$。

则

$$s = \frac{\omega}{\omega_0} = \frac{2\pi n}{60}\frac{1}{2\pi \times 12.5} = 3.2$$

弹性支撑的柔度为

$$C = \frac{1}{I\omega_0^2} = \frac{1}{880 \times (2\pi \times 12.5)^2} \approx 0.184 \times 10^{-6} \text{ m/N}$$

机器的振幅为

$$B = \frac{CE_0}{\sqrt{\left(1 - s^2\right)^2 + \left(2s\zeta\right)^2}} \approx 0.029 \text{ mm}$$

主动隔振系数为

$$\kappa = \frac{E_{1\,\text{max}}}{E_0} = \sqrt{\frac{1 + \left(2s\zeta\right)^2}{\left(1 - s^2\right)^2 + \left(2s\zeta\right)^2}} \approx 0.149$$

传到地基上的力为

$$E_{1\,\text{max}} = \kappa E_0 = 0.149 \times 1470 = 219.03 \text{ N}$$

5.3　转子的临界转速

高速旋转机械，如汽轮机、发电机等，在开机或停机过程中，支撑系统在经过某一转速附近时，常常会发生剧烈的振动，该转速就是临界转速。临界转速在数值上很接近转子横向振动的固有频率。

如图 5.3.1 所示的单盘转子，转轴的质量不计，圆盘的质量为 I，质心为 A，形心为 O_1，偏心距为 a，圆盘静止时，形心 O_1 与旋转中心 O 重合。

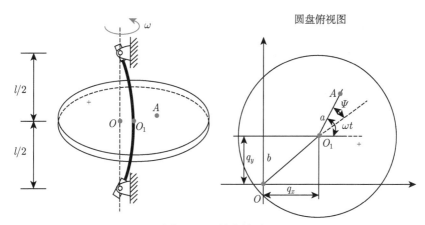

图 5.3.1 单盘转子

针对 q_x 和 q_y 建立键合空间模型，如图 5.3.2 所示。q_x 和 q_y 分别对应 $\mathbf{1}_x$ 和 $\mathbf{1}_y$ 结点，$\mathbf{F}$ 代表转盘转动的角速度 ω，对应 $\mathbf{1}_O$ 结点。转轴的柔度为

$$C = \frac{l^3}{48\varepsilon J} \tag{5.3.1}$$

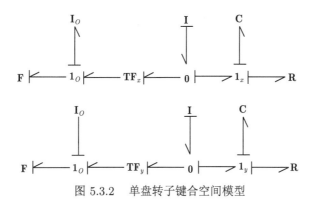

图 5.3.2 单盘转子键合空间模型

轴发生的挠度为

$$OO_1 = b \tag{5.3.2}$$

对于质心 A，有

$$\begin{cases} q_{Ax} = q_x + a\cos(\omega t) \\ q_{Ay} = q_y + a\sin(\omega t) \end{cases} \tag{5.3.3}$$

转换器模数为

$$\begin{cases} \chi_x = -a\sin(\omega t) \\ \chi_y = a\cos(\omega t) \end{cases} \tag{5.3.4}$$

由键合空间模型列写状态方程，得

$$\begin{cases} \dot{p}_{Ax} = -R\dot{q}_x - C^{-1}q_x \\ \dot{q}_{Ax} = I^{-1}p_{Ax} \\ \dot{p}_{Ay} = -R\dot{q}_y - C^{-1}q_y \\ \dot{q}_{Ay} = I^{-1}p_{Ay} \end{cases} \tag{5.3.5}$$

整理得

$$\begin{cases} I\left[\ddot{q}_x - a\omega^2\cos(\omega t)\right] + R\dot{q}_x + C^{-1}q_x = 0 \\ I\left[\ddot{q}_y - a\omega^2\sin(\omega t)\right] + R\dot{q}_y + C^{-1}q_y = 0 \end{cases} \tag{5.3.6}$$

即

$$\begin{cases} I\ddot{q}_x + R\dot{q}_x + C^{-1}q_x = aI\omega^2\cos(\omega t) \\ I\ddot{q}_y + R\dot{q}_y + C^{-1}q_y = aI\omega^2\sin(\omega t) \end{cases} \tag{5.3.7}$$

则有

$$\begin{cases} \omega_0 = \dfrac{1}{\sqrt{IC}} \\ \zeta = \dfrac{R}{2}\sqrt{d\dfrac{I}{C}} \\ s = \dfrac{\omega}{\omega_0} \end{cases} \tag{5.3.8}$$

$$\begin{cases} \beta_1 = \dfrac{s^2}{\sqrt{(1-s^2)^2 + (2s\zeta)^2}} \\ \theta_1 = \arctan\left(\dfrac{2s\zeta}{1-s^2}\right) \end{cases} \tag{5.3.9}$$

式中，ω_0 为转子做横向自由振动的固有频率。

解为

$$\begin{cases} q_x = a\beta_1\cos(\omega t - \theta_1) \\ q_y = a\beta_1\sin(\omega t - \theta_1) \end{cases} \tag{5.3.10}$$

有

$$q_x^2 + q_y^2 = (a\beta_1)^2 \tag{5.3.11}$$

可见，形心 O_1 的运动轨迹为绕 O 点、半径为 $a\beta_1$ 的圆。

动挠度为

$$b = \sqrt{q_x^2 + q_y^2} = a\beta_1 = \frac{as^2}{\sqrt{(1-s^2)^2 + (2s\zeta)^2}} \qquad (5.3.12)$$

特别地，当 $s=1$ 时，有

$$b = \frac{a}{2\zeta} \qquad (5.3.13)$$

可见，当阻尼比较小时，即使转子的 a 很小，动挠度也会很大，易造成轴的破坏，这样的转速称为临界转速，有

$$n_b = \frac{60\omega_b}{2\pi} \text{ r/min} \qquad (5.3.14)$$

$$\omega_b = \omega_0 = \frac{1}{\sqrt{IC}} \qquad (5.3.15)$$

当 $s \gg 1$，即 $\omega \gg \omega_0$ 时，有 $\beta_1 = 1$，$\theta_1 = \pi$，则有

$$\begin{cases} q_x = -a\cos(\omega t) \\ q_y = -a\sin(\omega t) \end{cases} \qquad (5.3.16)$$

这时，质心与旋转中心重合，圆盘和弯曲轴都绕质心旋转。

例 5.3.1　如图 5.3.3 所示的一个叶片模拟试验台，叶片质量为 $I_0 =158\text{kg}$，转换器模数为 $\chi_1 = \sqrt{17/35}$，转轴长为 $l=610\text{mm}$，直径为 $D=120\text{mm}$，弹性模量为 $\varepsilon =207\text{GPa}$，材料密度为 $\rho = 7800\text{kg/m}^3$，求其临界转速。

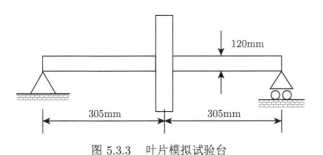

图 5.3.3　叶片模拟试验台

解　建立如图 5.3.4 所示的键合空间模型。图中，I_1 为转轴的质量，有

$$I_1 = \frac{\pi D^2}{4}l\rho = 53.8 \text{ kg}$$

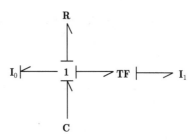

图 5.3.4　叶片模拟试验台键合空间模型

轴的刚度为

$$C^{-1} = \frac{48J\varepsilon}{l^3} = 4.45 \times 10^8 \text{ N/m}$$

从键合空间模型可以看出 I_1 元件是非独立的，有

$$I_1^{-1} p_1 = \chi_1 \dot{q}$$

对时间求导，得

$$\dot{p}_1 = \chi_1 I_1 \ddot{q}$$

状态方程为

$$
\begin{cases}
\dot{p} = -C^{-1}q - R\dot{q} - \chi_1 \dot{p}_1 \\
\dot{q} = I_0^{-1} p
\end{cases}
$$

整理得

$$\left(I_0 + \chi_1^2 I_1\right) \ddot{q} + R\dot{q} + C^{-1}q = 0$$

所以，等效质量为

$$I = I_0 + \chi_1^2 I_1 = 158 + \frac{17}{35} \times 53.8 = 184.1 \text{ kg}$$

则临界转速为

$$n_b = \frac{60}{2\pi} \frac{1}{\sqrt{IC}} = \frac{30}{\pi} \sqrt{\frac{4.45 \times 10^8}{184.1}} = 14854 \text{ r/min}$$

5.4　任意周期激励的响应

在实际工程中，存在各种周期性激励，但它们大多不是简谐激励。若线性阻尼系统受到的周期激励力为

$$E(t) = F(t + T) \tag{5.4.1}$$

式中，T 为周期。令基频 $\omega_1 = \dfrac{2\pi}{T}$，并将 $E(t)$ 按傅里叶级数展开，有

$$E(t) = \frac{a_0}{2} + \sum_{j=1}^{\infty} [a_j \cos(j\omega_1 t) + b_j \sin(j\omega_1 t)] = \frac{a_0}{2} + \sum_{j=1}^{\infty} \mu_j \sin(j\omega_1 t + \phi_j) \tag{5.4.2}$$

式中，$a_0 = \dfrac{2}{T}\displaystyle\int_{\tau}^{\tau+T} E(t)\,\mathrm{d}t$；$a_j$ 为 j 的偶函数，$a_j = \dfrac{2}{T}\displaystyle\int_{\tau}^{\tau+T} E(t)\cos(j\omega_1 t)\,\mathrm{d}t$；$b_j$

为 j 的奇函数，$b_j = \dfrac{2}{T}\displaystyle\int_{\tau}^{\tau+T} E(t)\sin(j\omega_1 t)\,\mathrm{d}t$；$\mu_j$ 为幅值；ϕ_j 为相位。

对于受任意周期激励的线性系统，其键合空间模型如图 5.4.1 所示。

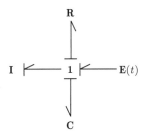

图 5.4.1　线性系统键合空间模型

根据键合空间模型推导状态方程，有

$$\begin{cases} \dot{p} = E(t) - C^{-1}q - R\dot{q} \\ \dot{q} = I^{-1}p \end{cases} \tag{5.4.3}$$

5.4.1　周期激励的傅里叶级数展开

将 $E(t)$ 按傅里叶级数展开，即将周期激励表示成一系列频率为其基频整倍数的简谐激励的叠加，则由式 (5.4.3) 得

$$I\ddot{q} + R\dot{q} + C^{-1}q = \frac{a_0}{2} + \sum_{j=1}^{\infty} [a_j \cos(j\omega_1 t) + b_j \sin(j\omega_1 t)] \tag{5.4.4}$$

则根据叠加原理，系统的稳态响应为

$$q(t) = \frac{a_0 C}{2} + \sum_{j=1}^{\infty} [a_j \beta_j C \cos(j\omega_1 t - \theta_j) + b_j \beta_j C \sin(j\omega_1 t - \theta_j)]$$

$$= C \left[\frac{1}{2}a_0 + \sum_{j=1}^{\infty} \frac{a_j \cos (j\omega_1 t - \theta_j) + b_j \sin (j\omega_1 t - \theta_j)}{\sqrt{(1 - j^2 s^2)^2 + (2js\zeta)^2}} \right] \tag{5.4.5}$$

式中, $\beta_j = \dfrac{1}{\sqrt{(1 - j^2 s^2)^2 + (2js\zeta)^2}}$; $\theta_j = \arctan \left(\dfrac{2js\zeta}{1 - j^2 s^2} \right)$; $\zeta = \dfrac{R}{2} \sqrt{\dfrac{C}{I}}$; $s = \dfrac{\omega_1}{\omega_0}$;

$\omega_0 = \dfrac{1}{\sqrt{IC}}$。

当不计阻尼时, 有

$$q(t) = C \left[\frac{1}{2}a_0 + \sum_{j=1}^{\infty} \frac{a_j \cos (j\omega_1 t - \theta_j) + b_j \sin (j\omega_1 t - \theta_j)}{1 - j^2 s^2} \right] \tag{5.4.6}$$

式中, $\dfrac{a_0}{2} C$ 代表平衡位置, 是 $\dfrac{a_0}{2}$ 作用于系统所产生的静变形。

5.4.2 激励的复数表示

周期激励用复数表示时, 有

$$E(t) = \frac{a_0}{2} + \sum_{j=1}^{\infty} \frac{a_j - \mathrm{i}b_j}{2} \mathrm{e}^{\mathrm{i}\omega_1 jt} + \sum_{j=1}^{\infty} \frac{a_j + \mathrm{i}b_j}{2} \mathrm{e}^{\mathrm{i}\omega_1 jt} \tag{5.4.7}$$

由欧拉公式得

$$\begin{cases} \sin (j\omega_1 t) = \dfrac{\mathrm{i}}{2} \left(\mathrm{e}^{-\mathrm{i}\omega_1 jt} - \mathrm{e}^{\mathrm{i}\omega_1 jt} \right) \\ \cos (j\omega_1 t) = \dfrac{1}{2} \left(\mathrm{e}^{-\mathrm{i}\omega_1 jt} - \mathrm{e}^{\mathrm{i}\omega_1 jt} \right) \end{cases} \tag{5.4.8}$$

则 j 的偶函数和奇函数分别为

$$a_j = a_{-j} = \frac{2}{T} \int_{\tau}^{\tau+T} E(t) \cos (j\omega_1 t) \, \mathrm{d}t \tag{5.4.9}$$

$$b_j = b_{-j} = \frac{2}{T} \int_{\tau}^{\tau+T} E(t) \sin (j\omega_1 t) \, \mathrm{d}t \tag{5.4.10}$$

令 $E_0 = \dfrac{a_0}{2}$, $E_j = \dfrac{a_j - \mathrm{i}b_j}{2}$, 有 $E_{-j} = \dfrac{a_{-j} - \mathrm{i}b_{-j}}{2} = \dfrac{a_j + \mathrm{i}b_j}{2}$, 则周期激励
的复数形式为

$$E(t) = \sum_{j=-\infty}^{\infty} E_j \mathrm{e}^{\mathrm{i}\omega_1 jt} \tag{5.4.11}$$

取 $\tau = T/2$，有

$$
\begin{aligned}
E_j &= \frac{a_j - \mathrm{i} b_j}{2} \\
&= \frac{1}{T} \int_{\tau}^{\tau+T} E(t) \left[\cos(\omega_1 j t) - \mathrm{i} \sin(\omega_1 j t) \right] \mathrm{d}t \\
&= \frac{1}{T} \int_{\tau}^{\tau+T} E(t) \, \mathrm{e}^{-\mathrm{i}\omega_1 j t} \mathrm{d}t \\
&= \frac{1}{T} \int_{-T/2}^{T/2} E(t) \, \mathrm{e}^{-\mathrm{i}\omega_1 j t} \mathrm{d}t
\end{aligned} \tag{5.4.12}
$$

则运动方程可写为

$$
I\ddot{q} + R\dot{q} + C^{-1}q = \frac{a_0}{2} + \sum_{j=-\infty}^{\infty} E_j \mathrm{e}^{\mathrm{i}\omega_1 j t} \tag{5.4.13}
$$

利用叠加原理，稳态响应为

$$
q = \sum_{j=-\infty}^{\infty} A_j \mathrm{e}^{\mathrm{i}(\omega_1 j t - \theta_j)} \tag{5.4.14}
$$

式中，$\theta_j = \arctan\left(\dfrac{2js\zeta}{1 - j^2 s^2} \right)$。

对时间求导，有

$$
\begin{cases}
\dot{q} = \displaystyle\sum_{j=-\infty}^{\infty} \mathrm{i} A_j \omega_1 j \mathrm{e}^{\mathrm{i}(\omega_1 j t - \theta_j)} \\
\ddot{q} = -\displaystyle\sum_{j=-\infty}^{\infty} A_j \omega_1^2 j^2 \mathrm{e}^{\mathrm{i}(\omega_1 j t - \theta_j)}
\end{cases} \tag{5.4.15}
$$

代入运动方程，得

$$
\sum_{j=-\infty}^{\infty} \left(-I A_j \omega_1^2 j^2 + \mathrm{i} R A \omega_1 j + C^{-1} A_n \right) \mathrm{e}^{\mathrm{i}(\omega_1 j t - \theta_j)} = \sum_{j=-\infty}^{\infty} E_j \mathrm{e}^{\mathrm{i}\omega_1 j t} \tag{5.4.16}
$$

且 $CR = \dfrac{ICR}{I} = 2\zeta\omega_0 \cdot \dfrac{1}{\omega_0^2} = \dfrac{2\zeta}{\omega_0}$, $s = \dfrac{\omega_1}{\omega_0}$, 得

$$A_j C^{-1} \sqrt{(1 - j^2 s^2)^2 + (2s\zeta)^2}\, \mathrm{e}^{\mathrm{i}\theta_j} \cdot \mathrm{e}^{-\mathrm{i}\theta_j} = E_j \tag{5.4.17}$$

因此有

$$A_j = C\beta_j E_j \tag{5.4.18}$$

$$\begin{cases} \beta_j = \dfrac{1}{\sqrt{(1 - j^2 s^2)^2 + (2js\zeta)^2}} \\[2ex] \theta_j = \arctan\left(\dfrac{2js\zeta}{1 - j^2 s^2}\right) \\[2ex] \zeta = \dfrac{R}{2}\sqrt{\dfrac{C}{I}} \\[2ex] s = \dfrac{\omega_1}{\omega_0} \\[2ex] \omega_0 = \dfrac{1}{\sqrt{IC}} \end{cases} \tag{5.4.19}$$

式中，β_j 和 θ_j 分别为第 j 次谐波激励所对应的振幅放大因子和相位差。

例 5.4.1　质量-弹簧-阻尼系统受到如图 5.4.2 所示的周期方波激励，周期为 T。若质量、阻尼和柔度分别为 I、R、C，求系统的响应。

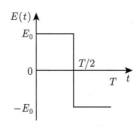

图 5.4.2　周期方波激励

解　受周期激励的质量-弹簧-阻尼系统的键合空间模型如图 5.4.3 所示。其状态方程为

$$\begin{cases} \dot{p} = E(t) - C^{-1}q - R\dot{q} \\ \dot{q} = I^{-1}p \end{cases}$$

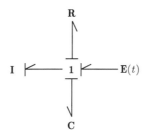

图 5.4.3 受周期激励的质量–弹簧–阻尼系统键合空间模型

将 $E(t)$ 按傅里叶级数展开, 整理得

$$I\ddot{q} + R\dot{q} + C^{-1}q = \frac{a_0}{2} + \sum_{j=1}^{\infty}\left[a_j\cos\left(j\omega_1 t\right) + b_j\sin\left(j\omega_1 t\right)\right]$$

对于方波, 有

$$\begin{cases} a_0 = \dfrac{2}{T}\displaystyle\int_{\tau}^{\tau+T} E\left(t\right)\mathrm{d}t = 0 \\[2ex] a_j = \dfrac{2}{T}\displaystyle\int_{\tau}^{\tau+T} E\left(t\right)\cos\left(j\omega_1 t\right)\mathrm{d}t = 0 \\[2ex] b_j = \dfrac{2}{T}\displaystyle\int_{\tau}^{\tau+T} E\left(t\right)\sin\left(j\omega_1 t\right)\mathrm{d}t \end{cases}$$

则

$$I\ddot{q} + R\dot{q} + C^{-1}q = \sum_{j=1}^{\infty}\left[b_j\sin\left(j\omega_1 t\right)\right]$$

在区间 $(0, T/2)$ 内, $E(t)$ 关于 $T/4$ 对称, 当 j 取偶数时, $\sin\left(\omega_1 jt\right)$ 关于 $T/4$ 反对称; 在区间 $(T/2, T)$ 内, $E(t)$ 关于 $3T/4$ 对称, 当 j 取偶数时, $\sin\left(\omega_1 jt\right)$ 关于 $3T/4$ 反对称。因此, 当 j 取偶数时, $b_j = 0$。

当 j 取奇数时, 有

$$b_j = \frac{2}{T}\int_0^T E(t)\sin\left(\omega_1 jt\right)\mathrm{d}t = \frac{8}{T}\int_0^{T/4} E_0\sin\left(\omega_1 jt\right)\mathrm{d}t = \frac{4E_0}{\pi j}$$

因此，方波激励 $E(t)$ 可写为

$$E\left(t\right) = \sum_{j=1}^{\infty} \left[b_j \sin\left(\omega_1 jt\right)\right]$$

$$= \frac{4E_0}{\pi} \sum_{j=1,3,5,\cdots}^{\infty} \left[\frac{1}{j} \sin\left(\omega_1 jt\right)\right]$$

$$= \frac{4E_0}{\pi} \left[\sin\left(\omega_1 t\right) + \frac{1}{3} \sin\left(3\omega_1 t\right) + \frac{1}{5} \sin\left(5\omega_1 t\right) + \cdots\right]$$

则系统响应为

$$q = \frac{4}{\pi} CE_0 \sum_{j=1,3,5,\cdots}^{\infty} \left[\beta_j \sin\left(\omega_1 jt - \theta_j\right)\right]$$

式中，$\beta_j = \dfrac{1}{\sqrt{\left(1-s^2\right)^2 + \left(2s\zeta\right)^2}}$；$\theta_j = \arctan\left(\dfrac{2js\zeta}{1-j^2 s^2}\right)$；$s = \dfrac{\omega_1}{\omega_0}$；$\omega_0 = \dfrac{1}{\sqrt{IC}}$。

5.5　非周期激励的响应

5.5.1　脉冲激励的响应

受脉冲激励时，系统只有暂态响应。对于质量–弹簧–阻尼系统，其键合空间模型如图 5.5.1 所示。图中，$E(t)$ 为脉冲激励，其单位脉冲力用狄拉克 (Dirac) 分布函数 $\delta\left(t-\tau\right)$ 表示为

$$\begin{cases} \delta\left(t-\tau\right) = \begin{cases} \infty, & t = \tau \\ 0, & t \neq \tau \end{cases} \\ \displaystyle\int_{-\infty}^{+\infty} \delta\left(t-\tau\right) \mathrm{d}t = 1 \end{cases} \tag{5.5.1}$$

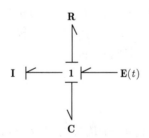

图 5.5.1　受脉冲激励的质量–弹簧–阻尼系统键合空间模型

$\delta(t-\tau)$ 可用位于时刻 τ、长度为 1 的有向线段表示,如图 5.5.2 所示。$\delta(t-\tau)$ 是一个广义函数,可以视作矩形脉冲,脉冲面积为 1,而脉冲宽度 γ 趋向于零,即

$$\delta(t-\tau) = \lim_{\gamma \to 0} \delta_\gamma(t-\tau) \tag{5.5.2}$$

式中,$\delta_\gamma(t-\tau) = \begin{cases} \dfrac{1}{\gamma}, & \tau \leqslant t \leqslant \tau + \gamma \\ 0, & t < \tau \text{ 或 } t > \tau + \gamma \end{cases}$。

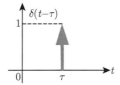

图 5.5.2 狄拉克分布函数

$\delta(t-\tau)$ 也可以定义为其他形状的面积为 1 的脉冲。$\delta(t-\tau)$ 函数具有如下性质:

$$\int_{-\infty}^{+\infty} f(t)\delta(t-\tau)\,\mathrm{d}t = f(\tau) \tag{5.5.3}$$

特别当 $\tau = 0$ 时,有

$$\int_{-\infty}^{+\infty} f(t)\delta(t)\,\mathrm{d}t = f(0) \tag{5.5.4}$$

在实际使用时,一般 $f(t)$ 在 $t \geqslant 0$ 时才有意义,因此有

$$\int_{0}^{+\infty} f(t)\delta(t-\tau)\,\mathrm{d}t = f(\tau) \tag{5.5.5}$$

冲量为 P_0 的脉冲力可借助 $\delta(t-\tau)$ 函数表示为

$$E(t) = P_0 \delta(t) \tag{5.5.6}$$

当 $P_0 = 1$ 时,为单位脉冲力,如图 5.5.3 所示。记 0^- 和 0^+ 分别为脉冲前后时刻,则运动方程和初始条件可表示为

$$\begin{cases} I\ddot{q} + R\dot{q} + C^{-1}q = \delta(t) \\ q(0^-) = 0 \\ \dot{q}(0^-) = 0 \end{cases} \tag{5.5.7}$$

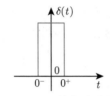

图 5.5.3　单位脉冲力

乘以时间积元 $\mathrm{d}t$，得

$$I\ddot{q}\mathrm{d}t + R\dot{q}\mathrm{d}t + C^{-1}q\mathrm{d}t = \delta\left(t\right)\mathrm{d}t \tag{5.5.8}$$

即

$$I\mathrm{d}\dot{q} + R\mathrm{d}q + C^{-1}q\mathrm{d}t = \delta\left(t\right)\mathrm{d}t \tag{5.5.9}$$

代入初始条件，得

$$I\mathrm{d}\dot{q} = \delta\left(t\right)\mathrm{d}t \tag{5.5.10}$$

等式两边在时间区间 $0^- \leqslant t \leqslant 0^+$ 内对时间积分，得

$$\dot{q} = \frac{1}{I} \tag{5.5.11}$$

在单位脉冲的作用下，系统速度发生了突变，但在这一瞬间，位移来不及变化，有

$$q\left(0^+\right) = q\left(0^-\right) \tag{5.5.12}$$

当 $t > 0^+$ 时，脉冲作用结束，$E(t)|_{t>0^+} = 0$，其运动方程和初始条件可表示为

$$\begin{cases} I\ddot{q} + R\dot{q} + C^{-1}q = 0 \\ q\left(0^+\right) = 0 \\ \dot{q}\left(0^+\right) = \dfrac{1}{I} \end{cases} \tag{5.5.13}$$

解为

$$q\left(t\right) = \frac{1}{I\omega_d}\mathrm{e}^{-\zeta\omega_0 t}\sin\left(\omega_d t\right) = h\left(t\right) \tag{5.5.14}$$

对于无阻尼系统，有

$$q\left(t\right) = h\left(t\right) = \frac{1}{I\omega_0}\sin\left(\omega_0 t\right) \tag{5.5.15}$$

若单位脉冲不是作用在 $t = 0$ 时刻，而是作用在 $t = \tau$ 时刻，则

$$h\left(t - \tau\right) = \frac{1}{I\omega_d}\mathrm{e}^{-\zeta\omega_0(t-\tau)}\sin\left[\omega_d\left(t - \tau\right)\right] \tag{5.5.16}$$

如果系统在 $t = \tau$ 时刻受到冲量为 P_0 的作用，则系统的暂态响应可用脉冲响应函数表示，为

$$q(t) = P_0 h(t - \tau), \quad t > \tau \tag{5.5.17}$$

5.5.2 任意非周期激励的响应

当处于零初始条件的质量–弹簧–阻尼系统受到任意激励力时，其键合空间模型如图 5.5.4 所示。激励力 $E(t)$ 可视作一系列脉冲力的叠加，如图 5.5.5 所示。

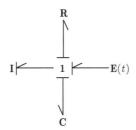

图 5.5.4　受任意激励的质量–弹簧–阻尼系统键合空间模型

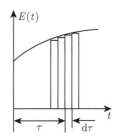

图 5.5.5　激励表示为脉冲力的叠加

对于 $t = \tau$ 的脉冲力，其冲量为 $E(\tau)\mathrm{d}\tau$，系统受脉冲作用后产生速度增量为 $E(\tau)\mathrm{d}\tau/I$，则系统在 $t > \tau$ 的脉冲响应为

$$\mathrm{d}x = E(\tau) h(t - \tau)\mathrm{d}\tau \tag{5.5.18}$$

由线性系统的叠加原理，系统对任意激励力的响应等于系统在时间区间 $0 \leqslant \tau \leqslant t$ 内各个脉冲响应的总和，得

$$q(t) = \int_0^t E(\tau) h(t - \tau)\,\mathrm{d}\tau = \frac{1}{I\omega_d} \int_0^t E(\tau)\,\mathrm{e}^{-\zeta\omega_0(t-\tau)} \sin\left[\omega_d(t-\tau)\right] \mathrm{d}\tau \tag{5.5.19}$$

利用卷积性质，有

$$q\left(t\right)=\int_{0}^{t}E\left(\tau\right)h\left(t-\tau\right)\mathrm{d}\tau=\int_{0}^{t}E\left(t-\tau\right)h\left(\tau\right)\mathrm{d}\tau \tag{5.5.20}$$

代入初始条件，则

$$q\left(t\right)=\mathrm{e}^{-\zeta\omega_{0}t}\left[q_{0}\cos\left(\omega_{d}t\right)+\frac{f_{0}+\zeta\omega_{0}q_{0}}{\omega_{d}}\sin\left(\omega_{d}t\right)\right]$$
$$+\frac{1}{I\omega_{d}}\int_{0}^{t}E\left(\tau\right)\mathrm{e}^{-\zeta\omega_{0}(t-\tau)}\sin\left[\omega_{d}\left(t-\tau\right)\right]\mathrm{d}\tau \tag{5.5.21}$$

若无阻尼，则

$$q\left(t\right)=\left[q_{0}\cos(\omega_{0}t)+\frac{f_{0}}{\omega_{0}}\sin\left(\omega_{0}t\right)\right]+\frac{1}{I\omega_{0}}\int_{0}^{t}E\left(\tau\right)\sin\left[\omega_{0}\left(t-\tau\right)\right]\mathrm{d}\tau \tag{5.5.22}$$

例 5.5.1　无阻尼质量–弹簧系统，在 $(0,t_{0})$ 时间间隔内受到如图 5.5.6 所示的矩形脉冲作用，求系统响应。初始条件为 $q_{0}=0$，$f_{0}=\dot{q}_{0}=0$。

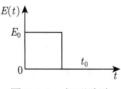

图 5.5.6　矩形脉冲

解　建立无阻尼质量–弹簧系统的键合空间模型，如图 5.5.7 所示。有

$$I\ddot{q}+C^{-1}q=E\left(t\right)$$

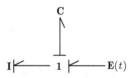

图 5.5.7　无阻尼质量–弹簧系统键合空间模型

当 $0 \leqslant t \leqslant t_0$ 时，解为

$$q\left(t\right) = \frac{1}{I\omega_0} \int_0^t E\left(\tau\right) \sin\left[\omega_0\left(t-\tau\right)\right]\mathrm{d}\tau$$

$$= \frac{E_0}{I\omega_0} \int_0^t \sin\left[\omega_0\left(t-\tau\right)\right]\mathrm{d}\tau$$

$$= \frac{E_0}{I\omega_0} \left[1 - \cos\left(\omega_0 t\right)\right]$$

$$= CE_0 \left[1 - \cos\left(\omega_0 t\right)\right]$$

当 $t > t_0$ 时，解为

$$q\left(t\right) = \frac{1}{I\omega_0} \int_0^t E\left(\tau\right) \sin\left[\omega_0\left(t-\tau\right)\right]\mathrm{d}\tau$$

$$= \frac{1}{I\omega_0} \int_0^{t_0} E_0 \sin\left[\omega_0\left(t-\tau\right)\right]\mathrm{d}\tau + \frac{1}{I\omega_0} \int_{t_0}^t 0 \times \sin\left[\omega_0\left(t-\tau\right)\right]\mathrm{d}\tau$$

$$= CE_0 \left\{\cos\left[\omega_0\left(t-t_0\right)\right] - \cos\left(\omega_0 t\right)\right\}$$

因此，系统响应为

$$q\left(t\right) = \begin{cases} CE_0 \left[1 - \cos\left(\omega_0 t\right)\right], & 0 \leqslant t \leqslant t_0 \\ CE_0 \left\{\cos\left[\omega_0\left(t-t_0\right)\right] - \cos\left(\omega_0 t\right)\right\}, & t > t_0 \end{cases}$$

例 5.5.2 无阻尼质量–弹簧系统，受如图 5.5.8 所示的力作用，求其响应。

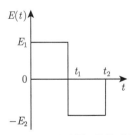

图 5.5.8 无阻尼质量–弹簧系统受力

解 建立系统的键合空间模型如图 5.5.9 所示，其运动方程为

$$I\ddot{q} + C^{-1}q = E\left(t\right)$$

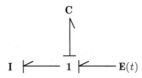

图 5.5.9　无阻尼质量–弹簧系统受力

当 $0 \leqslant t < t_1$ 时，解为

$$q\left(t\right) = \frac{1}{I\omega_0} \int_0^t E\left(\tau\right) \sin\left[\omega_0\left(t-\tau\right)\right] \mathrm{d}\tau = CE_1\left[1 - \cos\left(\omega_0 t\right)\right]$$

当 $t_1 \leqslant t \leqslant t_2$ 时，解为

$$q\left(t\right) = \frac{1}{I\omega_0} \int_0^t E\left(\tau\right) \sin\left[\omega_0\left(t-\tau\right)\right] \mathrm{d}\tau$$

$$= \frac{1}{I\omega_0} \int_0^{t_1} E_1 \sin\left[\omega_0\left(t-\tau\right)\right] \mathrm{d}\tau + \frac{1}{I\omega_0} \int_{t_1}^t -E_2 \sin\left[\omega_0\left(t-\tau\right)\right] \mathrm{d}\tau$$

$$= CE_1\left\{\cos\left[\omega_0\left(t-t_1\right)\right] - \cos\left(\omega_0 t\right)\right\} - CE_2\left\{1 - \cos\left[\omega_0\left(t-t_1\right)\right]\right\}$$

当 $t > t_2$ 时，解为

$$q\left(t\right) = \frac{1}{I\omega_0} \int_0^t E(\tau) \sin\left[\omega_0\left(t-\tau\right)\right] \mathrm{d}\tau$$

$$= \frac{1}{I\omega_0} \int_0^{t_1} E_1 \sin\left[\omega_0(t-\tau)\right] \mathrm{d}\tau + \frac{1}{I\omega_0} \int_{t_1}^{t_2} -E_2 \sin\left[\omega_0\left(t-\tau\right)\right] \mathrm{d}\tau$$

$$= CE_1\left\{\cos\left[\omega_0\left(t-t_1\right)\right] - \cos\left(\omega_0 t\right)\right\}$$

$$- CE_2\left\{\cos\left[\omega_0\left(t-t_2\right)\right] - \cos\left[\omega_0\left(t-t_1\right)\right]\right\}$$

因此，系统响应为

$$q\left(t\right) = \begin{cases} CE_1\left[1 - \cos\left(\omega_0 t\right)\right], \quad 0 \leqslant t < t_1 \\ CE_1\left\{\cos\left[\omega_0\left(t-t_1\right)\right] - \cos\left(\omega_0 t\right)\right\} \\ -CE_2\left\{1 - \cos\left[\omega_0\left(t-t_1\right)\right]\right\}, \quad t_1 \leqslant t \leqslant t_2 \\ CE_1\left\{\cos\left[\omega_0(t-t_1)\right] - \cos\left(\omega_0 t\right)\right\} \\ -CE_2\left\{\cos\left[\omega_0\left(t-t_2\right)\right] - \cos\left[\omega_0\left(t-t_1\right)\right]\right\}, \quad t > t_2 \end{cases}$$

第 6 章　多自由度系统的键合空间表示

6.1　状　态　方　程

如图 6.1.1 所示为双质量–弹簧系统，两个质量分别受到激振力作用，不计摩擦和其他形式阻尼。建立键合空间模型如图 6.1.2 所示。图中，$I_1 = m_1$，$I_2 = m_2$，$C_1 = 1/k_1$，$C_2 = 1/k_2$，$C_3 = 1/k_3$。

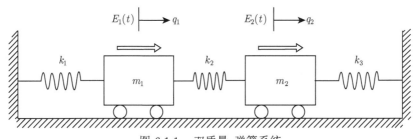

图 6.1.1　双质量–弹簧系统

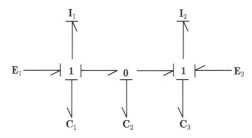

图 6.1.2　双质量–弹簧系统键合空间模型

则可列写状态方程为

$$
\left\{
\begin{aligned}
\dot{p}_1 &= E_1\left(t\right) - C_1^{-1}q_1 - C_2^{-1}q_C \\
\dot{p}_2 &= E_2\left(t\right) - C_3^{-1}q_2 + C_2^{-1}q_C \\
\dot{q}_1 &= I_1^{-1}p_1 \\
\dot{q}_C &= \dot{q}_1 - \dot{q}_2 \\
\dot{q}_2 &= I_2^{-1}p_2
\end{aligned}
\right.
\qquad (6.1.1)
$$

在平衡位置，取 $q_1 = 0$，$q_2 = 0$，则由上式得

$$\begin{cases} I_1\ddot{q}_1 + C_1^{-1}q_1 + C_2^{-1}(q_1 - q_2) = E_1(t) \\ I_2\ddot{q}_2 + C_3^{-1}q_2 + C_2^{-1}(q_2 - q_1) = E_2(t) \end{cases} \tag{6.1.2}$$

上式写成矩阵形式，为

$$\begin{bmatrix} I_1 & 0 \\ 0 & I_2 \end{bmatrix} \begin{Bmatrix} \ddot{q}_1 \\ \ddot{q}_2 \end{Bmatrix} + \begin{bmatrix} C_1^{-1} + C_2^{-1} & -C_2^{-1} \\ -C_2^{-1} & C_2^{-1} + C_3^{-1} \end{bmatrix} \begin{Bmatrix} q_1 \\ q_2 \end{Bmatrix} = \begin{Bmatrix} E_1(t) \\ E_2(t) \end{Bmatrix} \tag{6.1.3}$$

即

$$\begin{bmatrix} m_1 & 0 \\ 0 & m_2 \end{bmatrix} \begin{Bmatrix} \ddot{q}_1 \\ \ddot{q}_2 \end{Bmatrix} + \begin{bmatrix} k_1 + k_2 & -k_2 \\ -k_2 & k_2 + k_3 \end{bmatrix} \begin{Bmatrix} q_1 \\ q_2 \end{Bmatrix} = \begin{Bmatrix} E_1(t) \\ E_2(t) \end{Bmatrix} \tag{6.1.4}$$

又如图 6.1.3 所示的两个圆盘，在外力矩 $M_1(t)$ 和 $M_2(t)$ 作用下转动，两个圆盘的转动惯量分别为 I_1 和 I_2，三个轴段的扭转刚度分别为 $k_{\theta 1}$、$k_{\theta 2}$、$k_{\theta 3}$。建立键合空间模型如图 6.1.4 所示。图中，$q_1 = \theta_1$，$q_2 = \theta_2$，$C_1 = 1/k_{\theta 1}$，$C_2 = 1/k_{\theta 2}$，$C_3 = 1/k_{\theta 3}$，$E_1(t) = M_1(t)$，$E_2(t) = M_2(t)$。

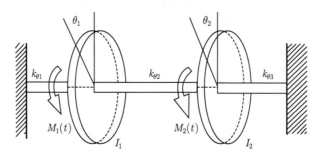

图 6.1.3　双圆盘–扭杆系统

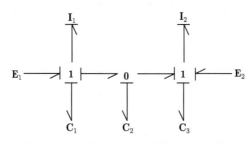

图 6.1.4　双圆盘–扭杆系统键合空间模型

状态方程为

$$\begin{cases} \dot{p}_1 = E_1\left(t\right) - C_1^{-1}q_1 - C_2^{-1}q_C \\ \dot{p}_2 = E_2\left(t\right) - C_3^{-1}q_2 + C_2^{-1}q_C \\ \dot{q}_1 = I_1^{-1}p_1 \\ \dot{q}_C = \dot{q}_1 - \dot{q}_2 \\ \dot{q}_2 = I_2^{-1}p_2 \end{cases} \tag{6.1.5}$$

在平衡位置，取 $q_1 = 0$，$q_2 = 0$，则由上式得

$$\begin{cases} I_1\ddot{q}_1 + C_1^{-1}q_1 + C_2^{-1}\left(q_1 - q_2\right) = E_1\left(t\right) \\ I_2\ddot{q}_2 + C_3^{-1}q_2 + C_2^{-1}\left(q_2 - q_1\right) = E_2\left(t\right) \end{cases} \tag{6.1.6}$$

上式写成矩阵形式，为

$$\begin{bmatrix} I_1 & 0 \\ 0 & I_2 \end{bmatrix} \begin{Bmatrix} \ddot{q}_1 \\ \ddot{q}_2 \end{Bmatrix} + \begin{bmatrix} C_1^{-1} + C_2^{-1} & -C_2^{-1} \\ -C_2^{-1} & C_2^{-1} + C_3^{-1} \end{bmatrix} \begin{Bmatrix} q_1 \\ q_2 \end{Bmatrix} = \begin{Bmatrix} E_1\left(t\right) \\ E_2\left(t\right) \end{Bmatrix} \tag{6.1.7}$$

即

$$\begin{bmatrix} I_1 & 0 \\ 0 & I_2 \end{bmatrix} \begin{Bmatrix} \ddot{\theta}_1 \\ \ddot{\theta}_2 \end{Bmatrix} + \begin{bmatrix} k_{\theta 1} + k_{\theta 2} & -k_{\theta 2} \\ -k_{\theta 2} & k_{\theta 2} + k_{\theta 3} \end{bmatrix} \begin{Bmatrix} \theta_1 \\ \theta_2 \end{Bmatrix} = \begin{Bmatrix} M_1\left(t\right) \\ M_2\left(t\right) \end{Bmatrix} \tag{6.1.8}$$

从以上两个实例可以看出，二自由度直线运动和转动的状态方程形式上相同，都可以表示为

$$I\ddot{q} + C^{-1}q = E\left(t\right) \tag{6.1.9}$$

式中，I 为惯量矩阵；C^{-1} 为柔度矩阵的逆矩阵，也就是刚度矩阵，可用 $K = C^{-1}$ 表示；$\ddot{q}$ 为加速度向量；q 为位移向量；$E(t)$ 为激励力向量。

若系统有 n 个自由度，则各项皆为 n 维。

$$I\ddot{q} + Kq = E\left(t\right) \tag{6.1.10}$$

该方程又常称为作用力方程。

6.2 刚度矩阵和惯量矩阵

1) 刚度矩阵 $K = C^{-1}$ 的确定

假定外力以准静态的方式施加于系统，此时有 $\ddot{q} = 0$，则

$$Kq = E\left(t\right) \tag{6.2.1}$$

　　并假设作用于系统的是这样一个外力，它使系统在第 j 个坐标上发生单位位移，而在其他各个坐标上都不发生位移，即

$$\boldsymbol{q} = \{q_1, \cdots, q_{j-1}, q_j, q_{j+1}, \cdots, q_n\}^{\mathrm{T}} = \{0, \cdots, 0, 1, 0, \cdots, 0\}^{\mathrm{T}} \tag{6.2.2}$$

代入式 (6.2.1)，有

$$\boldsymbol{E}_{jC}(t) = \left\{ \begin{array}{c} e_{jC1}(t) \\ e_{jC2}(t) \\ \vdots \\ e_{jCn}(t) \end{array} \right\} = \left[\begin{array}{ccccc} K_{11} & \cdots & K_{1j} & \cdots & K_{1n} \\ K_{21} & \cdots & K_{2j} & \cdots & K_{2n} \\ \vdots & & \vdots & & \vdots \\ K_{n1} & \cdots & K_{nj} & \cdots & K_{nn} \end{array} \right] \left\{ \begin{array}{c} 0 \\ \vdots \\ 0 \\ 1 \\ 0 \\ \vdots \\ 0 \end{array} \right\} = \left\{ \begin{array}{c} K_{1j} \\ K_{2j} \\ \vdots \\ K_{nj} \end{array} \right\}$$

$$\tag{6.2.3}$$

　　所施加的这组外力数值上正好等于刚度矩阵 $\boldsymbol{K}$ 的第 j 列，有 $K_{ij}(i=1,2,\cdots,n)$ 为第 i 个坐标上施加的力。因此刚度矩阵中的元素 K_{ij} 是使系统仅在第 j 个坐标上发生单位位移而相应于第 i 个坐标上所需施加的力。

　　2) 惯量矩阵 $\boldsymbol{I}$

　　假设系统受到外力作用的瞬间，只产生加速度而不产生任何位移，即 $\boldsymbol{q} = \boldsymbol{0}$，则

$$\boldsymbol{I}\ddot{\boldsymbol{q}} = \boldsymbol{E}(t) \tag{6.2.4}$$

有

$$\boldsymbol{E}_{jI}(t) = \left\{ \begin{array}{c} e_{jI1}(t) \\ e_{jI2}(t) \\ \vdots \\ e_{jIn}(t) \end{array} \right\} = \left[\begin{array}{ccccc} I_{11} & \cdots & I_{1j} & \cdots & I_{1n} \\ I_{21} & \cdots & I_{2j} & \cdots & I_{2n} \\ \vdots & & \vdots & & \vdots \\ I_{n1} & \cdots & I_{nj} & \cdots & I_{nn} \end{array} \right] \left\{ \begin{array}{c} 0 \\ \vdots \\ 0 \\ 1 \\ 0 \\ \vdots \\ 0 \end{array} \right\} = \left\{ \begin{array}{c} I_{1j} \\ I_{2j} \\ \vdots \\ I_{nj} \end{array} \right\}$$

$$\tag{6.2.5}$$

　　因此，惯量矩阵中的元素 I_{ij} 是使系统只在第 j 个坐标上产生单位加速度，而在其他坐标上不产生加速度所需施加的力。

I_{ij} 和 K_{ij} 又分别称为惯量影响系数和刚度影响系数。根据它们的物理意义，可以直接给出惯量矩阵 I 和刚度矩阵 K，从而确定其状态方程，这种方法又称为影响系数法。

这时，键合空间的维数等于系统的自由度，惯性元件、容性元件、阻性元件等都是同维的矩阵。且柔度矩阵的逆矩阵即是刚度矩阵。

对于具有如下运动规律的多自由度系统，可表示为如图 6.2.1 所示的键合空间模型。

$$I\ddot{q} + C^{-1}q = E(t) \tag{6.2.6}$$

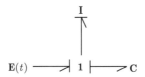

图 6.2.1　多自由度系统键合空间模型

应用键合空间来表示多自由度系统，既可以用具体系统构件的方式表示，也可以直接以矩阵、向量的形式表示。

例 6.2.1　对如图 6.2.2 所示的无阻尼惯量–弹簧系统，写出惯量矩阵、刚度矩阵及运动微分方程。

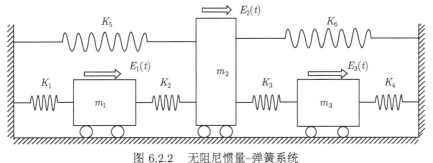

图 6.2.2　无阻尼惯量–弹簧系统

解法一：系统可表示为键合空间模型，如图 6.2.3 所示。

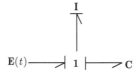

图 6.2.3　无阻尼惯量–弹簧系统键合空间模型

运动方程可表示为

$$I\ddot{q} + C^{-1}q = E(t)$$

即

$$I\ddot{q} + Kq = E(t)$$

1) 刚度矩阵

考虑准静态，$\ddot{q} = 0$，则

$$Kq = E(t)$$

取 $q = \left\{\begin{matrix} 1 & 0 & 0 \end{matrix}\right\}^{\mathrm{T}}$，有

$$\begin{bmatrix} K_{11} & K_{12} & K_{13} \\ K_{21} & K_{22} & K_{23} \\ K_{31} & K_{32} & K_{33} \end{bmatrix} \left\{\begin{matrix} 1 \\ 0 \\ 0 \end{matrix}\right\} = \left\{\begin{matrix} e_{1C1} \\ e_{1C2} \\ e_{1C3} \end{matrix}\right\} = \left\{\begin{matrix} k_1 + k_2 \\ -k_2 \\ 0 \end{matrix}\right\}$$

则

$$\begin{cases} K_{11} = k_1 + k_2 \\ K_{21} = -k_2 \\ K_{31} = 0 \end{cases}$$

同理，取 $q = \left\{\begin{matrix} 0 & 1 & 0 \end{matrix}\right\}^{\mathrm{T}}$，有

$$\begin{bmatrix} K_{11} & K_{12} & K_{13} \\ K_{21} & K_{22} & K_{23} \\ K_{31} & K_{32} & K_{33} \end{bmatrix} \left\{\begin{matrix} 0 \\ 1 \\ 0 \end{matrix}\right\} = \left\{\begin{matrix} e_{2C1} \\ e_{2C2} \\ e_{2C3} \end{matrix}\right\} = \left\{\begin{matrix} -k_2 \\ k_2 + k_3 + k_5 + k_6 \\ -k_3 \end{matrix}\right\}$$

则

$$\begin{cases} K_{12} = -k_2 \\ K_{22} = k_2 + k_3 + k_5 + k_6 \\ K_{32} = -k_3 \end{cases}$$

取 $q = \left\{\begin{matrix} 0 & 0 & 1 \end{matrix}\right\}^{\mathrm{T}}$，有

$$\begin{bmatrix} K_{11} & K_{12} & K_{13} \\ K_{21} & K_{22} & K_{23} \\ K_{31} & K_{32} & K_{33} \end{bmatrix} \left\{\begin{matrix} 0 \\ 0 \\ 1 \end{matrix}\right\} = \left\{\begin{matrix} e_{3C1} \\ e_{3C2} \\ e_{3C3} \end{matrix}\right\} = \left\{\begin{matrix} 0 \\ -k_3 \\ k_3 + k_4 \end{matrix}\right\}$$

则

$$
\begin{cases}
K_{13} = 0 \\
K_{23} = -k_3 \\
K_{33} = k_3 + k_4
\end{cases}
$$

所以，刚度矩阵为

$$
\boldsymbol{K} = \begin{bmatrix}
k_1 + k_2 & -k_2 & 0 \\
-k_2 & k_2 + k_3 + k_5 + k_6 & -k_3 \\
0 & -k_3 & k_3 + k_4
\end{bmatrix}
$$

2) 惯量矩阵

考虑动态，此时 $\boldsymbol{q} = \boldsymbol{0}$，则

$$
\boldsymbol{I}\ddot{\boldsymbol{q}} = \boldsymbol{E}\left(t\right)
$$

取 $\ddot{\boldsymbol{q}} = \left\{\begin{array}{ccc} 1 & 0 & 0 \end{array}\right\}^{\mathrm{T}}$，有

$$
\begin{bmatrix}
I_{11} & I_{12} & I_{13} \\
I_{21} & I_{22} & I_{23} \\
I_{31} & I_{32} & I_{33}
\end{bmatrix}
\left\{\begin{array}{c} 1 \\ 0 \\ 0 \end{array}\right\}
= \left\{\begin{array}{c} e_{1I1} \\ e_{1I2} \\ e_{1I3} \end{array}\right\}
= \left\{\begin{array}{c} m_1 \\ 0 \\ 0 \end{array}\right\}
$$

则

$$
\begin{cases}
I_{11} = m_1 \\
I_{21} = 0 \\
I_{31} = 0
\end{cases}
$$

同理，取 $\ddot{\boldsymbol{q}} = \left\{\begin{array}{ccc} 0 & 1 & 0 \end{array}\right\}^{\mathrm{T}}$，有

$$
\begin{bmatrix}
I_{11} & I_{12} & I_{13} \\
I_{21} & I_{22} & I_{23} \\
I_{31} & I_{32} & I_{33}
\end{bmatrix}
\left\{\begin{array}{c} 0 \\ 1 \\ 0 \end{array}\right\}
= \left\{\begin{array}{c} e_{2I1} \\ e_{2I2} \\ e_{2I3} \end{array}\right\}
= \left\{\begin{array}{c} 0 \\ m_2 \\ 0 \end{array}\right\}
$$

则

$$
\begin{cases}
I_{12} = 0 \\
I_{22} = m_2 \\
I_{32} = 0
\end{cases}
$$

取 $\ddot{\boldsymbol{q}} = \left\{ \begin{matrix} 0 & 0 & 1 \end{matrix} \right\}^{\mathrm{T}}$，有

$$\begin{bmatrix} I_{11} & I_{12} & I_{13} \\ I_{21} & I_{22} & I_{23} \\ I_{31} & I_{32} & I_{33} \end{bmatrix} \left\{ \begin{matrix} 0 \\ 0 \\ 1 \end{matrix} \right\} = \left\{ \begin{matrix} e_{3I1} \\ e_{3I2} \\ e_{3I3} \end{matrix} \right\} = \left\{ \begin{matrix} 0 \\ 0 \\ m_3 \end{matrix} \right\}$$

则

$$\begin{cases} I_{13} = 0 \\ I_{23} = 0 \\ I_{33} = m_3 \end{cases}$$

所以，惯量矩阵为

$$\boldsymbol{I} = \begin{bmatrix} m_1 & 0 & 0 \\ 0 & m_2 & 0 \\ 0 & 0 & m_3 \end{bmatrix}$$

3) 运动微分方程

将刚度矩阵和惯量矩阵代入 $\boldsymbol{I}\ddot{\boldsymbol{q}} + \boldsymbol{K}\boldsymbol{q} = \boldsymbol{E}(t)$，得

$$\begin{bmatrix} m_1 & 0 & 0 \\ 0 & m_2 & 0 \\ 0 & 0 & m_3 \end{bmatrix} \left\{ \begin{matrix} \ddot{q}_1 \\ \ddot{q}_2 \\ \ddot{q}_3 \end{matrix} \right\} + \begin{bmatrix} k_1 + k_2 & -k_2 & 0 \\ -k_2 & k_2 + k_3 + k_5 + k_6 & -k_3 \\ 0 & -k_3 & k_3 + k_4 \end{bmatrix} \left\{ \begin{matrix} q_1 \\ q_2 \\ q_3 \end{matrix} \right\}$$

$$= \left\{ \begin{matrix} E_1(t) \\ E_2(t) \\ E_3(t) \end{matrix} \right\}$$

解法二：根据系统的具体构成，建立系统键合空间模型如图 6.2.4 所示。图中，$C_{jc} = 1/k_{jc}(j_C = 1, 2, \cdots, 6)$，$I_{j_I} = m_{j_I}(j_I = 1, 2, 3)$。

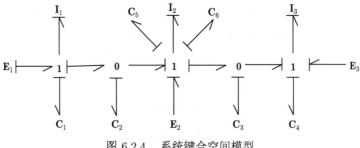

图 6.2.4　系统键合空间模型

根据键合空间模型得状态方程为

$$\begin{cases} \dot{p}_1 = E_1(t) - C_1^{-1}q_1 - C_2^{-1}q_{C2} \\ \dot{p}_2 = E_1(t) + C_2^{-1}q_{C2} - \left(C_5^{-1} + C_6^{-1}\right)q_2 - C_3^{-1}q_{C3} \\ \dot{p}_3 = E_3(t) + C_3^{-1}q_{C3} - C_4^{-1}q_3 \\ \dot{q}_1 = I_1^{-1}p_1 \\ \dot{q}_2 = I_2^{-1}p_2 \\ \dot{q}_3 = I_3^{-1}p_3 \\ \dot{q}_{C2} = \dot{q}_1 - \dot{q}_2 \\ \dot{q}_{C3} = \dot{q}_2 - \dot{q}_3 \end{cases}$$

在平衡位置，取 $q_1 = 0$，$q_2 = 0$，$q_3 = 0$，则由上式得

$$\begin{cases} m_1\ddot{q}_1 + (k_1 + k_2)q_1 - k_2q_2 = E_1(t) \\ m_2\ddot{q}_2 - k_2q_1 + (k_2 + k_3 + k_5 + k_6)q_2 - k_3q_3 = E_2(t) \\ m_3\ddot{q}_3 - k_3q_2 + (k_3 + k_4)q_3 = E_3(t) \end{cases}$$

将运动微分方程写成矩阵形式，为

$$\begin{bmatrix} m_1 & 0 & 0 \\ 0 & m_2 & 0 \\ 0 & 0 & m_3 \end{bmatrix} \begin{Bmatrix} \ddot{q}_1 \\ \ddot{q}_2 \\ \ddot{q}_3 \end{Bmatrix} + \begin{bmatrix} k_1 + k_2 & -k_2 & 0 \\ -k_2 & k_2 + k_3 + k_5 + k_6 & -k_3 \\ 0 & -k_3 & k_3 + k_4 \end{bmatrix} \begin{Bmatrix} q_1 \\ q_2 \\ q_3 \end{Bmatrix}$$

$$= \begin{Bmatrix} E_1(t) \\ E_2(t) \\ E_3(t) \end{Bmatrix}$$

即

$$\boldsymbol{I}\ddot{\boldsymbol{q}} + \boldsymbol{K}\boldsymbol{q} = \boldsymbol{E}(t)$$

故惯量矩阵和刚度矩阵分别为

$$\boldsymbol{I} = \begin{bmatrix} m_1 & 0 & 0 \\ 0 & m_2 & 0 \\ 0 & 0 & m_3 \end{bmatrix}$$

$$\boldsymbol{K} = \begin{bmatrix} k_1 + k_2 & -k_2 & 0 \\ -k_2 & k_2 + k_3 + k_5 + k_6 & -k_3 \\ 0 & -k_3 & k_3 + k_4 \end{bmatrix}$$

可以看到，两种方法求得的结果是一样的。

例 6.2.2　如图 6.2.5 所示的双混摆系统，两个刚体质量分别为 m_1 和 m_2，质心分别位于 O_1 和 O_2，且绕质心 z 轴的转动惯量分别为 I_{o1} 和 I_{o2}，以微小转角 θ_1、θ_2 为坐标，并忽略阻尼。写出其在 x-y 平面内的运动微分方程。

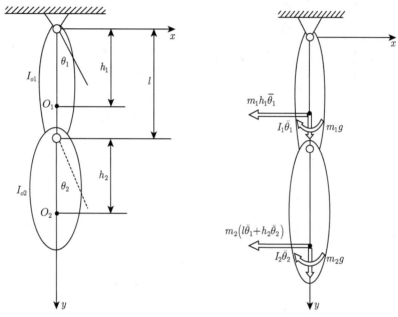

图 6.2.5　双混摆系统

解法一：系统视为惯量–弹性系统，其键合空间模型如图 6.2.6 所示，则有

$$\boldsymbol{I}\ddot{\boldsymbol{q}} + \boldsymbol{C}^{-1}\boldsymbol{q} = \boldsymbol{E}\left(t\right)$$

即

$$\boldsymbol{I}\ddot{\boldsymbol{q}} + \boldsymbol{K}\boldsymbol{q} = \boldsymbol{E}\left(t\right)$$

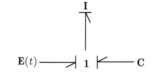

图 6.2.6　双混摆系统键合空间模型

由于没有受外力，因此 $\boldsymbol{E}\left(t\right) = \boldsymbol{0}$。

1) 刚度矩阵

令 $\theta_1 = 1$，$\theta_2 = 0$，如图 6.2.7 所示，有

$$\begin{cases} K_{11} = m_1 g h_1 + m_2 g l \\ K_{21} = 0 \end{cases}$$

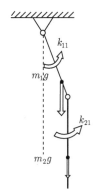

图 6.2.7　$\theta_1 = 1$，$\theta_2 = 0$

令 $\theta_1 = 0$，$\theta_2 = 1$，如图 6.2.8 所示，有

$$\begin{cases} K_{12} = 0 \\ K_{21} = m_2 g h_2 \end{cases}$$

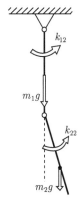

图 6.2.8　$\theta_1 = 0$，$\theta_2 = 1$

则刚度矩阵为

$$\boldsymbol{K} = \begin{bmatrix} (m_1 h_1 + m_2 l)\, g & 0 \\ 0 & m_2 g h_2 \end{bmatrix}$$

2) 惯量矩阵

令 $\ddot{\theta}_1 = 1$，$\ddot{\theta}_2 = 0$，如图 6.2.9 所示，有

$$\begin{cases} I_{11} = I_{o1} + m_1 h_1^2 + m_2 l^2 \\ I_{21} = m_2 l h_2 \end{cases}$$

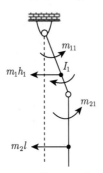

图 6.2.9　$\ddot{\theta}_1 = 1$，$\ddot{\theta}_2 = 0$

令 $\ddot{\theta}_1 = 0$，$\ddot{\theta}_2 = 1$，如图 6.2.10 所示，有

$$\begin{cases} I_{12} = m_2 l h_2 \\ I_{22} = I_{o2} + m_2 h_2^2 \end{cases}$$

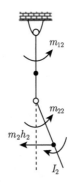

图 6.2.10　$\ddot{\theta}_1 = 0$，$\ddot{\theta}_2 = 1$

则惯量矩阵为

$$\boldsymbol{I} = \begin{bmatrix} I_{o1} + m_1 h_1^2 + m_2 l^2 & m_2 l h_2 \\ m_2 l h_2 & I_{o2} + m_2 h_2^2 \end{bmatrix}$$

3) 运动微分方程

$$\begin{bmatrix} I_{o1} + m_1 h_1^2 + m_2 l^2 & m_2 l h_2 \\ m_2 l h_2 & I_{o2} + m_2 h_2^2 \end{bmatrix} \begin{Bmatrix} \ddot{\theta}_1 \\ \ddot{\theta}_2 \end{Bmatrix}$$
$$+ \begin{bmatrix} (m_1 h_1 + m_2 l) g & 0 \\ 0 & m_2 g h_2 \end{bmatrix} \begin{Bmatrix} \theta_1 \\ \theta_2 \end{Bmatrix} = \begin{Bmatrix} 0 \\ 0 \end{Bmatrix}$$

解法二： 建立如图 6.2.11 所示的键合空间模型，图中，C 代表广义坐标 $q = \{\theta_1, \theta_2\}^T$，$I_1$ 和 I_2 分别代表构件 1 和构件 2 相对于其质心的惯量矩阵，TF_1 和 TF_2 分别代表构件 1 和构件 2 质心运动矢量到广义坐标 $q = \{\theta_1, \theta_2\}^T$ 的转换矩阵。

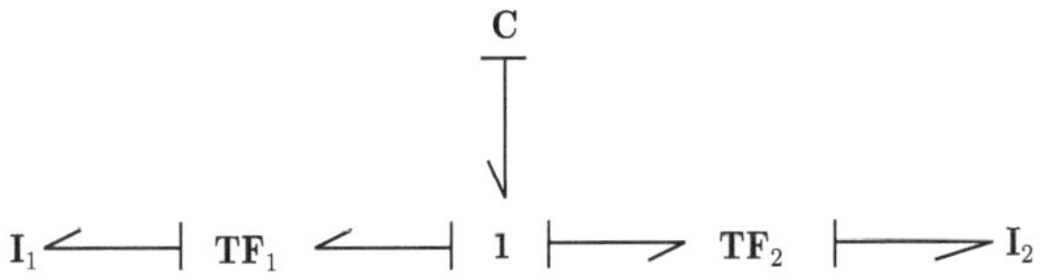

图 6.2.11 双混摆键合空间模型

设 $q_1 = \{q_1, \alpha_1\}^T$，$q_2 = \{q_2, \alpha_2\}^T$，有

$$\dot{q}_1 = \chi_1 \dot{q}$$

$$\dot{q}_2 = \chi_2 \dot{q}$$

$$I_1 = \begin{bmatrix} m_1 & 0 \\ 0 & I_{o1} \end{bmatrix}$$

$$I_2 = \begin{bmatrix} m_2 & 0 \\ 0 & I_{o2} \end{bmatrix}$$

下面确定 C 所代表的刚度矩阵 K，有

$$K = \begin{bmatrix} m_1 g h_1 + m_2 g l & 0 \\ 0 & m_2 g h_2 \end{bmatrix}$$

以平衡位置为零点，且 $q|_{t=0} = 0$，$q_1|_{t=0} = 0$，$q_2|_{t=0} = 0$，由 $\begin{cases} \dot{q}_1 = h_1 \dot{\theta}_1 \\ \dot{\alpha}_1 = \dot{\theta}_1 \end{cases}$

和 $\begin{cases} \dot{q}_2 = l\dot{\theta}_1 + h_2 \dot{\theta}_2 \\ \dot{\alpha}_2 = \dot{\theta}_2 \end{cases}$ 确定 χ_1 和 χ_2，为

$$\chi_1 = \begin{bmatrix} h_1 & 0 \\ 1 & 0 \end{bmatrix}$$

$$\boldsymbol{\chi}_2 = \begin{bmatrix} l & h_2 \\ 0 & 1 \end{bmatrix}$$

按初始条件可确定 $\boldsymbol{q}_1 = \boldsymbol{\chi}_1 \boldsymbol{q}$，$\boldsymbol{q}_2 = \boldsymbol{\chi}_2 \boldsymbol{q}$，$\ddot{\boldsymbol{q}}_1 = \boldsymbol{\chi}_1 \ddot{\boldsymbol{q}}$，$\ddot{\boldsymbol{q}}_2 = \boldsymbol{\chi}_2 \ddot{\boldsymbol{q}}$。

系统动能为

$$
\begin{aligned}
W_I &= \frac{1}{2}\boldsymbol{q}_1^{\mathrm{T}}\boldsymbol{I}_1\boldsymbol{q}_1 + \frac{1}{2}\boldsymbol{q}_2^{\mathrm{T}}\boldsymbol{I}_2\boldsymbol{q}_2 \\
&= \frac{1}{2}\left(\boldsymbol{q}^{\mathrm{T}}\boldsymbol{\chi}_1^{\mathrm{T}}\boldsymbol{I}_1\boldsymbol{\chi}_1\boldsymbol{q} + \boldsymbol{q}^{\mathrm{T}}\boldsymbol{\chi}_2^{\mathrm{T}}\boldsymbol{I}_2\boldsymbol{\chi}_2\boldsymbol{q}\right) \\
&= \frac{1}{2}\boldsymbol{q}^{\mathrm{T}}\left(\boldsymbol{\chi}_1^{\mathrm{T}}\boldsymbol{I}_1\boldsymbol{\chi}_1 + \boldsymbol{\chi}_2^{\mathrm{T}}\boldsymbol{I}_2\boldsymbol{\chi}_2\right)\boldsymbol{q} \\
&= \frac{1}{2}\boldsymbol{q}^{\mathrm{T}}\boldsymbol{I}\boldsymbol{q}
\end{aligned}
$$

则等效惯量矩阵为

$$
\begin{aligned}
\boldsymbol{I} &= \boldsymbol{\chi}_1^{\mathrm{T}}\boldsymbol{I}_1\boldsymbol{\chi}_1 + \boldsymbol{\chi}_2^{\mathrm{T}}\boldsymbol{I}_2\boldsymbol{\chi}_2 \\
&= \begin{bmatrix} h_1 & 1 \\ 0 & 0 \end{bmatrix}\begin{bmatrix} m_1 & 0 \\ 0 & I_{o1} \end{bmatrix}\begin{bmatrix} h_1 & 0 \\ 1 & 0 \end{bmatrix} + \begin{bmatrix} l & 0 \\ h_2 & 1 \end{bmatrix}\begin{bmatrix} m_2 & 0 \\ 0 & I_{o2} \end{bmatrix}\begin{bmatrix} l & h_2 \\ 0 & 1 \end{bmatrix} \\
&= \begin{bmatrix} h_1 m_1 & I_{o1} \\ 0 & 0 \end{bmatrix}\begin{bmatrix} h_1 & 0 \\ 1 & 0 \end{bmatrix} + \begin{bmatrix} l m_2 & 0 \\ h_2 m_2 & I_{o2} \end{bmatrix}\begin{bmatrix} l & h_2 \\ 0 & 1 \end{bmatrix} \\
&= \begin{bmatrix} m_1 h_1^2 + I_{o1} & 0 \\ 0 & 0 \end{bmatrix} + \begin{bmatrix} m_2 l^2 & m_2 h_2 l \\ m_2 h_2 l & m_2 h_2^2 + I_{o2} \end{bmatrix} \\
&= \begin{bmatrix} m_1 h_1^2 + m_2 l^2 + I_{o1} & m_2 h_2 l \\ m_2 h_2 l & m_2 h_2^2 + I_{o2} \end{bmatrix}
\end{aligned}
$$

则微振动运动微分方程为

$$
\begin{bmatrix} m_1 h_1^2 + m_2 l^2 + I_{o1} & m_2 h_2 l \\ m_2 h_2 l & m_2 h_2^2 + I_{o2} \end{bmatrix}\begin{Bmatrix} \ddot{\theta}_1 \\ \ddot{\theta}_2 \end{Bmatrix} \\
+ \begin{bmatrix} m_1 g h_1 + m_2 g l & 0 \\ 0 & m_2 g h_2 \end{bmatrix}\begin{Bmatrix} \theta_1 \\ \theta_2 \end{Bmatrix} = \begin{Bmatrix} 0 \\ 0 \end{Bmatrix}
$$

可见方法二推导所得的结果与方法一是相同的。

例 6.2.3 如图 6.2.12 所示的双摆，每杆质量为 m，杆长为 l，水平弹簧刚度为 k，弹簧到固定端的距离为 a，以微转角 θ_1 和 θ_2 为坐标，写出微摆运动方程。

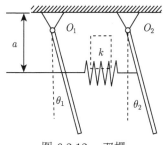

图 6.2.12   双摆

解   运动方程为

$$I\ddot{q} + Kq = E(t)$$

由于没有受外力，因此 $E(t) = 0$。

1) 刚度矩阵

令 $\theta_1 = 1$，$\theta_2 = 0$，如图 6.2.13 所示，有

$$\begin{cases} k_{11} = \dfrac{1}{2}mgl + ka^2 \\ k_{21} = -ka^2 \end{cases}$$

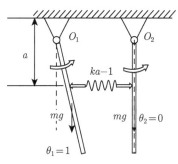

图 6.2.13 $\theta_1 = 1$，$\theta_2 = 0$

令 $\theta_1 = 0$，$\theta_2 = 1$，如图 6.2.14 所示，有

$$\begin{cases} k_{12} = -ka^2 \\ k_{22} = \dfrac{1}{2}mgl + ka^2 \end{cases}$$

则刚度矩阵为

$$K = \begin{bmatrix} \dfrac{1}{2}mgl + ka^2 & -ka^2 \\ -ka^2 & \dfrac{1}{2}mgl + ka^2 \end{bmatrix}$$

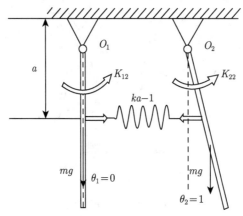

图 6.2.14　$\theta_1 = 0$, $\theta_2 = 1$

2) 惯性矩阵

令 $\ddot{\theta}_1 = 1$, $\ddot{\theta}_2 = 0$, 如图 6.2.15 所示, 有

$$\begin{cases} I_{11} = \dfrac{1}{3} ml^2 \\ I_{21} = 0 \end{cases}$$

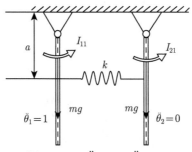

图 6.2.15　$\ddot{\theta}_1 = 1$, $\ddot{\theta}_2 = 0$

令 $\ddot{\theta}_1 = 0$, $\ddot{\theta}_2 = 1$, 如图 6.2.16 所示, 有

$$\begin{cases} I_{12} = 0 \\ I_{22} = \dfrac{1}{3} ml^2 \end{cases}$$

则惯量矩阵为

$$\boldsymbol{I} = \begin{bmatrix} \dfrac{1}{3} ml^2 & 0 \\ 0 & \dfrac{1}{3} ml^2 \end{bmatrix}$$

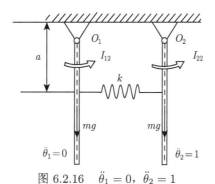

图 6.2.16 $\ddot{\theta}_1 = 0$, $\ddot{\theta}_2 = 1$

3) 运动微分方程

$$\begin{bmatrix} \dfrac{1}{3}ml^2 & 0 \\ 0 & \dfrac{1}{3}ml^2 \end{bmatrix} \left\{ \begin{array}{c} \ddot{\theta}_1 \\ \ddot{\theta}_2 \end{array} \right\} + \begin{bmatrix} \dfrac{1}{2}mgl + ka^2 & -ka^2 \\ -ka^2 & \dfrac{1}{2}mgl + ka^2 \end{bmatrix} \left\{ \begin{array}{c} \theta_1 \\ \theta_2 \end{array} \right\} = \left\{ \begin{array}{c} 0 \\ 0 \end{array} \right\}$$

例 6.2.4 如图 6.2.17 所示的二自由度系统，摆杆长为 l，若不计摆杆质量，求其运动微分方程。

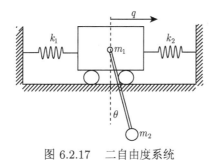

图 6.2.17 二自由度系统

解 运动方程为

$$\boldsymbol{I}\ddot{\boldsymbol{q}} + \boldsymbol{K}\boldsymbol{q} = \boldsymbol{E}(t)$$

由于没有受外力，因此 $\boldsymbol{E}(t) = \boldsymbol{0}$。

1) 刚度矩阵

令 $q = 1$，$\theta = 0$，如图 6.2.18 所示，有

$$\begin{cases} k_{11} = k_1 + k_2 \\ k_{21} = 0 \end{cases}$$

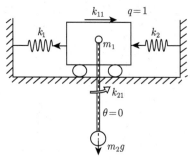

图 6.2.18　$q = 1$，$\theta = 0$

令 $q = 0$，$\theta = 1$，如图 6.2.19 所示，有

$$\begin{cases} k_{12} = 0 \\ k_{22} = m_2 g l \end{cases}$$

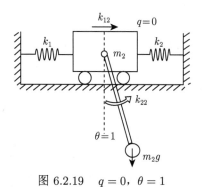

图 6.2.19　$q = 0$，$\theta = 1$

则刚度矩阵为

$$\boldsymbol{K} = \begin{bmatrix} k_1 + k_2 & 0 \\ 0 & m_2 g l \end{bmatrix}$$

2) 求惯量矩阵

令 $\ddot{q} = 1$，$\ddot{\theta} = 0$，如图 6.2.20 所示，有

$$\begin{cases} I_{11} = m_1 + m_2 \\ I_{21} = m_2 l \end{cases}$$

令 $\ddot{q} = 0$，$\ddot{\theta} = 1$，如图 6.2.21 所示，有

$$\begin{cases} I_{12} = m_2 l \\ I_{22} = m_2 l^2 \end{cases}$$

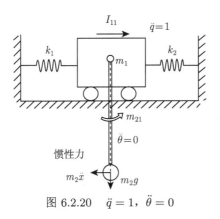

图 6.2.20 $\ddot{q} = 1$, $\ddot{\theta} = 0$

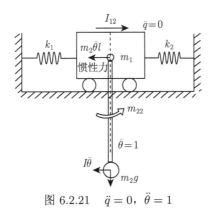

图 6.2.21 $\ddot{q} = 0$, $\ddot{\theta} = 1$

则惯性矩阵为

$$\boldsymbol{I} = \left[\begin{array}{cc} m_1 + m_2 & m_2l \\ m_2l & m_2l^2 \end{array} \right]$$

3) 运动微分方程

$$\left[\begin{array}{cc} m_1 + m_2 & m_2l \\ m_2l & m_2l^2 \end{array} \right] \left\{ \begin{array}{c} \ddot{q} \\ \ddot{\theta} \end{array} \right\} + \left[\begin{array}{cc} k_1 + k_2 & 0 \\ 0 & m_2gl \end{array} \right] \left\{ \begin{array}{c} q \\ \theta \end{array} \right\} = \left\{ \begin{array}{c} 0 \\ 0 \end{array} \right\}$$

6.3 位移方程和柔度矩阵

对于静定结构，通过柔度矩阵建立位移方程，有时较通过刚度矩阵建立作用力方程更为方便。对于弹性体来讲，柔度是其在单位力作用下产生的变形，其物理意义与刚度相反，而量纲与刚度互为倒数的关系。

　　图 6.3.1 所示为无质量的简支梁，有两个集中质量 m_1 和 m_2，在其上以准静态方式分别作用常力 E_1 和 E_2，使梁中产生位移，即挠度，但不产生加速度。取质量 m_1 和 m_2 的静平衡位置 q_1、q_2 为原点。建立键合空间模型如图 6.3.2 所示。图中，$I_1 = m_1$，$I_2 = m_2$，$\mathbf{C}_0$ 代表简支梁的总体柔度，$\mathbf{TF}_1$ 和 $\mathbf{TF}_2$ 分别代表两个质量集中点，作用力在简支梁上作用时发生变形的协调条件，体现为柔度矩阵。

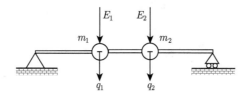

图 6.3.1　简支梁系统

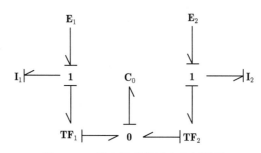

图 6.3.2　简支梁系统键合空间模型

　　(1) 当 $E_1 = 1$，$E_2 = 0$ 时，$\mathbf{I}_1$ 处的位移为 $q_1 = c_{11}$；$\mathbf{I}_2$ 处的位移为 $q_2 = c_{21}$。

　　(2) 当 $E_1 = 0$，$E_2 = 1$ 时，$\mathbf{I}_1$ 处的位移为 $q_1 = c_{12}$；$\mathbf{I}_2$ 处的位移为 $q_2 = c_{22}$。

　　(3) 当 E_1 和 E_2 同时作用时，$\mathbf{I}_1$ 处的位移为 $q_1 = c_{11}E_1 + c_{12}E_2$；$\mathbf{I}_2$ 处的位移为 $q_2 = c_{21}E_1 + c_{22}E_2$。可写成矩阵形式

$$\left\{ \begin{array}{c} q_1 \\ q_2 \end{array} \right\} = \left[\begin{array}{cc} c_{11} & c_{12} \\ c_{21} & c_{22} \end{array} \right] \left\{ \begin{array}{c} E_1 \\ E_2 \end{array} \right\} \tag{6.3.1}$$

即

$$\boldsymbol{q} = \boldsymbol{C}\boldsymbol{E} \tag{6.3.2}$$

则柔度矩阵为

$$\boldsymbol{C} = \left[\begin{array}{cc} c_{11} & c_{12} \\ c_{21} & c_{22} \end{array} \right] \tag{6.3.3}$$

当集中质量上有惯性力存在时，位移方程为

$$\left\{\begin{array}{c} q_1 \\ q_2 \end{array}\right\} = \left[\begin{array}{cc} c_{11} & c_{12} \\ c_{21} & c_{22} \end{array}\right] \left\{\begin{array}{c} E_1 + I_1\ddot{q}_1 \\ E_2 + I_2\ddot{q}_2 \end{array}\right\} \tag{6.3.4}$$

即

$$\boldsymbol{q} = \boldsymbol{C}\left(\boldsymbol{E} - \boldsymbol{I}\ddot{\boldsymbol{q}}\right) \tag{6.3.5}$$

位移方程也是状态方程的一种形式。

(4) 作用力方程和位移方程的关系。位移方程 $\boldsymbol{q} = \boldsymbol{C}\left(\boldsymbol{E} - \boldsymbol{I}\ddot{\boldsymbol{q}}\right)$ 可写成 $\boldsymbol{CI}\ddot{\boldsymbol{q}} + \boldsymbol{q} = \boldsymbol{CE}$，而对于作用力方程 $\boldsymbol{I}\ddot{\boldsymbol{q}} + \boldsymbol{Kq} = \boldsymbol{E}$，若 $\boldsymbol{K}$ 为非奇异时，有 $\boldsymbol{q} = \boldsymbol{K^{-1}}\left(\boldsymbol{E} - \boldsymbol{I}\ddot{\boldsymbol{q}}\right)$，柔度矩阵和刚度矩阵的关系为 $\boldsymbol{C} = \boldsymbol{K^{-1}}$ 或 $\boldsymbol{K} = \boldsymbol{C^{-1}}$。当系统允许刚体运动时，一般不便于用位移方程表示。

例 6.3.1 如图 6.3.3 所示的简支梁，总长为 l，不计梁的质量，有两个集中质量 m_1 和 m_2 均布在梁上，力 E_1、E_2 垂直作用在两个集中质量处。已知梁的抗弯刚度为 εJ，求其垂直方向振动的位移方程。

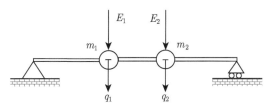

图 6.3.3 双质量–简支梁系统

解 建立键合空间模型如图 6.3.4 所示。有 $I_1 = m_1$，$I_2 = m_2$，$C_0^{-1} = \varepsilon J$。

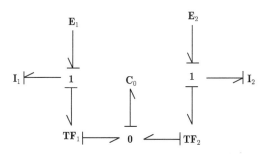

图 6.3.4 双质量–简支梁系统键合空间模型

简支梁挠曲如图 6.3.5 所示，由材料力学可知

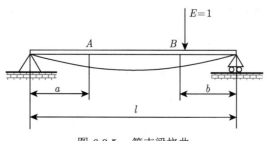

图 6.3.5　简支梁挠曲

当点 B 作用单位力时，A 的挠度为

$$c_{AB} = \frac{ab}{6\varepsilon J}\left(l^2 - a^2 - b^2\right)$$

令 $c = \dfrac{l^3}{486\varepsilon J}$，则可确定柔度影响系数为

$$\begin{cases} c_{11} = c_{22} = 8c \\ c_{21} = c_{12} = 7c \end{cases}$$

即柔度矩阵为

$$\boldsymbol{C} = \begin{bmatrix} 8c & 7c \\ 7c & 8c \end{bmatrix}$$

则位移方程为

$$\left\{\begin{array}{c} q_1 \\ q_2 \end{array}\right\} = \begin{bmatrix} 8c & 7c \\ 7c & 8c \end{bmatrix}\left(\left\{\begin{array}{c} E_1(t) \\ E_1(t) \end{array}\right\} - \begin{bmatrix} m_1 & 0 \\ 0 & m_2 \end{bmatrix}\left\{\begin{array}{c} \ddot{q}_1 \\ \ddot{q}_2 \end{array}\right\}\right)$$

例 6.3.2　求如图 6.3.6 所示质量–弹簧系统的柔度矩阵。

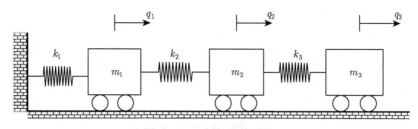

图 6.3.6　质量–弹簧系统

解　建立如图 6.3.7 所示的键合空间模型。图中，$I_j = m_j$，$C_j = 1/k_j (j = 1, 2, 3)$。

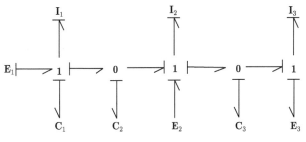

图 6.3.7 质量–弹簧系统键合空间模型

(1) 在 q_1 上对 m_1 作用 $E_1 = 1$，且 $E_2 = E_3 = 0$，则系统在 q_1、q_2、q_3 上产生的位移为

$$c_{11} = c_{21} = c_{31} = C_1 = 1/k_1$$

(2) 在 q_2 上对 m_2 作用 $E_2 = 1$，且 $E_1 = E_3 = 0$，则系统在 q_1、q_2、q_3 上产生的位移为

$$
\begin{cases}
c_{12} = C_1 = \dfrac{1}{k_1} \\[2mm]
c_{22} = C_1 + C_2 = \dfrac{1}{k_1} + \dfrac{1}{k_2} \\[2mm]
c_{32} = C_1 + C_2 = \dfrac{1}{k_1} + \dfrac{1}{k_2}
\end{cases}
$$

(3) 在 q_3 上对 m_3 作用 $E_3 = 1$，且 $E_1 = E_2 = 0$，则系统在 q_1、q_2、q_3 上产生的位移为

$$
\begin{cases}
c_{13} = C_1 = \dfrac{1}{k_1} \\[2mm]
c_{23} = C_1 + C_2 = \dfrac{1}{k_1} + \dfrac{1}{k_2} \\[2mm]
c_{33} = C_1 + C_2 + C_3 = \dfrac{1}{k_1} + \dfrac{1}{k_2} + \dfrac{1}{k_3}
\end{cases}
$$

因此，柔度矩阵为

$$
\boldsymbol{C} =
\begin{bmatrix}
C_1 & C_1 & C_1 \\
C_1 & C_1 + C_2 & C_1 + C_2 \\
C_1 & C_1 + C_2 & C_1 + C_2 + C_3
\end{bmatrix}
=
\begin{bmatrix}
\dfrac{1}{k_1} & \dfrac{1}{k_1} & \dfrac{1}{k_1} \\[3mm]
\dfrac{1}{k_1} & \dfrac{1}{k_1} + \dfrac{1}{k_2} & \dfrac{1}{k_1} + \dfrac{1}{k_2} \\[3mm]
\dfrac{1}{k_1} & \dfrac{1}{k_1} + \dfrac{1}{k_2} & \dfrac{1}{k_1} + \dfrac{1}{k_2} + \dfrac{1}{k_3}
\end{bmatrix}
$$

按前面刚度矩阵的求解方法，可求解其刚度矩阵为

$$\boldsymbol{K} = \begin{bmatrix} k_1 + k_2 & -k_2 & 0 \\ -k_2 & k_2 + k_3 & -k_3 \\ 0 & -k_3 & k_3 \end{bmatrix}$$

可验证有

$$\boldsymbol{C} = \boldsymbol{K}^{-1}$$

6.4　惯量矩阵和刚度矩阵的正定性质

对于 n 阶矩阵 $\boldsymbol{A}$，任意 n 维列向量 $\boldsymbol{y}$，总有 $\boldsymbol{y}^{\mathrm{T}} \boldsymbol{A} \boldsymbol{y} \geqslant 0$，且只有当 $\boldsymbol{y} = 0$ 时才有 $\boldsymbol{y}^{\mathrm{T}} \boldsymbol{A} \boldsymbol{y} = 0$，则称矩阵 $\boldsymbol{A}$ 是正定的；若当 $\boldsymbol{y} \neq 0$ 时也有 $\boldsymbol{y}^{\mathrm{T}} \boldsymbol{A} \boldsymbol{y} = 0$，则称矩阵 $\boldsymbol{A}$ 是半正定的。

根据分析力学的结论，对于定常约束系统，动能 W_I 和势能 W_C 分别为

$$\begin{cases} W_I = \dfrac{1}{2} \boldsymbol{f}^{\mathrm{T}} \boldsymbol{I} \boldsymbol{f} = \dfrac{1}{2} \dot{\boldsymbol{q}}^{\mathrm{T}} \boldsymbol{I} \dot{\boldsymbol{q}} \\[2mm] W_C = \dfrac{1}{2} \boldsymbol{q}^{\mathrm{T}} \boldsymbol{K} \boldsymbol{q} \end{cases} \tag{6.4.1}$$

因为动能 $W_I \geqslant 0$，且只有当 $\dot{\boldsymbol{q}} = \boldsymbol{f} = \boldsymbol{0}$ 时才有 $W_I = 0$，所以惯量矩阵 $\boldsymbol{I}$ 正定，$\boldsymbol{I} > 0$。

对于势能 W_C，若其具有稳定平衡位置，势能在平衡位置上取极小值，当位移向量 $\boldsymbol{q}^{\mathrm{T}} = \{q_1, q_2, \cdots, q_n\}$ 不全为零时，有 $W_C > 0$，且只有当 $\boldsymbol{q} = \boldsymbol{0}$ 时才有 $W_C = 0$，故刚度矩阵 $\boldsymbol{K}$ 正定，$\boldsymbol{K} > 0$。若存在不全为零的位移 $\boldsymbol{q}^{\mathrm{T}} = \{q_1, q_2, \cdots, q_n\}$，使 $W_C = 0$，则刚度矩阵 $\boldsymbol{K}$ 半正定，$\boldsymbol{K} \geqslant 0$。

对于刚度矩阵 $\boldsymbol{K} > 0$ 的振动系统，称为正定振动系统；刚度矩阵 $\boldsymbol{K} \geqslant 0$ 的振动系统，称为半正定振动系统。

假设一个系统在两种不同的坐标 $\boldsymbol{q}_1$ 和 $\boldsymbol{q}$ 下，有

$$\boldsymbol{q}_1 = \boldsymbol{\chi} \boldsymbol{q} \tag{6.4.2}$$

式中，$\boldsymbol{\chi}$ 是非奇异的矩阵。

如果在坐标 $\boldsymbol{q}_1$ 下，系统的运动微分方程为

$$\boldsymbol{I} \ddot{\boldsymbol{q}}_1 + \boldsymbol{K} \boldsymbol{q}_1 = \boldsymbol{E} \tag{6.4.3}$$

则在 $\boldsymbol{q}$ 坐标下，其运动微分方程为

$$\left(\boldsymbol{\chi}^{\mathrm{T}}\boldsymbol{I}\boldsymbol{\chi}\right)\ddot{\boldsymbol{q}} + \left(\boldsymbol{\chi}^{\mathrm{T}}\boldsymbol{K}\boldsymbol{\chi}\right)\boldsymbol{q} = \boldsymbol{\chi}^{\mathrm{T}}\boldsymbol{E} \tag{6.4.4}$$

如果 $\boldsymbol{q}$ 为主坐标，则 $\boldsymbol{\chi}^{\mathrm{T}}\boldsymbol{I}\boldsymbol{\chi}$ 和 $\boldsymbol{\chi}^{\mathrm{T}}\boldsymbol{K}\boldsymbol{\chi}$ 为对角阵。

当 $\boldsymbol{\chi}$ 矩阵为非奇异时，称矩阵 $\boldsymbol{A}$ 与 $\boldsymbol{\chi}^{\mathrm{T}}\boldsymbol{A}\boldsymbol{\chi}$ 合同，合同矩阵具有相同的对称性与正定性。

对称性：若矩阵 $\boldsymbol{A}$ 对称，则 $\boldsymbol{\chi}^{\mathrm{T}}\boldsymbol{A}\boldsymbol{\chi}$ 对称。若矩阵 $\boldsymbol{A}$ 对称，有 $\boldsymbol{A} = \boldsymbol{A}^{\mathrm{T}}$，则 $\left(\boldsymbol{\chi}^{\mathrm{T}}\boldsymbol{A}\boldsymbol{\chi}\right)^{\mathrm{T}} = \boldsymbol{\chi}^{\mathrm{T}}\boldsymbol{A}^{\mathrm{T}}\left(\boldsymbol{\chi}^{\mathrm{T}}\right)^{\mathrm{T}} = \boldsymbol{\chi}^{\mathrm{T}}\boldsymbol{A}\boldsymbol{\chi}$。

正定性：若矩阵 $\boldsymbol{A}$ 正定，则 $\boldsymbol{\chi}^{\mathrm{T}}\boldsymbol{A}\boldsymbol{\chi}$ 正定。因此，坐标变换不改变系统刚度矩阵和惯量矩阵的正定性。

6.5　耦合与坐标变换

矩阵中非零的非对角元素称为耦合项，惯量矩阵中出现耦合项称为惯性耦合，刚度矩阵或柔度矩阵中出现耦合项，称为弹性耦合。下面以三自由度系统为例进行说明。

存在惯性耦合时，惯量矩阵为

$$\boldsymbol{I} = \begin{bmatrix} m_{11} & m_{12} & m_{13} \\ m_{21} & m_{22} & m_{23} \\ m_{31} & m_{32} & m_{33} \end{bmatrix} \tag{6.5.1}$$

不存在惯性耦合时，惯量矩阵为

$$\boldsymbol{I} = \begin{bmatrix} m_{11} & 0 & 0 \\ 0 & m_{22} & 0 \\ 0 & 0 & m_{33} \end{bmatrix} \tag{6.5.2}$$

若系统加速度为 $\ddot{\boldsymbol{q}} = \{\ddot{q}_1, 0, 0\}^{\mathrm{T}}$，对于非耦合惯量矩阵，有

$$\begin{bmatrix} m_{11} & 0 & 0 \\ 0 & m_{22} & 0 \\ 0 & 0 & m_{33} \end{bmatrix} \begin{Bmatrix} \ddot{q}_1 \\ 0 \\ 0 \end{Bmatrix} = \begin{Bmatrix} m_{11}\ddot{q}_1 \\ 0 \\ 0 \end{Bmatrix} \tag{6.5.3}$$

说明此时，系统仅在 q_1 方向产生加速度。

对于耦合惯量矩阵，有

$$
\begin{bmatrix}
m_{11} & m_{12} & m_{13} \\
m_{21} & m_{22} & m_{23} \\
m_{31} & m_{32} & m_{33}
\end{bmatrix}
\begin{Bmatrix}
\ddot{q}_1 \\
0 \\
0
\end{Bmatrix}
=
\begin{Bmatrix}
m_{11}\ddot{q}_1 \\
m_{21}\ddot{q}_1 \\
m_{31}\ddot{q}_1
\end{Bmatrix}
\tag{6.5.4}
$$

说明在一个坐标上产生的加速度还会在别的坐标上引起惯性力。

同理，对于非耦合刚度矩阵，一个坐标上产生的位移，只在该位移坐标上引起弹性恢复力；而对于耦合刚度矩阵，一个坐标上产生的位移，还会在别的坐标上引起弹性恢复力。

例 6.5.1　如图 6.5.1 所示的汽车系统，车体用刚性杆 AB 表示，其质量为 m，绕质心 O 的转动惯量为 I_O，悬挂的刚度为 k_1 和 k_2，设 D 的转角为 θ_D，上下位移为 q_D，其平衡时为水平状态。求车体相对于 D 点上下和俯仰微振动的运动微分方程。

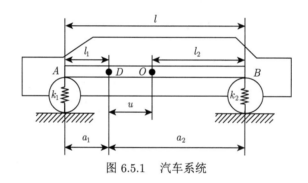

图 6.5.1　汽车系统

解法一：建立键合空间模型如图 6.5.2 所示。图中，$C_1^{-1} = k_1$，$C_2^{-1} = k_2$，对应位移为 q_1 和 q_2，可合写作 $\boldsymbol{q} = \{q_1, q_2\}^{\mathrm{T}}$。

1 结点的广义坐标表示车体上下和俯仰微振动的位移 $\boldsymbol{q}_D = \{q_D, \theta_D\}^{\mathrm{T}}$，下面两个转换器 **TF** 联合表示 $\dot{\boldsymbol{q}}_D = \boldsymbol{\chi}_1^{-1}\dot{\boldsymbol{q}}$ 的转换矩阵，上面的 **TF** 代表质心 O 点运动到 D 点的运动转换。当只做微幅振动时，转换矩阵 $\boldsymbol{\chi}_1^{-1}$ 可近似为常矩阵，以平衡点为零点，有

$$
\boldsymbol{q}_D = \boldsymbol{\chi}_1^{-1}\boldsymbol{q}
$$

$$
\theta_D = \arctan\left(\frac{q_1 - q_2}{l}\right) \approx \frac{q_1 - q_2}{l}
$$

$$
q_D = q_2 + \frac{q_1 - q_2}{l}a_2
$$

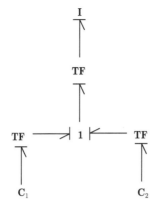

图 6.5.2 汽车系统键合空间模型

写成矩阵形式，为

$$\left\{ \begin{array}{c} q_D \\ \theta_D \end{array} \right\} = \left[\begin{array}{cc} \dfrac{a_2}{l} & 1 - \dfrac{a_2}{l} \\[2mm] \dfrac{1}{l} & -\dfrac{1}{l} \end{array} \right] \left\{ \begin{array}{c} q_1 \\ q_2 \end{array} \right\}$$

则

$$\boldsymbol{\chi}_1^{-1} = \frac{1}{l} \left[\begin{array}{cc} a_2 & a_1 \\ 1 & -1 \end{array} \right]$$

即

$$\boldsymbol{\chi}_1 = \left[\begin{array}{cc} 1 & a_1 \\ 1 & -a_2 \end{array} \right]$$

对于 D 点和 O 点，有

$$\left\{ \begin{array}{c} q_D \\ \theta_D \end{array} \right\} = \left[\begin{array}{cc} 1 & -u \\ 0 & 1 \end{array} \right] \left\{ \begin{array}{c} q_O \\ \theta_O \end{array} \right\}$$

$$\boldsymbol{\chi}_O = \left[\begin{array}{cc} 1 & u \\ 0 & 1 \end{array} \right]$$

则

$$\left\{ \begin{array}{l} \boldsymbol{q} = \boldsymbol{\chi}_1 \boldsymbol{q}_D \\ \boldsymbol{q}_O = \boldsymbol{\chi}_O \boldsymbol{q}_D \\ \dot{\boldsymbol{q}} = \boldsymbol{\chi}_1 \dot{\boldsymbol{q}}_D \\ \dot{\boldsymbol{q}}_O = \boldsymbol{\chi}_O \dot{\boldsymbol{q}}_D \end{array} \right.$$

系统动能为

$$W_I = \frac{1}{2}\dot{q}_O^{\mathrm{T}} I_O \dot{q}_O = \frac{1}{2}\left(\chi_O \dot{q}_D\right)^{\mathrm{T}} I_O \left(\chi_O \dot{q}_D\right) = \frac{1}{2}\dot{q}_D^{\mathrm{T}} \chi_O^{\mathrm{T}} I_O \chi_O \dot{q}_D = \frac{1}{2}\dot{q}_D^{\mathrm{T}} I_D \dot{q}_D$$

则惯量矩阵为

$$\boldsymbol{I}_D = \chi_O^{\mathrm{T}} \boldsymbol{I}_O \chi_O = \begin{bmatrix} m & um \\ um & u^2 m + I_O \end{bmatrix}$$

系统势能为

$$W_C = \frac{1}{2}\boldsymbol{q}^{\mathrm{T}} \boldsymbol{K} \boldsymbol{q} = \frac{1}{2}\left(\chi_1 \boldsymbol{q}\right)^{\mathrm{T}} \boldsymbol{K} \left(\chi_1 \boldsymbol{q}\right) = \frac{1}{2}\boldsymbol{q}^{\mathrm{T}} \chi_1^{\mathrm{T}} \boldsymbol{K} \chi_1 \boldsymbol{q} = \frac{1}{2}\boldsymbol{q}_D^{\mathrm{T}} \boldsymbol{K}_D \boldsymbol{q}_D$$

则刚度矩阵为

$$\boldsymbol{K}_D = \chi_1^{\mathrm{T}} \boldsymbol{K} \chi_1 = \begin{bmatrix} k_1 + k_2 & k_1 a_1 - k_2 a_2 \\ k_1 a_1 - k_2 a_2 & k_1 a_1^2 + k_2 a_2^2 \end{bmatrix}$$

车体相对 D 点微振的运动微分方程为

$$\boldsymbol{I}_D \ddot{\boldsymbol{q}}_D + \boldsymbol{K}_D \boldsymbol{q}_D = \boldsymbol{0}$$

即

$$\begin{bmatrix} m & um \\ um & u^2 m + I_O \end{bmatrix} \left\{ \begin{array}{c} \ddot{q}_D \\ \ddot{\theta}_D \end{array} \right\} + \begin{bmatrix} k_1 + k_2 & k_1 a_1 - k_2 a_2 \\ k_1 a_1 - k_2 a_2 & k_1 a_1^2 + k_2 a_2^2 \end{bmatrix} \left\{ \begin{array}{c} q_D \\ \theta_D \end{array} \right\} = \left\{ \begin{array}{c} 0 \\ 0 \end{array} \right\}$$

若 D 点作用激励

$$\boldsymbol{E}_D\left(t\right) = \left\{ \begin{array}{cc} E_{Dq}\left(t\right) & E_{D\theta}\left(t\right) \end{array} \right\}^{\mathrm{T}}$$

则受激励后，微振的运动微分方程为

$$\begin{bmatrix} m & um \\ um & u^2 m + I_O \end{bmatrix} \left\{ \begin{array}{c} \ddot{q}_D \\ \ddot{\theta}_D \end{array} \right\} + \begin{bmatrix} k_1 + k_2 & k_1 a_1 - k_2 a_2 \\ k_1 a_1 - k_2 a_2 & k_1 a_1^2 + k_2 a_2^2 \end{bmatrix} \left\{ \begin{array}{c} q_D \\ \theta_D \end{array} \right\} = \left\{ \begin{array}{c} E_{Dq} \\ E_{D\theta} \end{array} \right\}$$

解法二： 采用拉格朗日法建立系统的运动微分方程。汽车的力学模型如图 6.5.3 所示。

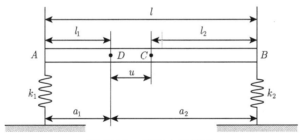

图 6.5.3 汽车力学模型

系统动能为

$$W_I = \frac{1}{2}m\dot{q}_O^2 + \frac{1}{2}I_O\dot{\theta}_O^2 = \frac{1}{2}m\left(\dot{q}_D + u\dot{\theta}_D\right)^2 + \frac{1}{2}I_O\dot{\theta}_D^2$$

系统势能为

$$W_C = \frac{1}{2}k_1\left(q_D - a_1\theta_D\right)^2 + \frac{1}{2}k_2\left(q_D + a_2\theta_D\right)^2$$

对于 n 自由度系统，其拉格朗日方程为

$$\frac{\mathrm{d}}{\mathrm{d}t}\left(\frac{\partial L}{\partial \dot{q}_j}\right) - \frac{\partial L}{\partial \dot{q}_j} - Q_j, \quad j = 1, 2, \cdots, n$$

式中，q_j 为广义坐标；L 为拉格朗日函数，$L = W_I - W_C$；Q_j 为对应于有势力以外的其他非有势力的广义力。

设 E_{Dq} 为作用于 D 点的垂直向上的力，$E_{D\theta}$ 为绕 D 点 z 轴的力矩，在坐标 q_D 上有虚位移 δq_D，非有势力做功为

$$\delta W_{Dq} = E_{Dq}\delta q_D$$

则

$$Q_1 = E_{Dq}$$

在坐标 θ_D 上有虚位移 $\delta\theta_D$，非有势力做功为

$$\delta W_{D\theta} = E_{D\theta}\delta\theta_D$$

则

$$Q_2 = E_{D\theta}$$

代入拉格朗日方程，得

$$
\begin{cases}
m\ddot{q}_D + mu\ddot{\theta}_D + (k_1 + k_2)\, q_D + (k_1 a_1 - k_2 a_2)\, \theta_D = E_{Dq} \\
mu\ddot{q}_D + \left(I_O + mu^2\right)\ddot{\theta}_D + (k_1 + k_2)\, q_D + \left(k_1 a_1^2 + k_2 a_2^2\right) \theta_D = E_{D\theta}
\end{cases}
$$

整理后有

$$
\begin{bmatrix}
m & um \\
um & u^2 m + I_O
\end{bmatrix}
\begin{Bmatrix}
\ddot{q}_D \\
\ddot{\theta}_D
\end{Bmatrix}
+
\begin{bmatrix}
k_1 + k_2 & k_1 a_1 - k_2 a_2 \\
k_1 a_1 - k_2 a_2 & k_1 a_1^2 + k_2 a_2^2
\end{bmatrix}
\begin{Bmatrix}
q_D \\
\theta_D
\end{Bmatrix}
=
\begin{Bmatrix}
E_{Dq} \\
E_{D\theta}
\end{Bmatrix}
$$

可见，两种方法得到的运动微分方程是相同的。

第 7 章　键合空间多自由度系统自由振动

7.1　键合空间表征系统固有频率

如第 6 章所述，采用键合空间表征无阻尼多自由度系统，其运动方程可表示为作用力方程或位移方程。

7.1.1　系统的正定与半正定

键合空间中的多自由度振动作用力方程为

$$I\ddot{q} + Kq = E(t) \tag{7.1.1}$$

其键合空间模型如图 7.1.1 所示，1 结点所表示的键合空间，与多自由度的维数相同，所连的构件即为同维的惯量矩阵 I；C 表示容性元件，通常有 $C^{-1} = K$，C 为柔度矩阵，K 为刚度矩阵；$E(t)$ 代表作用于系统的广义力。

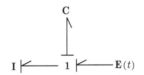

图 7.1.1　多自由度振动系统键合空间模型

在该以 1 结点表征的键合空间 $I, K \in \mathbf{R}^{n \times n}$，$E(t) \in \mathbf{R}^n$ 中，其位变 (即位移)

$$q = \{q_1, q_2, \cdots, q_n\}^{\mathrm{T}} \in \mathbf{R}^n$$

代表自由度为 n 的系统的 n 个独立的广义变量，则流为

$$f = \dot{q} = \frac{\mathrm{d}}{\mathrm{d}t}q = \{\dot{q}_1, \dot{q}_2, \cdots, \dot{q}_n\}^{\mathrm{T}} = \{f_1, f_2, \cdots, f_n\}^{\mathrm{T}} \tag{7.1.2}$$

系统的动量为

$$p = If = I\dot{q} \tag{7.1.3}$$

根据上面键合空间模型，其状态方程为

$$\begin{cases} \dot{p} = E(t) - C^{-1}q \\ \dot{q} = I^{-1}p \end{cases} \tag{7.1.4}$$

整理得

$$\boldsymbol{I}\ddot{\boldsymbol{q}} + \boldsymbol{K}\boldsymbol{q} = \boldsymbol{E}(t) \tag{7.1.5}$$

可看出式 (7.1.5) 与作用力方程一致。

当 $\boldsymbol{E}(t) = \boldsymbol{0}$ 时，可得自由振动方程为

$$\boldsymbol{I}\ddot{\boldsymbol{q}} + \boldsymbol{K}\boldsymbol{q} = \boldsymbol{0} \tag{7.1.6}$$

考虑多自由度系统的自由振动, 最吸引人的是系统的同步运动, 即系统在各个坐标上的运动除了幅值不同外, 其随时间变化的规律都相同。假设系统的运动为

$$\boldsymbol{q} = \boldsymbol{\Phi}h(t) \tag{7.1.7}$$

式中, $\boldsymbol{q} \in \mathbf{R}^n$; $\boldsymbol{\Phi} = \{\varphi_1, \varphi_1, \cdots, \varphi_n\}^{\mathrm{T}} \in \mathbf{R}^n$; $h(t) \in \mathbf{R}^1$。

代入自由振动方程, 并左乘 $\boldsymbol{\Phi}^{\mathrm{T}}$, 有

$$\boldsymbol{\Phi}^{\mathrm{T}}\boldsymbol{I}\boldsymbol{\Phi}\ddot{h}(t) + \boldsymbol{\Phi}^{\mathrm{T}}\boldsymbol{K}\boldsymbol{\Phi}h(t) = 0 \tag{7.1.8}$$

则

$$-\frac{\ddot{h}(t)}{h(t)} = \frac{\boldsymbol{\Phi}^{\mathrm{T}}\boldsymbol{K}\boldsymbol{\Phi}}{\boldsymbol{\Phi}^{\mathrm{T}}\boldsymbol{I}\boldsymbol{\Phi}} = \lambda = \omega^2 \tag{7.1.9}$$

如第 6 章所述, 对于系统, 惯量矩阵 $\boldsymbol{I}$ 正定, 刚度矩阵 $\boldsymbol{K}$ 正定或半正定。对于非零向量 $\boldsymbol{\Phi}$, 有

$$\begin{cases} \boldsymbol{\Phi}^{\mathrm{T}}\boldsymbol{I}\boldsymbol{\Phi} > 0 \\ \boldsymbol{\Phi}^{\mathrm{T}}\boldsymbol{K}\boldsymbol{\Phi} \geqslant 0 \text{ 或 } \boldsymbol{\Phi}^{\mathrm{T}}\boldsymbol{K}\boldsymbol{\Phi} > 0 \end{cases}$$

对于正定系统, 必定有 $\omega > 0$; 对于半正定系统, 有 $\omega \geqslant 0$。由式 (7.1.9) 得

$$\ddot{h}(t) + \omega^2 h(t) = 0 \tag{7.1.10}$$

其解为

$$h(t) = \begin{cases} a\sin(\omega t + \phi), & \omega > 0 \\ at + b, & \omega = 0 \end{cases} \tag{7.1.11}$$

式中, a、b、ϕ 均为常数。

说明: ① 对于正定系统, 只可能出现 $\boldsymbol{q} = \boldsymbol{\Phi}a\sin(\omega t + \phi)$ 这样的同步运动, 系统在各个坐标上都是按相同频率及初相位做简谐振动。② 对于半正定系统, 可能出现 $\boldsymbol{q} = \boldsymbol{\Phi}a\sin(\omega t + \phi)$, 也可能出现 $\boldsymbol{q} = \boldsymbol{\Phi}(at + b)$ 的同步运动。

7.1.2 正定系统的固有频率

对于正定系统 $I\ddot{q} + Kq = 0$，$q \in \mathbf{R}^n$，I 正定，K 正定，主振动为 $q = \boldsymbol{\Phi}a\sin(\omega t + \phi)$。

将 a 并入 $\boldsymbol{\Phi}$，有

$$q = \boldsymbol{\Phi}\sin(\omega t + \phi) \tag{7.1.12}$$

代入自由振动方程 $I\ddot{q} + Kq = 0$，得

$$\left(K - \omega^2 I\right)\boldsymbol{\Phi} = 0 \tag{7.1.13}$$

则 $\boldsymbol{\Phi}$ 有非零解的充分必要条件为

$$\left|K - \omega^2 I\right| = 0 \tag{7.1.14}$$

展开有

$$\begin{vmatrix} k_{11} - \omega^2 m_{11} & k_{12} - \omega^2 m_{12} & \cdots & k_{1n} - \omega^2 m_{1n} \\ k_{21} - \omega^2 m_{21} & k_{22} - \omega^2 m_{22} & \cdots & k_{2n} - \omega^2 m_{2n} \\ \vdots & \vdots & & \vdots \\ k_{n1} - \omega^2 m_{n1} & k_{n2} - \omega^2 m_{n2} & \cdots & k_{nn} - \omega^2 m_{nn} \end{vmatrix} = 0 \tag{7.1.15}$$

得特征多项式，即频率方程为

$$\omega^{2n} + a_1\omega^{2(n-1)} + \cdots + a_{n-1}\omega^2 + a_n = 0 \tag{7.1.16}$$

解出 n 个值，按升序排列，为

$$0 < \omega_1 \leqslant \omega_2 \leqslant \cdots \leqslant \omega_n$$

则 $\omega_j\,(j = 1, 2, \cdots, n)$ 为第 j 阶固有频率，且 ω_1 为基频。可见，固有频率仅取决于系统本身的刚度、惯量等参量。

例 7.1.1 求如图 7.1.2 所示系统的固有频率。

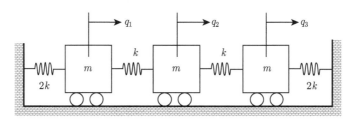

图 7.1.2 三自由度系统

解 建立键合空间模型如图 7.1.3 所示。根据键合空间模型得到其状态方程为

$$\begin{cases} \dot{p}_1 = -C_1^{-1}q_1 - C_2^{-1}q_{C2} \\ \dot{p}_2 = C_2^{-1}q_{C2} - C_3^{-1}q_{C3} \\ \dot{p}_3 = C_3^{-1}q_{C3} - C_4^{-1}q_3 \\ \dot{q}_1 = I_1^{-1}p_1 \\ \dot{q}_{C2} = \dot{q}_1 - \dot{q}_2 \\ \dot{q}_{C3} = \dot{q}_2 - \dot{q}_3 \\ \dot{q}_3 = I_3^{-1}p_3 \end{cases}$$

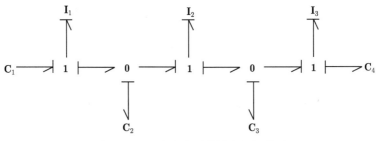

图 7.1.3 三自由度系统键合空间模型

代入初始条件，整理得

$$\begin{cases} I_1\ddot{q}_1 + k_1 q_1 + k_2\left(q_1 - q_2\right) = 0 \\ I_2\ddot{q}_2 + k_2\left(q_2 - q_1\right) + k_3\left(q_2 - q_3\right) = 0 \\ I_3\ddot{q}_3 + k_3\left(q_3 - q_2\right) + k_4 q_3 = 0 \end{cases}$$

写成矩阵形式为

$$\begin{bmatrix} m & 0 & 0 \\ 0 & m & 0 \\ 0 & 0 & m \end{bmatrix} \begin{Bmatrix} \ddot{q}_1 \\ \ddot{q}_2 \\ \ddot{q}_3 \end{Bmatrix} + \begin{bmatrix} 3k & -k & 0 \\ -k & 2k & -k \\ 0 & -k & 3k \end{bmatrix} \begin{Bmatrix} q_1 \\ q_2 \\ q_3 \end{Bmatrix} = \begin{Bmatrix} 0 \\ 0 \\ 0 \end{Bmatrix}$$

则

$$\boldsymbol{I} = \begin{bmatrix} m & 0 & 0 \\ 0 & m & 0 \\ 0 & 0 & m \end{bmatrix}, \quad \boldsymbol{K} = \begin{bmatrix} 3k & -k & 0 \\ -k & 2k & -k \\ 0 & -k & 3k \end{bmatrix}$$

得振动方程为

$$\left(\boldsymbol{K} - \omega^2 \boldsymbol{I}\right)\boldsymbol{\Phi} = 0$$

其特征方程为

$$\left| \boldsymbol{K} - \omega^2 \boldsymbol{I} \right| = 0$$

即

$$\begin{vmatrix} 3k - m\omega^2 & -k & 0 \\ -k & 2k - m\omega^2 & -k \\ 0 & -k & 3k - m\omega^2 \end{vmatrix} = 0$$

令 $\beta = \dfrac{m}{k}\omega^2$, 有

$$\begin{vmatrix} 3 - \beta & -1 & 0 \\ -1 & 2 - \beta & -1 \\ 0 & -1 & 3 - \beta \end{vmatrix} = 0$$

解为

$$\begin{cases} \beta_1 = 1 \\ \beta_2 = 3 \\ \beta_3 = 4 \end{cases}$$

则固有频率为

$$\begin{cases} \omega_1 = \sqrt{\dfrac{k}{m}} \\ \omega_2 = \sqrt{\dfrac{3k}{m}} \\ \omega_3 = 2\sqrt{\dfrac{k}{m}} \end{cases}$$

7.1.3 位移方程与特征值

当刚度矩阵 $\boldsymbol{K}$ 正定, 柔度矩阵 $\boldsymbol{C} = \boldsymbol{K}^{-1}$, 则同样可通过位移方程求解固有频率。

位移方程

$$\boldsymbol{q} = \boldsymbol{C}\left(\boldsymbol{E} - \boldsymbol{I}\ddot{\boldsymbol{q}}\right) \tag{7.1.17}$$

可写成

$$\boldsymbol{C}\boldsymbol{I}\ddot{\boldsymbol{q}} + \boldsymbol{q} = \boldsymbol{C}\boldsymbol{E} \tag{7.1.18}$$

则自由振动位移方程为

$$\boldsymbol{C}\boldsymbol{I}\ddot{\boldsymbol{q}} + \boldsymbol{q} = \boldsymbol{0} \tag{7.1.19}$$

主振动为 $q = \boldsymbol{\Phi} \sin(\omega t + \phi)$，代入得

$$(\boldsymbol{CI} - \lambda \boldsymbol{L})\boldsymbol{\Phi} = 0 \tag{7.1.20}$$

式中，$\boldsymbol{L}$ 为单位矩阵，$\boldsymbol{L} \in \mathbf{R}^{n \times n}$。

$\left(\boldsymbol{K} - \omega^2 \boldsymbol{I}\right)\boldsymbol{\Phi} = 0$ 可变换成 $\left(\boldsymbol{CI} - \dfrac{1}{\omega^2}\boldsymbol{L}\right)\boldsymbol{\Phi} = 0$，则有

$$\lambda = \frac{1}{\omega^2} \tag{7.1.21}$$

式 (7.1.9) 的特征方程为

$$|\boldsymbol{CI} - \lambda \boldsymbol{L}| = 0 \tag{7.1.22}$$

可解得特征根，按降序排列，有

$$\lambda_1 \geqslant \lambda_2 \geqslant \cdots \geqslant \lambda_n > 0$$

则

$$\lambda_j = \frac{1}{\omega_j^2}, \quad j = 1, 2, \cdots, n \tag{7.1.23}$$

同样可求出各阶固有频率。

7.2   键合空间多自由度系统的模态

7.2.1   特征向量

对于正定系统 $\boldsymbol{I\ddot{q}} + \boldsymbol{Kq} = 0$，$\boldsymbol{q} \in \mathbf{R}^n$，$\boldsymbol{I}$ 正定，$\boldsymbol{K}$ 正定，主振动为 $\boldsymbol{q} = \boldsymbol{\Phi} a \sin(\omega t + \phi)$。

将 a 并入 $\boldsymbol{\Phi}$，有

$$\boldsymbol{q} = \boldsymbol{\Phi} \sin(\omega t + \phi) \tag{7.2.1}$$

代入自由振动方程 $\boldsymbol{I\ddot{q}} + \boldsymbol{Kq} = 0$，得

$$\left(\boldsymbol{K} - \omega^2 \boldsymbol{I}\right)\boldsymbol{\Phi} = 0 \tag{7.2.2}$$

则 ω_j 为特征值 (固有频率)，而 $\boldsymbol{\Phi} = \{\varphi_1, \varphi_2, \cdots, \varphi_n\}^{\mathrm{T}}$ 为特征向量 (模态)。对于 n 自由度系统，ω_j 和 $\boldsymbol{\Phi}^{(j)} = \left\{\varphi_1^{(j)}, \varphi_2^{(j)}, \cdots, \varphi_n^{(j)}\right\}^{\mathrm{T}}$ $(j = 1, 2, \cdots, n)$ 一一对应。代入有

$$\left(\boldsymbol{K} - \omega_j^2 \boldsymbol{I}\right)\boldsymbol{\Phi}^{(j)} = 0 \tag{7.2.3}$$

当 ω_j 不是特征多项式的重根时,上式的 n 个方程中,只有一个是不独立的。设最后一个方程不独立,把它划去,并将含有 $\boldsymbol{\Phi}^{(j)}$ 的某个元素,如 $\boldsymbol{\Phi}_n^{(j)}$ 的项全部移到等式右边,有

$$
\begin{cases}
(k_{11} - \omega_j^2 m_{11})\varphi_1^{(j)} + \cdots + (k_{1,n-1} - \omega_j^2 m_{1,n-1})\varphi_{n-1}^{(j)} \\
\quad = -(k_{1n} - \omega_j^2 m_{1n})\varphi_n^{(j)} \\
\qquad\qquad\qquad\qquad\qquad \vdots \\
(k_{n-1,1} - \omega_j^2 m_{n-1,1})\varphi_1^{(j)} + \cdots + (k_{n-1,n-1} - \omega_j^2 m_{n-1,n-1})\varphi_{n-1}^{(j)} \\
\quad = -(k_{n-1,n} - \omega_j^2 m_{n-1,n})\varphi_n^{(j)}
\end{cases} \tag{7.2.4}
$$

若方程组左端的系数行列式不为零,则可解出用 $\varphi_n^{(j)}$ 表示的 $\varphi_1^{(j)}, \varphi_2^{(j)}, \cdots,$ $\varphi_{n-1}^{(j)}$,若非此,则应将含 $\boldsymbol{\Phi}^{(j)}$ 中的另一个元素的项移到等式右边,再解方程。为了便于计算,令 $\varphi_n^{(j)} = 1$,有

$$
\boldsymbol{\Phi}^{(j)} = \left\{ \varphi_1^{(j)}, \varphi_2^{(j)}, \cdots, \varphi_{n-1}^{(j)}, 1 \right\}^{\mathrm{T}} \tag{7.2.5}
$$

当然,也可以令 $\varphi_n^{(j)} = a_j$,a_j 为任意常数,则解为 $a_j \boldsymbol{\Phi}^{(j)}$。

在特征向量中规定某个元素的值,以确定其他各个元素值的过程,称为归一化。

例 7.2.1 求例 7.1.1 中 $\beta_1 = 1$ 的 $\boldsymbol{\Phi}^{(1)}$。

解 振动方程为

$$
(\boldsymbol{K} - \omega^2 \boldsymbol{I})\boldsymbol{\Phi} = \boldsymbol{0}
$$

即

$$
\begin{bmatrix} 3k - m\omega^2 & -k & 0 \\ -k & 2k - m\omega^2 & -k \\ 0 & -k & 3k - m\omega^2 \end{bmatrix} \begin{Bmatrix} \varphi_1 \\ \varphi_2 \\ \varphi_3 \end{Bmatrix} = \begin{Bmatrix} 0 \\ 0 \\ 0 \end{Bmatrix}
$$

令 $\beta = \dfrac{m}{k}\omega^2$,有

$$
\begin{bmatrix} 3 - \beta & -1 & 0 \\ -1 & 2 - \beta & -1 \\ 0 & -1 & 3 - \beta \end{bmatrix} \begin{Bmatrix} \varphi_1 \\ \varphi_2 \\ \varphi_3 \end{Bmatrix} = \begin{Bmatrix} 0 \\ 0 \\ 0 \end{Bmatrix}
$$

解得

$$
\begin{cases} \beta_1 = 1 \\ \beta_2 = 3 \\ \beta_3 = 4 \end{cases}
$$

将 $\beta_1 = 1$ 代入，有

$$\begin{bmatrix} 2 & -1 & 0 \\ -1 & 1 & -1 \\ 0 & -1 & 2 \end{bmatrix} \left\{ \begin{array}{c} \varphi_1 \\ \varphi_2 \\ \varphi_3 \end{array} \right\} = \left\{ \begin{array}{c} 0 \\ 0 \\ 0 \end{array} \right\}$$

展开，为

$$\begin{cases} 2\varphi_1 - \varphi_2 = 0 & ① \\ -\varphi_1 + \varphi_2 - \varphi_3 = 0 & ② \\ -\varphi_2 + 2\varphi_3 = 0 & ③ \end{cases}$$

由上面方程 ③ 得 $\varphi_3 = \varphi_2/2$，代入方程 ②，有

$$2\varphi_1 - \varphi_2 = 0$$

与方程 ① 相同，方程组有一式不独立。因此，将方程 ③ 拿去，并令 $\varphi_3 = 1$，则有

$$\begin{cases} 2\varphi_1 - \varphi_2 = 0 \\ -\varphi_1 + \varphi_2 = \varphi_3 \end{cases}$$

其行列式为

$$\begin{vmatrix} 2 & -1 \\ -1 & 1 \end{vmatrix} = 1 \neq 0$$

当 $\varphi_3 = 1$ 时，有 $\varphi_1 = 1, \varphi_2 = 2$，则

$$\boldsymbol{\Phi}^{(1)} = \{\varphi_1, \varphi_2, \varphi_3\}^{\mathrm{T}} = \{1, 2, 1\}^{\mathrm{T}}$$

7.2.2　系统固有振动与模态

对于正定系统 $\boldsymbol{I}\ddot{\boldsymbol{q}} + \boldsymbol{K}\boldsymbol{q} = \boldsymbol{0}$，$\boldsymbol{q} \in \mathbf{R}^n$，$\boldsymbol{I}$ 正定，$\boldsymbol{K}$ 正定，主振动为 $\boldsymbol{q} = \boldsymbol{\Phi}a\sin(\omega t + \phi)$。

将 a 并入 $\boldsymbol{\Phi}$，有

$$\boldsymbol{q} = \boldsymbol{\Phi}\sin(\omega t + \phi) \tag{7.2.6}$$

将 $\omega = \omega_j$，$\boldsymbol{\Phi} = a_j\boldsymbol{\Phi}^{(j)}$ 代入方程，则第 j 阶主振动为

$$\boldsymbol{q}^{(j)} = \left\{ q_1^{(j)}, q_2^{(j)}, \cdots, q_n^{(j)} \right\}^{\mathrm{T}} = \boldsymbol{\Phi}^{(j)} a_j \sin(\omega_j t + \phi_j) \tag{7.2.7}$$

$$\boldsymbol{\Phi}^{(j)} = \left\{ \varphi_1^{(j)}, \varphi_2^{(j)}, \cdots, \varphi_n^{(j)} \right\}^{\mathrm{T}} \tag{7.2.8}$$

系统在各个坐标上都将以第 j 阶固有频率 ω_j 做简谐振动，并且同时通过静平衡位置。比值 $\dfrac{q_1^{(j)}}{\varphi_1^{(j)}} = \dfrac{q_2^{(j)}}{\varphi_2^{(j)}} = \cdots = \dfrac{q_n^{(j)}}{\varphi_n^{(j)}}$ 为第 j 阶特征向量 $\boldsymbol{\Phi}^{(j)}$ 中的元素，也就是系统做第 j 阶主振动时各个坐标上位移 (或振幅) 的相对比值。$\boldsymbol{\Phi}^{(j)}$ 描述了系统做第 j 阶主振动时各自的振动形态，称为第 j 阶主振型，或第 j 阶模态。主振型 (模态) 仅取决于系统的惯量矩阵 $\boldsymbol{I}$ 和刚度矩阵 $\boldsymbol{K}$ 等自身的特性参数。虽然各个坐标上振幅的精确值没有确定，但其所表现的系统振动的形态已经确定。由此可以确定系统固有振动为 n 个主振动的叠加，即模态叠加法，有

$$q\left(t\right) = \sum_{j=1}^{n} \left[\boldsymbol{\Phi}^{(j)} a_j \sin\left(\omega_j t + \phi_j\right)\right] \tag{7.2.9}$$

式中，a_j 和 ϕ_j 由初始条件确定。

由于各个主振动的固有频率不同，多自由度系统的固有振动一般不是简谐振动，甚至不是周期振动。对于正定系统，其特征方程为

$$\left|\boldsymbol{K} - \omega^2 \boldsymbol{I}\right| = 0 \tag{7.2.10}$$

令 $\boldsymbol{B} = \boldsymbol{K} - \omega^2 \boldsymbol{I}$，为特征矩阵，当 ω_j^2 不是重特征根时，可以通过 $\boldsymbol{B}$ 的伴随矩阵 $\boldsymbol{B}^*$ 求得相应的模态 $\boldsymbol{\Phi}^{(j)}$。根据逆矩阵的定义，有

$$\boldsymbol{B}^{-1} = \frac{\boldsymbol{B}^*}{|\boldsymbol{B}|} \tag{7.2.11}$$

两边同时乘以 $|\boldsymbol{B}|\,\boldsymbol{B}$，得

$$|\boldsymbol{B}|\,\boldsymbol{L} = \boldsymbol{B}\boldsymbol{B}^* \tag{7.2.12}$$

式中，$\boldsymbol{L}$ 为单位矩阵。

当 $\omega = \omega_j$ 时，$\boldsymbol{B}\left(\omega_j\right)\boldsymbol{B}^*\left(\omega_j\right) = \boldsymbol{0}$ 或 $\left(\boldsymbol{K} - \omega_j^2 \boldsymbol{I}\right)\boldsymbol{B}^*\left(\omega_j\right) = \boldsymbol{0}$，$\boldsymbol{B}^*\left(\omega_j\right)$ 的任一非零列都是第 j 阶的模态 $\boldsymbol{\Phi}^{(j)}$。

例 7.2.2 求如图 7.2.1 所示二自由度系统的固有频率和模态。

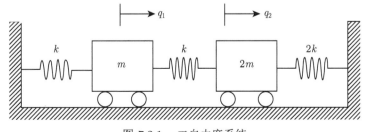

图 7.2.1 二自由度系统

解　建立系统键合空间模型如图 7.2.2 所示。图中，$C_1^{-1} = k_1 = k$，$C_2^{-1} = k_2 = k$，$C_3^{-1} = k_3 = 2k$，$I_1 = m_1 = m$，$I_2 = m_2 = 2m$。状态方程为

$$\begin{cases} \dot{p}_1 = -C_1^{-1}q_1 - C_2^{-1}q_C \\ \dot{p}_2 = C_2^{-1}q_C - C_3^{-1}q_2 \\ \dot{q}_1 = I_1^{-1}p_1 \\ \dot{q}_C = \dot{q}_1 - \dot{q}_2 \\ \dot{q}_2 = I_2^{-1}p_2 \end{cases}$$

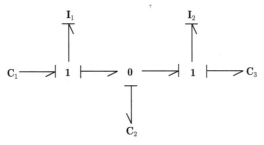

图 7.2.2　二自由度系统键合空间模型

代入初始条件，整理得

$$\begin{cases} I_1\ddot{q}_1 + k_1q_1 + k_2(q_1 - q_2) = 0 \\ I_2\ddot{q}_2 + k_2(q_2 - q_1) + k_3q_2 = 0 \end{cases}$$

写成矩阵形式，为

$$\left(\boldsymbol{K} - \omega^2\boldsymbol{I}\right)\boldsymbol{\Phi} = \boldsymbol{0}$$

式中，$\boldsymbol{q} = \begin{Bmatrix} q_1 \\ q_2 \end{Bmatrix}$；$\boldsymbol{I} = \begin{bmatrix} m & 0 \\ 0 & 2m \end{bmatrix}$；$\boldsymbol{K} = \begin{bmatrix} 2k & -k \\ -k & 3k \end{bmatrix}$。

则有

$$\begin{bmatrix} 2k - m\omega^2 & -k \\ -k & 3k - 2m\omega^2 \end{bmatrix}\begin{Bmatrix} \varphi_1 \\ \varphi_2 \end{Bmatrix} = \begin{Bmatrix} 0 \\ 0 \end{Bmatrix}$$

令 $\beta = \dfrac{m}{k}\omega^2$，有

$$\begin{bmatrix} 2 - \beta & -1 \\ -1 & 3 - 2\beta \end{bmatrix}\begin{Bmatrix} \varphi_1 \\ \varphi_2 \end{Bmatrix} = \begin{Bmatrix} 0 \\ 0 \end{Bmatrix}$$

特征方程为

$$\begin{vmatrix} 2-\beta & -1 \\ -1 & 3-2\beta \end{vmatrix} = 2\beta^2 - 7\beta + 5 = 0$$

解得

$$\begin{cases} \beta_1 = 1 \\ \beta_2 = 2.5 \end{cases}$$

则固有频率为

$$\begin{cases} \omega_1 = \sqrt{\dfrac{k}{m}} \\ \omega_2 = 1.581\sqrt{\dfrac{k}{m}} \end{cases}$$

将 $\beta = \beta_1 = 1$ 代入，有

$$\begin{cases} \varphi_1 - \varphi_2 = 0 \\ -\varphi_1 + \varphi_2 = 0 \end{cases}$$

上面方程组中，一个方程独立，令 $\varphi_2 = 1$，有 $\varphi_1 = 1$，则第一阶模态为

$$\boldsymbol{\Phi}^{(1)} = \left\{ \begin{array}{c} 1 \\ 1 \end{array} \right\}$$

同理，将 $\beta = \beta_2 = 2.5$ 代入，并令 $\varphi_2 = 1$，有 $\varphi_1 = -2$，则第二阶模态为

$$\boldsymbol{\Phi}^{(2)} = \left\{ \begin{array}{c} -2 \\ 1 \end{array} \right\}$$

对模态绘图如图 7.2.3 所示。横坐标表示静平衡位置，纵坐标表示模态中各元素的值。上图为第一阶模态，两个质量位于平衡位置同侧，做同向运动。下图为第二阶模态，两个质量在平衡位置的异侧，做异向运动，其中有一个点始终不振动，称为结点。

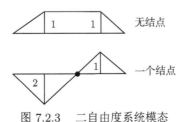

图 7.2.3　二自由度系统模态

例 7.2.3 求例 7.1.1 系统的模态。

解 根据前解，振动方程为

$$\left(\boldsymbol{K} - \omega^2 \boldsymbol{I}\right) \boldsymbol{\Phi} = \boldsymbol{0}$$

有

$$
\begin{bmatrix}
3k - m\omega^2 & -k & 0 \\
-k & 2k - m\omega^2 & -k \\
0 & -k & 3k - m\omega^2
\end{bmatrix}
\begin{Bmatrix}
\varphi_1 \\
\varphi_2 \\
\varphi_3
\end{Bmatrix}
=
\begin{Bmatrix}
0 \\
0 \\
0
\end{Bmatrix}
$$

令 $\beta = \dfrac{m}{k}\omega^2$，有

$$
\begin{bmatrix}
3 - \beta & -1 & 0 \\
-1 & 2 - \beta & -1 \\
0 & -1 & 3 - \beta
\end{bmatrix}
\begin{Bmatrix}
\varphi_1 \\
\varphi_2 \\
\varphi_3
\end{Bmatrix}
=
\begin{Bmatrix}
0 \\
0 \\
0
\end{Bmatrix}
$$

解得

$$
\begin{cases}
\beta_1 = 1 \\
\beta_2 = 3 \\
\beta_3 = 4
\end{cases}
$$

因 β_1、β_2、β_3 都是单根，因此可用特征矩阵的伴随矩阵。特征矩阵为

$$
\boldsymbol{B} =
\begin{bmatrix}
3 - \beta & -1 & 0 \\
-1 & 2 - \beta & -1 \\
0 & -1 & 3 - \beta
\end{bmatrix}
$$

其伴随矩阵为

$$
\boldsymbol{B}^* = \mathrm{adj}
\begin{bmatrix}
3 - \beta & -1 & 0 \\
-1 & 2 - \beta & -1 \\
0 & -1 & 3 - \beta
\end{bmatrix}
$$

$$
=
\begin{bmatrix}
(3 - \beta)(2 - \beta) - 1 & 3 - \beta & 1 \\
3 - \beta & (3 - \beta)^2 & 3 - \beta \\
1 & 3 - \beta & (3 - \beta)(2 - \beta) - 1
\end{bmatrix}
$$

将 $\beta_1 = 1$，$\beta_2 = 3$，$\beta_3 = 4$ 分别代入上面右端矩阵的第一列，得

$$\boldsymbol{\Phi}^{(1)} = \left\{ \begin{array}{c} 1 \\ 2 \\ 1 \end{array} \right\}$$

$$\boldsymbol{\Phi}^{(2)} = \left\{ \begin{array}{c} -1 \\ 0 \\ 1 \end{array} \right\}$$

$$\boldsymbol{\Phi}^{(3)} = \left\{ \begin{array}{c} 1 \\ -1 \\ 1 \end{array} \right\}$$

绘出各阶模态如图 7.2.4 所示。第一阶模态无结点，第二阶模态有一个结点，第三阶模态有两个结点。

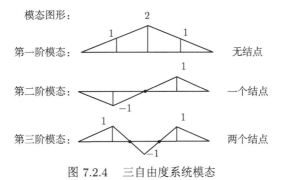

图 7.2.4 三自由度系统模态

图 7.2.5 为单自由度系统固有振动模态图形，图 7.2.6 至图 7.2.8 给出多自由度系统固有振动的模态图形。

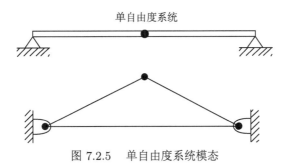

图 7.2.5 单自由度系统模态

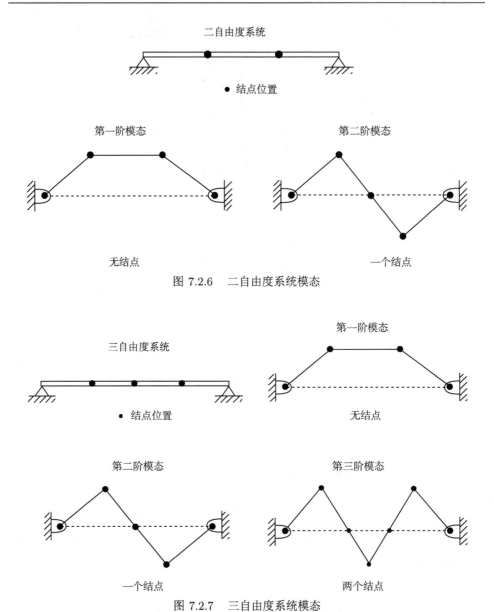

二自由度系统

● 结点位置

第一阶模态　　　　　　　　　　　　　第二阶模态

无结点　　　　　　　　　　　　　　　一个结点

图 7.2.6　二自由度系统模态

三自由度系统　　　　　　　　　　　　第一阶模态

● 结点位置　　　　　　　　　　　　　无结点

第二阶模态　　　　　　　　　　　　　第三阶模态

一个结点　　　　　　　　　　　　　　两个结点

图 7.2.7　三自由度系统模态

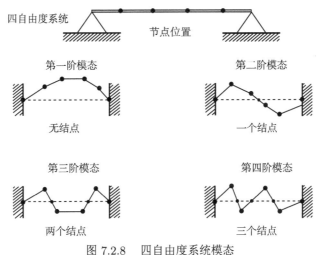

图 7.2.8 四自由度系统模态

7.3 键合空间模态的正交性、主惯量和主刚度

7.3.1 主模态的正交性

对于正定系统 $\boldsymbol{I}\ddot{\boldsymbol{q}} + \boldsymbol{K}\boldsymbol{q} = \boldsymbol{0}$, $\boldsymbol{q} \in \mathbf{R}^n$, $\boldsymbol{I}$ 正定, $\boldsymbol{K}$ 正定。设 ω_i 和 ω_j 对应的模态分别为 $\boldsymbol{\Phi}^{(i)}$ 和 $\boldsymbol{\Phi}^{(j)}$, 均满足:

$$\begin{cases} \boldsymbol{K}\boldsymbol{\Phi}^{(i)} = \omega_i^2 \boldsymbol{I}\boldsymbol{\Phi}^{(i)} \\ \boldsymbol{K}\boldsymbol{\Phi}^{(j)} = \omega_j^2 \boldsymbol{I}\boldsymbol{\Phi}^{(j)} \end{cases} \tag{7.3.1}$$

两式分别左乘 $\left(\boldsymbol{\Phi}^{(j)}\right)^{\mathrm{T}}$ 和 $\left(\boldsymbol{\Phi}^{(i)}\right)^{\mathrm{T}}$, 有

$$\begin{cases} \left(\boldsymbol{\Phi}^{(j)}\right)^{\mathrm{T}} \boldsymbol{K}\boldsymbol{\Phi}^{(i)} = \omega_i^2 \left(\boldsymbol{\Phi}^{(j)}\right)^{\mathrm{T}} \boldsymbol{I}\boldsymbol{\Phi}^{(i)} \\ \left(\boldsymbol{\Phi}^{(i)}\right)^{\mathrm{T}} \boldsymbol{K}\boldsymbol{\Phi}^{(j)} = \omega_j^2 \left(\boldsymbol{\Phi}^{(i)}\right)^{\mathrm{T}} \boldsymbol{I}\boldsymbol{\Phi}^{(j)} \end{cases} \tag{7.3.2}$$

两式相减, 得

$$\left(\omega_i^2 - \omega_j^2\right) \left(\boldsymbol{\Phi}^{(i)}\right)^{\mathrm{T}} \boldsymbol{I}\boldsymbol{\Phi}^{(j)} = 0 \tag{7.3.3}$$

则

$$\left(\boldsymbol{\Phi}^{(i)}\right)^{\mathrm{T}} \boldsymbol{I}\boldsymbol{\Phi}^{(j)} = 0 \tag{7.3.4}$$

这就是模态关于惯量的正交性。当 $i \neq j$ 时, 有 $\omega_i \neq \omega_j$; 当 $i = j$ 时, 表达式恒成立, $\left(\boldsymbol{\Phi}^{(i)}\right)^{\mathrm{T}} \boldsymbol{I}\boldsymbol{\Phi}^{(j)} = m_{pj}$ 为第 j 阶模态的主惯量。

同理，$\left(\boldsymbol{\Phi}^{(i)}\right)^{\mathrm{T}} \boldsymbol{K} \boldsymbol{\Phi}^{(j)} = 0$ 为模态关于刚度的正交性。$\left(\boldsymbol{\Phi}^{(i)}\right)^{\mathrm{T}} \boldsymbol{K} \boldsymbol{\Phi}^{(j)} = k_{pj}$ 为第 j 阶模态的主刚度。

可综合写为

$$\begin{cases} \left(\boldsymbol{\Phi}^{(i)}\right)^{\mathrm{T}} \boldsymbol{I} \boldsymbol{\Phi}^{(j)} = \delta_{ij} m_{pi} \\ \left(\boldsymbol{\Phi}^{(i)}\right)^{\mathrm{T}} \boldsymbol{K} \boldsymbol{\Phi}^{(j)} = \delta_{ij} k_{pi} \end{cases} \tag{7.3.5}$$

式中，δ_{ij} 为 Kronecker 符号，$\delta_{ij} = \begin{cases} 1, & i = j \\ 0, & i \neq j \end{cases}$。

则第 j 阶固有频率为

$$\omega_j = \sqrt{\frac{k_{pj}}{m_{pj}}} \tag{7.3.6}$$

7.3.2　正则模态的正交性

定义正则模态为使全部质量为 1 的主模态，即

$$m_{pj} = \left(\boldsymbol{\Phi}_N^{(j)}\right)^{\mathrm{T}} \boldsymbol{I} \boldsymbol{\Phi}_N^{(j)} = 1 \tag{7.3.7}$$

令 $\boldsymbol{\Phi}_N^{(j)} = u_j \boldsymbol{\Phi}^{(j)}$，有

$$\left(\boldsymbol{\Phi}_N^{(j)}\right)^{\mathrm{T}} \boldsymbol{I} \boldsymbol{\Phi}_N^{(j)} = u_j^2 \left(\boldsymbol{\Phi}^{(j)}\right)^{\mathrm{T}} \boldsymbol{I} \boldsymbol{\Phi}^{(j)} = u_j^2 m_{pj} = 1 \tag{7.3.8}$$

则

$$u_j = \frac{1}{\sqrt{m_{pj}}} \tag{7.3.9}$$

正则模态与主模态的关系为

$$\boldsymbol{\Phi}_N^{(j)} = \frac{1}{\sqrt{m_{pj}}} \boldsymbol{\Phi}^{(j)} \tag{7.3.10}$$

相对于 $\boldsymbol{\Phi}_N^{(j)}$ 的主刚度有

$$\left(\boldsymbol{\Phi}_N^{(j)}\right)^{\mathrm{T}} \boldsymbol{K} \boldsymbol{\Phi}_N^{(j)} = \frac{1}{m_{pj}} \left(\boldsymbol{\Phi}^{(j)}\right)^{\mathrm{T}} \boldsymbol{K} \boldsymbol{\Phi}^{(j)} = \frac{k_{pj}}{m_{pj}} = \omega_j^2 \tag{7.3.11}$$

7.3.3 主惯量矩阵、主刚度矩阵

对于主惯量矩阵，有

$$
\begin{aligned}
\boldsymbol{\Phi}^{\mathrm{T}} \boldsymbol{I} \boldsymbol{\Phi} &= \left[\begin{array}{cccc} \boldsymbol{\Phi}^{(1)} & \boldsymbol{\Phi}^{(2)} & \cdots & \boldsymbol{\Phi}^{(n)} \end{array}\right]^{\mathrm{T}} \boldsymbol{I} \left[\begin{array}{cccc} \boldsymbol{\Phi}^{(1)} & \boldsymbol{\Phi}^{(2)} & \cdots & \boldsymbol{\Phi}^{(n)} \end{array}\right] \\
&= \left[\begin{array}{c} \left(\boldsymbol{\Phi}^{(1)}\right)^{\mathrm{T}} \\ \vdots \\ \left(\boldsymbol{\Phi}^{(n)}\right)^{\mathrm{T}} \end{array}\right] \boldsymbol{I} \left[\begin{array}{cccc} \boldsymbol{\Phi}^{(1)} & \boldsymbol{\Phi}^{(2)} & \cdots & \boldsymbol{\Phi}^{(n)} \end{array}\right] \\
&= \left[\begin{array}{ccc} \left(\boldsymbol{\Phi}^{(1)}\right)^{\mathrm{T}} \boldsymbol{I} \boldsymbol{\Phi}^{(1)} & \cdots & \left(\boldsymbol{\Phi}^{(1)}\right)^{\mathrm{T}} \boldsymbol{I} \boldsymbol{\Phi}^{(n)} \\ \vdots & & \vdots \\ \left(\boldsymbol{\Phi}^{(n)}\right)^{\mathrm{T}} \boldsymbol{I} \boldsymbol{\Phi}^{(1)} & \cdots & \left(\boldsymbol{\Phi}^{(n)}\right)^{\mathrm{T}} \boldsymbol{I} \boldsymbol{\Phi}^{(n)} \end{array}\right] \\
&= \left[\begin{array}{ccc} m_{p1} & & 0 \\ & \ddots & \\ 0 & & m_{pn} \end{array}\right] \\
&= \boldsymbol{I}_P
\end{aligned}
\tag{7.3.12}
$$

即

$$
\boldsymbol{\Phi}^{\mathrm{T}} \boldsymbol{I} \boldsymbol{\Phi} = \mathrm{diag}\left(m_{p1}, m_{p2}, \cdots, m_{pn}\right) = \boldsymbol{I}_P
\tag{7.3.13}
$$

同理，也可确定主刚度为

$$
\boldsymbol{\Phi}^{\mathrm{T}} \boldsymbol{K} \boldsymbol{\Phi} = \mathrm{diag}\left(k_{p1}, k_{p2}, \cdots, k_{pn}\right) = \boldsymbol{K}_P
\tag{7.3.14}
$$

例 7.3.1 求例 7.1.1 系统的模态矩阵、主刚度矩阵、主惯量矩阵和谱矩阵等。

解 由前题已经解出模态，为

$$
\boldsymbol{\Phi}^{(1)} = \left\{\begin{array}{c} 1 \\ 2 \\ 1 \end{array}\right\}
$$

$$
\boldsymbol{\Phi}^{(2)} = \left\{\begin{array}{c} -1 \\ 0 \\ 1 \end{array}\right\}
$$

$$
\boldsymbol{\Phi}^{(3)} = \left\{\begin{array}{c} 1 \\ -1 \\ 1 \end{array}\right\}
$$

则模态矩阵为

$$\boldsymbol{\Phi} = \left[\begin{array}{ccc} \boldsymbol{\Phi}^{(1)} & \boldsymbol{\Phi}^{(2)} & \boldsymbol{\Phi}^{(3)} \end{array} \right] = \left[\begin{array}{ccc} 1 & -1 & 1 \\ 2 & 0 & -1 \\ 1 & 1 & 1 \end{array} \right]$$

则主刚度矩阵为

$$\boldsymbol{K}_P = \boldsymbol{\Phi}^{\mathrm{T}} \boldsymbol{K} \boldsymbol{\Phi} = \left[\begin{array}{ccc} 1 & 2 & 1 \\ -1 & 0 & 1 \\ 1 & -1 & 1 \end{array} \right] \left[\begin{array}{ccc} 3k & -k & 0 \\ -k & 2k & -k \\ 0 & k & 3k \end{array} \right] \left[\begin{array}{ccc} 1 & -1 & 1 \\ 2 & 0 & -1 \\ 1 & 1 & 1 \end{array} \right]$$

$$= \left[\begin{array}{ccc} 6k & 0 & 0 \\ 0 & 6k & 0 \\ 0 & 0 & 12k \end{array} \right]$$

主惯量矩阵为

$$\boldsymbol{I}_P = \boldsymbol{\Phi}^{\mathrm{T}} \boldsymbol{I} \boldsymbol{\Phi} = \left[\begin{array}{ccc} 1 & 2 & 1 \\ -1 & 0 & 1 \\ 1 & -1 & 1 \end{array} \right] \left[\begin{array}{ccc} m & 0 & 0 \\ 0 & m & 0 \\ 0 & 0 & m \end{array} \right] \left[\begin{array}{ccc} 1 & -1 & 1 \\ 2 & 0 & -1 \\ 1 & 1 & 1 \end{array} \right]$$

$$= \left[\begin{array}{ccc} 6m & 0 & 0 \\ 0 & 2m & 0 \\ 0 & 0 & 3m \end{array} \right]$$

正则模态矩阵为

$$\boldsymbol{\Phi}_N = \left[\begin{array}{ccc} \dfrac{\boldsymbol{\Phi}^{(1)}}{\sqrt{m_{p1}}} & \dfrac{\boldsymbol{\Phi}^{(2)}}{\sqrt{m_{p2}}} & \dfrac{\boldsymbol{\Phi}^{(3)}}{\sqrt{m_{p3}}} \end{array} \right] = \frac{1}{\sqrt{6m}} \left[\begin{array}{ccc} 1 & -\sqrt{3} & \sqrt{2} \\ 2 & 0 & -\sqrt{2} \\ 1 & \sqrt{3} & \sqrt{2} \end{array} \right]$$

谱矩阵为

$$\boldsymbol{\Lambda} = \boldsymbol{\Phi}_N^{\mathrm{T}} \boldsymbol{K} \boldsymbol{\Phi}_N = \left[\begin{array}{ccc} \dfrac{k}{m} & 0 & 0 \\ 0 & \dfrac{3k}{m} & 0 \\ 0 & 0 & \dfrac{4k}{m} \end{array} \right] = \left[\begin{array}{ccc} \omega_1^2 & 0 & 0 \\ 0 & \omega_2^2 & 0 \\ 0 & 0 & \omega_3^2 \end{array} \right]$$

谱矩阵也可表示为

$$\boldsymbol{\Lambda} = \boldsymbol{I}_P^{-1}\boldsymbol{K}_P = \begin{bmatrix} \dfrac{k}{m} & 0 & 0 \\ 0 & \dfrac{3k}{m} & 0 \\ 0 & 0 & \dfrac{4k}{m} \end{bmatrix} = \begin{bmatrix} \omega_1^2 & 0 & 0 \\ 0 & \omega_2^2 & 0 \\ 0 & 0 & \omega_3^2 \end{bmatrix}$$

则

$$\begin{cases} \omega_1^2 = \dfrac{k}{m} \\ \omega_2^2 = \dfrac{3k}{m} \\ \omega_3^2 = \dfrac{4k}{m} \end{cases}$$

同样也可验证

$$\boldsymbol{\Phi}_N^{\mathrm{T}}\boldsymbol{I}\boldsymbol{\Phi}_N = \begin{bmatrix} 1 & 0 & 0 \\ 0 & 1 & 0 \\ 0 & 0 & 1 \end{bmatrix} = \boldsymbol{L}$$

$\boldsymbol{K}_P$ 和 $\boldsymbol{I}_P$ 非对角线项等于零，说明模态关于刚度矩阵和惯量矩阵相互正交。

7.4　键合空间模态叠加法

7.4.1　模态叠加

模态 $\boldsymbol{\Phi}^{(j)}$ $(j=1,2,\cdots,n)$ 相互正交，表明它们线性独立，可用于构成 n 维线性键合空间的基。系统的任意 n 维的自由振动，可唯一地表示为各阶模态的线性组合，有

$$\boldsymbol{q} = \sum_{j=1}^{n} \boldsymbol{\Phi}^{(j)}q_{pj} \tag{7.4.1}$$

说明，系统振动为 n 阶主振动 (模态) 的叠加，又称为模态叠加法。$\boldsymbol{q} = \{ \begin{array}{ccc} q_1 & \cdots & q_n \end{array} \}^{\mathrm{T}}$ 为系统的物理坐标，而 $\boldsymbol{q}_P = \{ \begin{array}{ccc} q_{p1} & \cdots & q_{pn} \end{array} \}^{\mathrm{T}}$ 为主模态坐标，两种坐标的关系为

$$\boldsymbol{q} = \boldsymbol{\Phi}\boldsymbol{q}_P \tag{7.4.2}$$

式中，$\boldsymbol{\Phi} = \left[\begin{array}{ccc} \boldsymbol{\Phi}^{(1)} & \cdots & \boldsymbol{\Phi}^{(n)} \end{array}\right] \in \mathbf{R}^{n \times n}$。

主惯量矩阵和主刚度矩阵为

$$\boldsymbol{\Phi}^{\mathrm{T}} \boldsymbol{I} \boldsymbol{\Phi} = \mathrm{diag}\,(m_{p1}, m_{p2}, \cdots, m_{pn}) = \boldsymbol{I}_P \tag{7.4.3}$$

$$\boldsymbol{\Phi}^{\mathrm{T}} \boldsymbol{K} \boldsymbol{\Phi} = \mathrm{diag}\,(k_{p1}, k_{p2}, \cdots k_{pn}) = \boldsymbol{K}_P \tag{7.4.4}$$

对于正则模态坐标 $\boldsymbol{q}_N$，有

$$\boldsymbol{q}_N = \left\{\begin{array}{ccc} q_{N1} & \cdots & q_{Nn} \end{array}\right\}^{\mathrm{T}} \tag{7.4.5}$$

系统响应为

$$\boldsymbol{q} = \boldsymbol{\Phi}_N \boldsymbol{q}_N = \sum_{j=1}^{n} \boldsymbol{\Phi}_N^{(j)} q_{Nj} \tag{7.4.6}$$

式中，$\boldsymbol{\Phi}_N = \left[\begin{array}{ccc} \boldsymbol{\Phi}_N^{(1)} & \cdots & \boldsymbol{\Phi}_N^{(n)} \end{array}\right] \in \mathbf{R}^{n \times n}$ 为正则模态矩阵；$\boldsymbol{q} = \left\{\begin{array}{ccc} q_1 & \cdots & q_n \end{array}\right\}^{\mathrm{T}}$ 为系统物理坐标系；$\boldsymbol{q}_N = \left\{\begin{array}{ccc} q_{N1} & \cdots & q_{Nn} \end{array}\right\}^{\mathrm{T}}$ 为正则模态坐标。

回顾前面，有

$$\boldsymbol{\Phi}_N^{\mathrm{T}} \boldsymbol{I} \boldsymbol{\Phi}_N = \boldsymbol{L} \tag{7.4.7}$$

$$\boldsymbol{\Phi}_N^{\mathrm{T}} \boldsymbol{K} \boldsymbol{\Phi}_N = \boldsymbol{\Lambda} \tag{7.4.8}$$

7.4.2　求解无阻尼系统对初始条件的响应

可分别采用主模态和正则模态两种坐标进行求解。

1) 采用主模态坐标

对于正定系统 $\boldsymbol{I}\ddot{\boldsymbol{q}} + \boldsymbol{K}\boldsymbol{q} = \boldsymbol{0}$，$\boldsymbol{q} \in \mathbf{R}^n$，$\boldsymbol{I}$ 正定，$\boldsymbol{K}$ 正定。初始条件为 $\boldsymbol{q}_0 = \{q_1(0), \cdots, q_n(0)\}^{\mathrm{T}}$，$\boldsymbol{f}_0 = \dot{\boldsymbol{q}}_0 = \{\dot{q}_1(0), \cdots, \dot{q}_n(0)\}^{\mathrm{T}}$，则坐标变换为

$$\boldsymbol{q} = \boldsymbol{\Phi} \boldsymbol{q}_P \tag{7.4.9}$$

式中，$\boldsymbol{q}_P$ 为主模态坐标；$\boldsymbol{\Phi}$ 为主模态矩阵。

代入并左乘 $\boldsymbol{\Phi}^{\mathrm{T}}$，有

$$\boldsymbol{\Phi}^{\mathrm{T}} \boldsymbol{I} \boldsymbol{\Phi} \ddot{\boldsymbol{q}}_P + \boldsymbol{\Phi}^{\mathrm{T}} \boldsymbol{K} \boldsymbol{\Phi} \boldsymbol{q}_P = \boldsymbol{0} \tag{7.4.10}$$

即得模态坐标振动方程，为

$$\boldsymbol{I}_P \ddot{\boldsymbol{q}}_P + \boldsymbol{K}_P \boldsymbol{q}_P = \boldsymbol{0} \tag{7.4.11}$$

模态的初始条件转换，为

$$\begin{cases} \boldsymbol{q}_{P0} = \boldsymbol{\Phi}^{-1}\boldsymbol{q}_0 \\ \boldsymbol{f}_{P0} = \dot{\boldsymbol{q}}_{P0} = \boldsymbol{\Phi}^{-1}\boldsymbol{f}_0 = \boldsymbol{\Phi}^{-1}\dot{\boldsymbol{q}}_0 \end{cases} \tag{7.4.12}$$

式中，$\boldsymbol{q}_{P0} = \{q_{p1}(0), \cdots, q_{pn}(0)\}^{\mathrm{T}}$；$\boldsymbol{f}_{P0} = \dot{\boldsymbol{q}}_{P0} = \{\dot{q}_{p1}(0), \cdots, \dot{q}_{pn}(0)\}^{\mathrm{T}}$。

展开模态坐标动力学方程，有

$$m_{pj}\ddot{q}_{pj} + k_{pj}q_{pj} = 0, \quad j = 1, 2, \cdots, n \tag{7.4.13}$$

解得

$$q_{pj} = q_{p0}\cos(\omega_j t) + \frac{f_{p0}}{\omega_j}\sin(\omega_j t), \quad j = 1, 2, \cdots, n \tag{7.4.14}$$

再利用 $\boldsymbol{q} = \boldsymbol{\Phi}\boldsymbol{q}_P$ 求得原系统的解。

2) 采用正则模态坐标

对于正定系统 $\boldsymbol{I}\ddot{\boldsymbol{q}} + \boldsymbol{K}\boldsymbol{q} = \boldsymbol{0}$，$\boldsymbol{q} \in \mathbf{R}^n$，$\boldsymbol{I}$ 正定，$\boldsymbol{K}$ 正定。初始条件为 $\boldsymbol{q}_0 = \{q_1(0), \cdots, q_n(0)\}^{\mathrm{T}}$，$\boldsymbol{f}_0 = \dot{\boldsymbol{q}}_0 = \{\dot{q}_1(0), \cdots, \dot{q}_n(0)\}^{\mathrm{T}}$，则坐标变换为

$$\boldsymbol{q} = \boldsymbol{\Phi}_N\boldsymbol{q}_N \tag{7.4.15}$$

式中，$\boldsymbol{q}_N$ 为正则模态坐标；$\boldsymbol{\Phi}_N$ 为正则模态矩阵。

代入并左乘 $\boldsymbol{\Phi}_N^{\mathrm{T}}$，有

$$\boldsymbol{\Phi}_N^{\mathrm{T}}\boldsymbol{I}\boldsymbol{\Phi}_N\ddot{\boldsymbol{q}}_N + \boldsymbol{\Phi}_N^{\mathrm{T}}\boldsymbol{K}\boldsymbol{\Phi}_N\boldsymbol{q}_N = \boldsymbol{0} \tag{7.4.16}$$

即得模态坐标振动方程，为

$$\ddot{\boldsymbol{q}}_N + \boldsymbol{\Lambda}\boldsymbol{q}_N = \boldsymbol{0} \tag{7.4.17}$$

模态的初始条件转换，为

$$\begin{cases} \boldsymbol{q}_{N0} = \boldsymbol{\Phi}_N^{-1}\boldsymbol{q}_0 \\ \boldsymbol{f}_{N0} = \dot{\boldsymbol{q}}_{N0} = \boldsymbol{\Phi}_N^{-1}\boldsymbol{f}_0 = \boldsymbol{\Phi}_N^{-1}\dot{\boldsymbol{q}}_0 \end{cases} \tag{7.4.18}$$

式中，$\boldsymbol{q}_{N0} = \{q_{N1}(0), \cdots, q_{Nn}(0)\}^{\mathrm{T}}$；$\boldsymbol{f}_{N0} = \dot{\boldsymbol{q}}_{N0} = \{\dot{q}_{N1}(0), \cdots, \dot{q}_{Nn}(0)\}^{\mathrm{T}}$。

展开模态坐标动力学方程，有

$$\ddot{q}_{Nj} + \omega_j^2 q_{Nj} = 0, \quad j = 1, 2, \cdots, n \tag{7.4.19}$$

解得

$$q_{Nj} = q_{N0}\cos(\omega_j t) + \frac{f_{N0}}{\omega_j}\sin(\omega_j t), \quad j = 1, 2, \cdots, n \tag{7.4.20}$$

然后利用 $\boldsymbol{q} = \boldsymbol{\Phi}_N \boldsymbol{q}_N$ 求得原系统的解。

例 7.4.1　针对例 7.1.1 的系统，初始条件为 $\boldsymbol{q}_0 = \{2, 2, 0\}^{\mathrm{T}}$，$\boldsymbol{f}_0 = \{0, 0, 0\}^{\mathrm{T}}$，按正则模态坐标求其响应。

解　由前面已得到系统动力学方程为

$$\begin{bmatrix} m & 0 & 0 \\ 0 & m & 0 \\ 0 & 0 & m \end{bmatrix} \begin{Bmatrix} \ddot{q}_1 \\ \ddot{q}_2 \\ \ddot{q}_3 \end{Bmatrix} + \begin{bmatrix} 3k & -k & 0 \\ -k & 2k & -k \\ 0 & -k & 3k \end{bmatrix} \begin{Bmatrix} q_1 \\ q_2 \\ q_3 \end{Bmatrix} = \begin{Bmatrix} 0 \\ 0 \\ 0 \end{Bmatrix}$$

正则模态矩阵为

$$\boldsymbol{\Phi}_N = \frac{1}{\sqrt{6m}} \begin{bmatrix} 1 & -\sqrt{3} & \sqrt{2} \\ 2 & 0 & -\sqrt{2} \\ 1 & \sqrt{3} & \sqrt{2} \end{bmatrix}$$

正则模态的初始条件为

$$\begin{cases} \boldsymbol{q}_{N0} = \boldsymbol{\Phi}_N^{-1}\boldsymbol{q}_0 = \sqrt{\dfrac{m}{6}}\left\{ 6 \quad -2\sqrt{3} \quad 0 \right\}^{\mathrm{T}} \\ \boldsymbol{f}_{N0} = \boldsymbol{\Phi}_N^{-1}\boldsymbol{f}_0 = \left\{ 0 \quad 0 \quad 0 \right\}^{\mathrm{T}} \end{cases}$$

则正则模态坐标响应为

$$\boldsymbol{q}_N = \begin{Bmatrix} q_{N1} \\ q_{N2} \\ q_{N3} \end{Bmatrix} - \sqrt{\frac{m}{6}} \begin{Bmatrix} 6\cos(\omega_1 t) \\ -2\sqrt{3}\cos(\omega_2 t) \\ 0 \end{Bmatrix}$$

系统响应为

$$\boldsymbol{q}(t) = \begin{Bmatrix} q_1(t) \\ q_2(t) \\ q_3(t) \end{Bmatrix} = \boldsymbol{\Phi}_N \boldsymbol{q}_N = \begin{Bmatrix} \cos(\omega_1 t) + \cos(\omega_2 t) \\ 2\cos(\omega_1 t) \\ \cos(\omega_1 t) - \cos(\omega_2 t) \end{Bmatrix}$$

模态叠加法求解过程如图 7.4.1 所示。

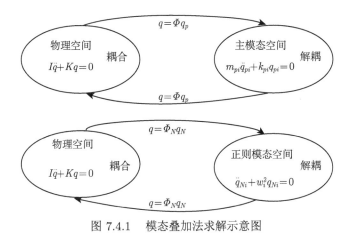

图 7.4.1 模态叠加法求解示意图

7.5 键合空间模态截断法

当分析自由度数很大的复杂振动系统时，很难求出全部的固有频率和相应的模态，然后用模态叠加法求系统响应。当激励频率主要包含低频时，可以去掉高阶固有频率及振型的影响，而只利用较低的前面若干固有频率及模态，近似分析系统响应，这种近似的方法称为模态截断法，也叫作振型截断法。对于 n 自由度系统，将前 r 阶模态 $\boldsymbol{\Phi}^{(j)}$ $(j = 1, 2, \cdots, r)$ 中组成的截断模态矩阵为

$$\boldsymbol{\Phi}^* = \left[\begin{array}{cccc} \boldsymbol{\Phi}^{(1)} & \boldsymbol{\Phi}^{(2)} & \cdots & \boldsymbol{\Phi}^{(r)} \end{array} \right] \in \mathbf{R}^{n \times r} \tag{7.5.1}$$

截断后的主惯量矩阵和主刚度矩阵为

$$\begin{cases} \boldsymbol{I}_P^* = (\boldsymbol{\Phi}^*)^{\mathrm{T}} \, \boldsymbol{I} \boldsymbol{\Phi}^* \\ \boldsymbol{K}_P^* = (\boldsymbol{\Phi}^*)^{\mathrm{T}} \, \boldsymbol{K} \boldsymbol{\Phi}^* \end{cases} \tag{7.5.2}$$

则 $\boldsymbol{I}_P^*$ 和 $\boldsymbol{K}_P^*$ 分别为前 r 个主惯量和主刚度排成的 r 阶对角矩阵。

对于正定系统 $\boldsymbol{I}\ddot{\boldsymbol{q}} + \boldsymbol{K}\boldsymbol{q} = \boldsymbol{0}$，$\boldsymbol{q} \in \mathbf{R}^n$，$\boldsymbol{I}$ 正定，$\boldsymbol{K}$ 正定。其响应为

$$\boldsymbol{q} = \sum_{j=1}^{r} \boldsymbol{\Phi}^{(j)} q_{pj} = \boldsymbol{\Phi}^* \boldsymbol{q}_P^* \tag{7.5.3}$$

同时左乘 $(\boldsymbol{\Phi}^*)^{\mathrm{T}}$，有

$$m_{pj}\ddot{q}_{pj} + k_{pj}q_{pj} = 0, \quad j = 1, 2, \cdots, r \tag{7.5.4}$$

解为

$$q_{pj} = q_{p0} \cos{(\omega_j t)} + \frac{f_{p0}}{\omega_j} \sin{(\omega_j t)}, \quad j = 1, 2, \cdots, r \qquad (7.5.5)$$

利用 $\boldsymbol{q} = \sum\limits_{j=1}^{r} \boldsymbol{\varPhi}^{(j)} q_{pj} = \boldsymbol{\varPhi}^* \boldsymbol{q}_P^*$ 得到原自由度为 n 的系统的近似解。采用正则模态时，其方法与之类似。

7.6　键合空间频率方程零根和重根情形

前面讨论了惯量矩阵和刚度矩阵正定的情况，下面讨论刚度矩阵半正定的情况。

7.6.1　频率方程零根的情况

如图 7.6.1 所示的两种情况，其刚度矩阵为半正定。由于刚度矩阵半正定，其柔度矩阵不存在，但为了表示方便，仍然用 $\boldsymbol{C}^{-1} = \boldsymbol{K}$ 来表示刚度矩阵。

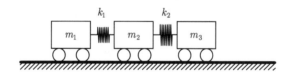

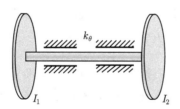

图 7.6.1　半正定系统

键合空间模型如图 7.6.2 所示，$\boldsymbol{1}$ 结点所表示的键合空间与多自由度的维数相同，所连的构件即为同维的惯量矩阵 $\boldsymbol{I}$，图中 $\boldsymbol{C}$ 表示弹性矩阵，通常表示为 $\boldsymbol{C}^{-1} = \boldsymbol{K}$，$\boldsymbol{C}$ 可直接代表柔度矩阵，$\boldsymbol{K}$ 代表刚度矩阵；$\boldsymbol{E}(t)$ 代表作用于系统的广义力。

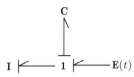

图 7.6.2 半正定系统键合空间模型

则该以 **1** 结点为表征的键合空间中, 位变 (即位移)$q = \{q_1, q_2, \cdots, q_n\}^{\mathrm{T}} \in \mathbf{R}^n$, $I, K \in \mathbf{R}^{n \times n}$, $E(t) \in \mathbf{R}^n$。自由度为 n 的系统具有 n 个独立广义变量,设流为

$$f = \dot{q} = \frac{\mathrm{d}}{\mathrm{d}t}q = \{\dot{q}_1, \dot{q}_2, \cdots, \dot{q}_n\}^{\mathrm{T}} = \{f_1, f_2, \cdots, f_n\}^{\mathrm{T}} \tag{7.6.1}$$

系统的动量为

$$p = If = I\dot{q} \tag{7.6.2}$$

根据上面键合空间模型, 可得其状态方程为

$$\begin{cases} \dot{p} = E(t) - C^{-1}q \\ \dot{q} = I^{-1}p \end{cases} \tag{7.6.3}$$

整理得

$$I\ddot{q} + Kq = E(t) \tag{7.6.4}$$

当 $E(t) = \mathbf{0}$ 时, 可得自由振动方程为

$$I\ddot{q} + Kq = \mathbf{0} \tag{7.6.5}$$

考虑多自由度系统的固有振动,最关心的是系统的同步运动,即系统在各个坐标上除了运动幅值不同外, 其随时间变化的规律都是相同的。假设系统的运动为

$$q = \Phi h(t) \tag{7.6.6}$$

式中, $q \in \mathbf{R}^n$; $\Phi = \{\varphi_1, \varphi_2, \cdots, \varphi_n\}^{\mathrm{T}} \in \mathbf{R}^n$; $h(t) \in \mathbf{R}^1$。

代入自由振动方程,并左乘 Φ^{T}, 有

$$\Phi^{\mathrm{T}}I\Phi\ddot{h}(t) + \Phi^{\mathrm{T}}K\Phi h(t) = 0 \tag{7.6.7}$$

令 λ 为常数, 有

$$-\frac{\ddot{h}(t)}{h(t)} = \frac{\Phi^{\mathrm{T}}K\Phi}{\Phi^{\mathrm{T}}I\Phi} = \lambda = \omega^2 \tag{7.6.8}$$

对于非零向量 $\boldsymbol{\Phi}$，有

$$\begin{cases} \boldsymbol{\Phi}^{\mathrm{T}} \boldsymbol{I} \boldsymbol{\Phi} > 0 \\ \boldsymbol{\Phi}^{\mathrm{T}} \boldsymbol{K} \boldsymbol{\Phi} \geqslant 0 \ \ \text{或} \ \boldsymbol{\Phi}^{\mathrm{T}} \boldsymbol{K} \boldsymbol{\Phi} > 0 \end{cases} \tag{7.6.9}$$

对于正定系统，必定有 $\omega > 0$；对于半正定系统，有 $\omega \geqslant 0$。

对于广义特征值方程 $(\boldsymbol{K} - \omega^2 \boldsymbol{I}) \boldsymbol{\Phi} = \boldsymbol{0}$，$\boldsymbol{\Phi}$ 有非零解的充要条件为 $|\boldsymbol{K} - \omega^2 \boldsymbol{I}| = 0$。若 $\omega = 0$，必有 $|\boldsymbol{K}| = 0$。因此，$\boldsymbol{K}$ 为奇异矩阵是零固有频率存在的充要条件，满足此系统的刚度矩阵 $\boldsymbol{K}$ 是半正定的。说明当半正定系统按刚体振型运动时，不发生弹性变形，不会产生弹性恢复力。有

$$\boldsymbol{K} \boldsymbol{\Phi} = \boldsymbol{0} \tag{7.6.10}$$

假定系统中 $\omega_1 = 0$，则相应的主坐标方程为

$$m_{p1} \ddot{q}_{p1} + k_{p1} q_{p1} = 0 \tag{7.6.11}$$

积分，得

$$q_{p1} = at + b \tag{7.6.12}$$

式中，a 和 b 为待定系数，由初始条件确定。

此式表明主振动为随时间匀速增大的刚体位移。而系统的刚体自由度可以利用模态的正交性条件消除。正交性要求

$$\left(\boldsymbol{\Phi}^{(j)} \right)^{\mathrm{T}} \boldsymbol{I} \boldsymbol{\Phi}^{(i)} = 0, \quad i \neq j \tag{7.6.13}$$

设 $\boldsymbol{\Phi}^{(1)}$ 为零固有频率对应的刚体位移模态，则

$$\left(\boldsymbol{\Phi}^{(1)} \right)^{\mathrm{T}} \boldsymbol{I} \boldsymbol{\Phi}^{(i)} = 0, \quad j = 2, \cdots, n \tag{7.6.14}$$

式中，$\boldsymbol{\Phi}^{(j)} \, (j = 2, \cdots, n)$ 为系统的除刚体位移之外的其他模态。

设 $q_{pj} \, (j = 2, \cdots, n)$ 为与 $\boldsymbol{\Phi}^{(j)}$ 所对应的主坐标，则右乘 q_{pj}，有

$$\left(\boldsymbol{\Phi}^{(1)} \right)^{\mathrm{T}} \boldsymbol{I} \boldsymbol{\Phi}^{(j)} q_{pj} = \boldsymbol{0} \tag{7.6.15}$$

令 $\boldsymbol{q} = \sum_{j=2}^{n} \boldsymbol{\Phi}^{(j)} q_{pj}$ 为系统消除刚体位移后的自由振动，可得约束条件为

$$\left(\boldsymbol{\Phi}^{(1)} \right)^{\mathrm{T}} \boldsymbol{I} \boldsymbol{q} = \boldsymbol{0} \tag{7.6.16}$$

利用此约束条件，可消除系统的一个自由度，得到不含刚体位移的缩减系统，而缩减系统的刚度矩阵是非奇异的。

例 7.6.1 在如图 7.6.3 所示的系统中，初始条件为：$\boldsymbol{q}_0 = \{0, 0, 0, 0\}^{\mathrm{T}}$，$\boldsymbol{f}_0 = \{v, 0, 0, v\}^{\mathrm{T}}$，求系统响应。

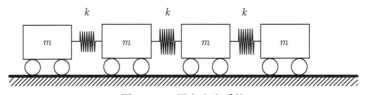

图 7.6.3　四自由度系统

解 建立键合空间模型如图 7.6.4 所示。图中，$I_1 = I_2 = I_3 = I_4 = m$，$C_1^{-1} = C_2^{-1} = C_3^{-1} = k$。状态方程为

$$
\begin{cases}
\dot{p}_1 = C_1^{-1} q_{C1} \\
\dot{p}_2 = \dot{p}_1 - C_2^{-1} q_{C2} \\
\dot{p}_3 = C_2^{-1} q_{C2} - C_3^{-1} q_{C3} \\
\dot{p}_4 = C_3^{-1} q_{C3} \\
\dot{q}_{C1} = -\dot{p}_1 - \dot{p}_2 \\
\dot{q}_{C2} = \dot{p}_2 - \dot{p}_3 \\
\dot{q}_{C3} = \dot{p}_3 - \dot{p}_4
\end{cases}
$$

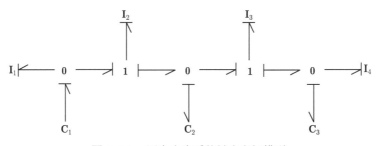

图 7.6.4　四自由度系统键合空间模型

代入初始条件，有

$$
\begin{cases}
m\ddot{q}_1 + k(q_1 - q_2) = 0 \\
m\ddot{q}_1 + k(q_2 - q_1) + k(q_2 - q_3) = 0 \\
m\ddot{q}_3 + k(q_3 - q_2) + k(q_3 - q_4) = 0 \\
m\ddot{q}_4 + k(q_4 - q_3) = 0
\end{cases}
$$

即

$$I\ddot{q} + Kq = 0$$

式中，$I = \begin{bmatrix} m & 0 & 0 & 0 \\ 0 & m & 0 & 0 \\ 0 & 0 & m & 0 \\ 0 & 0 & 0 & m \end{bmatrix}$；$K = k\begin{bmatrix} 1 & -1 & 0 & 0 \\ -1 & 2 & -1 & 0 \\ 0 & -1 & 2 & -1 \\ 0 & 0 & -1 & 1 \end{bmatrix}$。

可见刚度矩阵 K 为奇异矩阵。对于广义特征值方程 $(K - \omega^2 I)\, \Phi = 0$，$\Phi$ 有非零解的充要条件为 $|K - \omega^2 I| = 0$，则解为

$$\begin{cases} \omega_1^2 = 0 \\ \omega_2^2 = \left(2 - \sqrt{2}\right)\dfrac{k}{m} \\ \omega_3^2 = 2\dfrac{k}{m} \\ \omega_4^2 = \left(2 + \sqrt{2}\right)\dfrac{k}{m} \end{cases}$$

模态矩阵为

$$\Phi = \begin{bmatrix} 1 & -1 & 1 & -1 \\ 1 & 1 - \sqrt{2} & -1 & 1 + \sqrt{2} \\ 1 & -\left(1 - \sqrt{2}\right) & -1 & -\left(1 + \sqrt{2}\right) \\ 1 & 1 & 1 & 1 \end{bmatrix}$$

正则模态为

$$\Phi_N = \frac{1}{2\sqrt{m}}\begin{bmatrix} 1 & \dfrac{-1}{\sqrt{2 - \sqrt{2}}} & -1 & \dfrac{-1}{\sqrt{2 + \sqrt{2}}} \\ 1 & \dfrac{1 - \sqrt{2}}{\sqrt{2 - \sqrt{2}}} & -1 & \dfrac{1 + \sqrt{2}}{\sqrt{2 + \sqrt{2}}} \\ 1 & \dfrac{-\left(1 - \sqrt{2}\right)}{\sqrt{2 - \sqrt{2}}} & -1 & \dfrac{-\left(1 + \sqrt{2}\right)}{\sqrt{2 + \sqrt{2}}} \\ 1 & \dfrac{1}{\sqrt{2 - \sqrt{2}}} & 1 & \dfrac{1}{\sqrt{2 + \sqrt{2}}} \end{bmatrix}$$

令 $\boldsymbol{q} = \boldsymbol{\Phi}_N \boldsymbol{q}_N$，$\boldsymbol{q}_N = \{q_{N1}, q_{N2}, q_{N3}, q_{N4}\}^{\mathrm{T}}$，得

$$\ddot{\boldsymbol{q}}_N + \boldsymbol{\Lambda} \boldsymbol{q}_N = \boldsymbol{0}$$

展开有

$$\ddot{q}_{Nj} + \omega_j^2 q_{Nj} = 0, \quad j = 1, 2, 3, 4$$

初始条件为

$$\begin{cases} \boldsymbol{q}_{N0} = \boldsymbol{\Phi}_N^{-1} \boldsymbol{q}_0 = \{0, 0, 0, 0\}^{\mathrm{T}} \\ \boldsymbol{f}_{N0} = \dot{\boldsymbol{q}}_{N0} = \boldsymbol{\Phi}_N^{-1} \dot{\boldsymbol{q}}_0 = v\sqrt{m} \{1, 0, 1, 0\}^{\mathrm{T}} \end{cases}$$

在正则坐标中，分两种情况求解：

(1) 当 $j = 1$ 时，$\omega_1 = 0$，运动方程为

$$\ddot{q}_{N1} = 0$$

解得

$$q_{N1} = at + b$$

根据初始条件

$$\begin{cases} q_{N1}(0) = 0 \\ f_{N1}(0) = v\sqrt{m} \end{cases}$$

得

$$\begin{cases} a = v\sqrt{m} \\ b = 0 \end{cases}$$

所以有

$$q_{N1} = \left(v\sqrt{m}\right) t$$

(2) 当 $j \neq 1$ 时，有

$$q_{Nj} = q_{Nj}(0) \cos(\omega_j t) + \frac{f_{Nj}(0)}{\omega_j} \sin(\omega_j t), \quad j = 1, 2, 3, 4$$

代入初始条件，得

$$\begin{cases} q_{N2} = 0 \\ q_{N3} = \dfrac{v\sqrt{m}}{\omega_3} \sin(\omega_3 t) \\ q_{N4} = 0 \end{cases}$$

则在正则模态中的响应为

$$
\boldsymbol{q}_N = v\sqrt{m}
\left\{
\begin{array}{c}
t \\[2mm]
0 \\[2mm]
\dfrac{1}{\omega_3}\sin\left(\omega_3 t\right) \\[4mm]
0
\end{array}
\right\}
$$

则在物理空间的自由振动响应为

$$
\boldsymbol{q} = \boldsymbol{\Phi}_N \boldsymbol{q}_N = \frac{v}{2}
\left\{
\begin{array}{c}
t + \dfrac{1}{\omega_3}\sin\left(\omega_3 t\right) \\[4mm]
t - \dfrac{1}{\omega_3}\sin\left(\omega_3 t\right) \\[4mm]
t - \dfrac{1}{\omega_3}\sin\left(\omega_3 t\right) \\[4mm]
t + \dfrac{1}{\omega_3}\sin\left(\omega_3 t\right)
\end{array}
\right\}
$$

7.6.2　频率方程重根的情况

前面所讲述的键合空间振动系统中，涉及模态矩阵时，曾假设所有的特征值都是特征方程的单根，但在复杂系统中，会出现某些特征根彼此接近甚至相等的情况。

假设 ω_1^2 是 r 重根，即有 $\omega_1^2 = \omega_2^2 = \cdots = \omega_r^2$，其余的 $\omega_{r+1}^2, \cdots, \omega_n^2$ 都是单根。将 $\omega^2 = \omega_1^2$ 代入特征值问题表达式 $\left(\boldsymbol{K} - \omega_1^2 \boldsymbol{I}\right)\boldsymbol{\Phi} = \boldsymbol{0}$，特征矩阵的秩为 $\mathrm{rank}\left(\boldsymbol{K} - \omega_1^2 \boldsymbol{I}\right) = n - r$，即 n 个方程中只有 $n - r$ 个方程是独立的。

这里假设 $\omega_1 = \omega_2$，即 $r = 2$，计算 ω_1 对应的模态时，$\left(\boldsymbol{K} - \omega_1^2 \boldsymbol{I}\right)\boldsymbol{\Phi} = \boldsymbol{0}$ 中有 2 个是不独立的方程，将 $\boldsymbol{\Phi}$ 中的最后两个元素 φ_{n-1} 和 φ_n 的有关项移至等号右端，有

$$
\left\{
\begin{array}{l}
\left(k_{11} - \omega_1^2 m_{11}\right)\varphi_1 + \cdots + \left(k_{1,n-2} - \omega_1^2 m_{1,n-2}\right)\varphi_{n-2} \\[2mm]
= -\left(k_{1,n-1} - \omega_1^2 m_{1,n-1}\right)\varphi_{n-1} - \left(k_{1,n} - \omega_1^2 m_{1,n}\right)\varphi_n \\[2mm]
\quad\vdots \\[2mm]
\left(k_{1,n-2} - \omega_1^2 m_{1,n-2}\right)\varphi_1 + \cdots + \left(k_{n-1,n-2} - \omega_1^2 m_{n-2,n-2}\right)\varphi_{n-2} \\[2mm]
= -\left(k_{n-2,n-1} - \omega_1^2 m_{n-2,n-1}\right)\varphi_{n-1} - \left(k_{n-2,n} - \omega_1^2 m_{n-2,n}\right)\varphi_n
\end{array}
\right.
\tag{7.6.17}
$$

任意给定 φ_{n-1}、φ_n 两组线性独立的值 $\varphi_{n-1}^{(1)}$、$\varphi_n^{(1)}$ 和 $\varphi_{n-1}^{(2)}$、$\varphi_n^{(2)}$，例如

$$\left\{ \begin{array}{c} \varphi_{n-1}^{(1)} \\ \varphi_n^{(1)} \end{array} \right\} = \left\{ \begin{array}{c} 1 \\ 0 \end{array} \right\} \tag{7.6.18}$$

$$\left\{ \begin{array}{c} \varphi_{n-1}^{(2)} \\ \varphi_n^{(2)} \end{array} \right\} = \left\{ \begin{array}{c} 0 \\ 1 \end{array} \right\} \tag{7.6.19}$$

可解出其他 $n-2$ 个 $\varphi_j^i\,(j=1,2,\cdots,n-2,i=1,2)$ 的两组解 $\varphi_j^{(1)}$、$\varphi_j^{(2)}$ 及对应的模态

$$\boldsymbol{\Phi}^{(1)} = \left\{ \begin{array}{c} \varphi_1^{(1)} \\ \varphi_2^{(1)} \\ \vdots \\ \varphi_{n-2}^{(1)} \\ 1 \\ 0 \end{array} \right\} \tag{7.6.20}$$

$$\boldsymbol{\Phi}^{(2)} = \left\{ \begin{array}{c} \varphi_1^{(2)} \\ \varphi_2^{(2)} \\ \vdots \\ \varphi_{n-2}^{(2)} \\ 0 \\ 1 \end{array} \right\} \tag{7.6.21}$$

为了保证 $\boldsymbol{\Phi}^{(1)}$ 和 $\boldsymbol{\Phi}^{(2)}$ 满足正交性条件，令

$$\bar{\boldsymbol{\Phi}}^{(2)} = \boldsymbol{\Phi}^{(2)} + u\boldsymbol{\Phi}^{(1)} \tag{7.6.22}$$

式中，u 为待定系数。

$\bar{\boldsymbol{\Phi}}^{(2)}$ 也是下面方程的解:

$$\left\{ \begin{array}{l} \left(k_{11} - \omega_1^2 m_{11}\right)\varphi_1 + \cdots + \left(k_{1,n-2} - \omega_1^2 m_{1,n-2}\right)\varphi_{n-2} \\ = -\left(k_{1,n-1} - \omega_1^2 m_{1,n-1}\right)\varphi_{n-1} - \left(k_{1,n} - \omega_1^2 m_{1,n}\right)\varphi_n \\ \vdots \\ \left(k_{1,n-2} - \omega_1^2 m_{1,n-2}\right)\varphi_1 + \cdots + \left(k_{n-1,n-2} - \omega_1^2 m_{n-2,n-2}\right)\varphi_{n-2} \\ = -\left(k_{n-2,n-1} - \omega_1^2 m_{n-2,n-1}\right)\varphi_{n-1} - \left(k_{n-2,n} - \omega_1^2 m_{n-2,n}\right)\varphi_n \end{array} \right. \tag{7.6.23}$$

因 $\boldsymbol{\Phi}^{(1)}$ 和 $\bar{\boldsymbol{\Phi}}^{(2)}$ 正交,满足 $\left(\boldsymbol{\Phi}^{(1)}\right)^{\mathrm{T}} \boldsymbol{I} \bar{\boldsymbol{\Phi}}^{(2)} = 0$,即 $\left(\boldsymbol{\Phi}^{(1)}\right)^{\mathrm{T}} \boldsymbol{I} \left(\boldsymbol{\Phi}^{(2)} + u\boldsymbol{\Phi}^{(1)}\right) = 0$,有

$$u = -\frac{\left(\boldsymbol{\Phi}^{(1)}\right)^{\mathrm{T}} \boldsymbol{I} \boldsymbol{\Phi}^{(2)}}{\left(\boldsymbol{\Phi}^{(1)}\right)^{\mathrm{T}} \boldsymbol{I} \boldsymbol{\Phi}^{(1)}} = -\frac{1}{m_{p1}} \left(\boldsymbol{\Phi}^{(1)}\right)^{\mathrm{T}} \boldsymbol{I} \boldsymbol{\Phi}^{(2)} \tag{7.6.24}$$

则

$$\bar{\boldsymbol{\Phi}}^{(2)} = \boldsymbol{\Phi}^{(2)} - \frac{1}{m_{p1}} \left[\left(\boldsymbol{\Phi}^{(1)}\right)^{\mathrm{T}} \boldsymbol{I} \boldsymbol{\Phi}^{(2)}\right] \boldsymbol{\Phi}^{(1)} \tag{7.6.25}$$

模态矩阵为 $\boldsymbol{\Phi} = \left[\begin{array}{ccccc} \boldsymbol{\Phi}^{(1)} & \boldsymbol{\Phi}^{(2)} & \boldsymbol{\Phi}^{(3)} & \cdots & \boldsymbol{\Phi}^{(n)} \end{array}\right] \in \mathbf{R}^{n \times n}$,可使惯量矩阵和刚度矩阵同时对角化,即

$$\begin{cases} \boldsymbol{\Phi}^{\mathrm{T}} \boldsymbol{I} \boldsymbol{\Phi} = \boldsymbol{I}_P \\ \boldsymbol{\Phi}^{\mathrm{T}} \boldsymbol{K} \boldsymbol{\Phi} = \boldsymbol{K}_P \end{cases} \tag{7.6.26}$$

例 7.6.2　求如图 7.6.5 所示四自由度系统的模态矩阵。

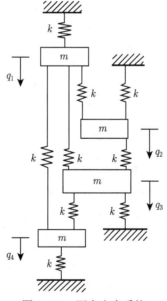

图 7.6.5　四自由度系统

解　建立键合空间模型如图 7.6.6 所示。图中,$I_j = m\,(j = 1, 2, 3, 4)$,$C^{-1} = k$。

其运动方程为

$$\begin{cases} m\ddot{q}_1 + 4kq_1 - kq_2 - kq_3 - kq_4 = 0 \\ m\ddot{q}_2 - kq_1 + 3kq_2 - kq_3 = 0 \\ m\ddot{q}_3 - kq_1 - kq_2 + 4kq_3 - kq_4 = 0 \\ m\ddot{q}_4 - kq_1 - kq_3 + 3kq_4 = 0 \end{cases}$$

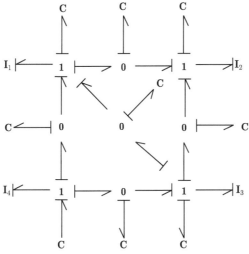

图 7.6.6   四自由度系统键合空间模型

即

$$\boldsymbol{I}\boldsymbol{q} + \boldsymbol{K}\boldsymbol{q} = \boldsymbol{0}$$

式中，$\boldsymbol{I} = \begin{bmatrix} m & 0 & 0 & 0 \\ 0 & m & 0 & 0 \\ 0 & 0 & m & 0 \\ 0 & 0 & 0 & m \end{bmatrix}$；$\boldsymbol{K} = k\begin{bmatrix} 4 & -1 & -1 & -1 \\ -1 & 3 & -1 & 0 \\ -1 & -1 & 4 & -1 \\ -1 & 0 & -1 & 3 \end{bmatrix}$。

由 $\left| \boldsymbol{K} - \omega^2 \boldsymbol{I} \right| = 0$，有

$$\begin{vmatrix} 4 - \dfrac{m}{k}\omega^2 & -1 & -1 & -1 \\ -1 & 3 - \dfrac{m}{k}\omega^2 & -1 & 0 \\ -1 & -1 & 4 - \dfrac{m}{k}\omega^2 & -1 \\ -1 & 0 & -1 & 3 - \dfrac{m}{k}\omega^2 \end{vmatrix} = 0$$

令 $\beta = \dfrac{m}{k}\omega^2$，有

$$
\begin{vmatrix}
4 - \beta & -1 & -1 & -1 \\
-1 & 3 - \beta & -1 & 0 \\
-1 & -1 & 4 - \beta & -1 \\
-1 & 0 & -1 & 3 - \beta
\end{vmatrix} = 0
$$

解得

$$
\begin{cases}
\beta_1 = 1 \\
\beta_2 = 3 \\
\beta_3 = \beta_4 = 5
\end{cases}
$$

则

$$
\begin{cases}
\omega_1^2 = \dfrac{k}{m} \\[2mm]
\omega_2^2 = \dfrac{3k}{m} \\[2mm]
\omega_3^2 = \omega_4^2 = \dfrac{5k}{m}
\end{cases}
$$

由 $\left(\boldsymbol{K} - \omega^2 \boldsymbol{I}\right)\boldsymbol{\Phi} = \boldsymbol{0}$ 得对应于 ω_1 和 ω_2 的主模态为

$$
\boldsymbol{\Phi}^{(1)} = \left\{ \begin{array}{cccc} 1 & 1 & 1 & 1 \end{array} \right\}^{\mathrm{T}}, \quad \boldsymbol{\Phi}^{(2)} = \left\{ \begin{array}{cccc} 0 & -1 & 0 & 1 \end{array} \right\}^{\mathrm{T}}
$$

对于 $\omega_3^2 = \omega_4^2 = \dfrac{5k}{m}$，代入 $\left(\boldsymbol{K} - \omega^2 \boldsymbol{I}\right)\boldsymbol{\Phi} = \boldsymbol{0}$，得

$$
\begin{bmatrix}
-1 & -1 & -1 & -1 \\
-1 & -2 & -1 & 0 \\
-1 & -1 & -1 & -1 \\
-1 & 0 & -1 & -1
\end{bmatrix}
\begin{Bmatrix}
\varphi_1 \\
\varphi_2 \\
\varphi_3 \\
\varphi_4
\end{Bmatrix}
=
\begin{Bmatrix}
0 \\
0 \\
0 \\
0
\end{Bmatrix}
$$

可见第 3 个方程显然不独立，而第 4 个方程可由第 1 个方程乘以 2 再减去第 2 个方程得到，因此也不独立。划去后 2 个方程，将前 2 个方程写为

$$
\begin{bmatrix}
-1 & -1 \\
-1 & -2
\end{bmatrix}
\begin{Bmatrix}
\varphi_1 \\
\varphi_2
\end{Bmatrix}
+
\begin{bmatrix}
-1 & -1 \\
-1 & 0
\end{bmatrix}
\begin{Bmatrix}
\varphi_3 \\
\varphi_4
\end{Bmatrix}
=
\begin{Bmatrix}
0 \\
0
\end{Bmatrix}
$$

解得

$$
\left\{ \begin{array}{c} \varphi_1 \\ \varphi_2 \end{array} \right\} = \left[\begin{array}{cc} -1 & -1 \\ -1 & -2 \end{array} \right]^{-1} \left[\begin{array}{cc} -1 & -1 \\ -1 & 0 \end{array} \right] \left\{ \begin{array}{c} \varphi_3 \\ \varphi_4 \end{array} \right\} = \left[\begin{array}{cc} -1 & -2 \\ 0 & 1 \end{array} \right] \left\{ \begin{array}{c} \varphi_3 \\ \varphi_4 \end{array} \right\}
$$

因此有

$$
\left\{ \begin{array}{c} \varphi_1 \\ \varphi_2 \\ \varphi_3 \\ \varphi_4 \end{array} \right\} = \left[\begin{array}{cc} -1 & -2 \\ 0 & 1 \\ 1 & 0 \\ 0 & 1 \end{array} \right] \left\{ \begin{array}{c} \varphi_3 \\ \varphi_4 \end{array} \right\}
$$

有

$$
\boldsymbol{\Phi}^{(3)} = \left\{ \begin{array}{cccc} -1 & 0 & 1 & 0 \end{array} \right\}^{\mathrm{T}}
$$

$$
\boldsymbol{\Phi}^{(4)} = \left\{ \begin{array}{cccc} -2 & -1 & 0 & 1 \end{array} \right\}^{\mathrm{T}}
$$

可以验证 $\boldsymbol{\Phi}^{(1)}$、$\boldsymbol{\Phi}^{(2)}$、$\boldsymbol{\Phi}^{(3)}$、$\boldsymbol{\Phi}^{(4)}$ 都关于惯性矩阵和刚度矩阵正交。因 $\left(\boldsymbol{\Phi}^{(3)} \right)^{\mathrm{T}} \boldsymbol{I} \boldsymbol{\Phi}^{(4)} = 2m \neq 0$，$\left(\boldsymbol{\Phi}^{(3)} \right)^{\mathrm{T}} \boldsymbol{K} \boldsymbol{\Phi}^{(4)} = 10k \neq 0$，所以 $\boldsymbol{\Phi}^{(3)}$ 和 $\boldsymbol{\Phi}^{(4)}$ 之间不正交。

选取 $\bar{\boldsymbol{\Phi}}^{(3)} = \boldsymbol{\Phi}^{(3)}$，令 $\bar{\boldsymbol{\Phi}}^{(4)} = u \bar{\boldsymbol{\Phi}}^{(3)} + \boldsymbol{\Phi}^{(4)} = u \boldsymbol{\Phi}^{(3)} + \boldsymbol{\Phi}^{(4)}$，左乘 $\left(\boldsymbol{\Phi}^{(3)} \right)^{\mathrm{T}} \boldsymbol{I}$，得

$$
u = -\frac{\left(\boldsymbol{\Phi}^{(3)} \right)^{\mathrm{T}} \boldsymbol{I} \boldsymbol{\Phi}^{(4)}}{\left(\boldsymbol{\Phi}^{(3)} \right)^{\mathrm{T}} \boldsymbol{I} \boldsymbol{\Phi}^{(3)}} = -1
$$

于是，有

$$
\bar{\boldsymbol{\Phi}}^{(4)} = -\boldsymbol{\Phi}^{(3)} + \boldsymbol{\Phi}^{(4)} = \left\{ \begin{array}{cccc} -1 & 1 & -1 & 1 \end{array} \right\}^{\mathrm{T}}
$$

因此

$$
\boldsymbol{\Phi}^{(1)} = \left\{ \begin{array}{cccc} 1 & 1 & 1 & 1 \end{array} \right\}^{\mathrm{T}}
$$

$$
\boldsymbol{\Phi}^{(2)} = \left\{ \begin{array}{cccc} 0 & -1 & 0 & 1 \end{array} \right\}^{\mathrm{T}}
$$

$$
\boldsymbol{\Phi}^{(3)} = \left\{ \begin{array}{cccc} -1 & 0 & 1 & 0 \end{array} \right\}^{\mathrm{T}}
$$

$$
\bar{\boldsymbol{\Phi}}^{(4)} = \left\{ \begin{array}{cccc} -1 & 1 & -1 & 1 \end{array} \right\}^{\mathrm{T}}
$$

模态矩阵为

$$\boldsymbol{\Phi} = \left[\begin{array}{cccc} \boldsymbol{\Phi}^{(1)} & \boldsymbol{\Phi}^{(2)} & \boldsymbol{\Phi}^{(3)} & \bar{\boldsymbol{\Phi}}^{(4)} \end{array}\right] = \begin{bmatrix} 1 & 0 & -1 & -1 \\ 1 & -1 & 0 & 1 \\ 1 & 0 & 1 & -1 \\ 1 & 1 & 0 & 1 \end{bmatrix}$$

可验证有

$$\boldsymbol{\Phi}^{\mathrm{T}}\boldsymbol{I}\boldsymbol{\Phi} = \begin{bmatrix} 4m & 0 & 0 & 0 \\ 0 & 2m & 0 & 0 \\ 0 & 0 & 2m & 0 \\ 0 & 0 & 0 & 4m \end{bmatrix}, \quad \boldsymbol{\Phi}^{\mathrm{T}}\boldsymbol{K}\boldsymbol{\Phi} = \begin{bmatrix} 4k & 0 & 0 & 0 \\ 0 & 6k & 0 & 0 \\ 0 & 0 & 10k & 0 \\ 0 & 0 & 0 & 20k \end{bmatrix}$$

第 8 章　键合空间多自由度受迫振动

8.1　键合空间系统对简谐力激励的响应

首先复习下在单自由度系统中，键合空间系统对简谐力激励的响应。如图 8.1.1 所示为简谐力激励的强迫振动系统，其中 $E(t)$ 为简谐力激励，有

$$E(t) = E_0 \mathrm{e}^{\mathrm{i}\omega t} = E_0 \left[\cos(\omega t) + \mathrm{i} \sin(\omega t) \right] \tag{8.1.1}$$

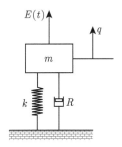

图 8.1.1　简谐力激励的强迫振动系统

建立键合空间模型如图 8.1.2 所示。图中，$I = m$，$C = 1/k$。则根据键合空间模型可得到其状态方程为

$$\begin{cases} \dot{p} = E(t) - R\dot{q} - C^{-1}q \\ \dot{q} = I^{-1}p \end{cases} \tag{8.1.2}$$

有

$$m\ddot{q} + R\dot{q} + kq = E_0 \mathrm{e}^{\mathrm{i}\omega t} \tag{8.1.3}$$

这是一个显含时间 t 的非齐次微分方程。因非齐次微分方程的通解等于齐次微分方程通解与非齐次微分方程特解之和。其中，齐次微分方程的通解，对应前面所说的阻尼自由振动，其振动会逐渐衰减，是暂态的响应；而非齐次微分方程的特解，由于持续简谐激励，其将做持续等幅运动，是稳态的响应。

设

$$q = \bar{q}\mathrm{e}^{\mathrm{i}\omega t} \tag{8.1.4}$$

式中，$\bar{q}$ 为稳态响应的复振幅。

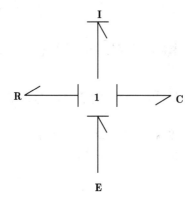

图 8.1.2　强迫振动系统键合空间模型

则复频响应函数为

$$H(\omega) = \frac{1}{k - \omega^2 m + iR\omega} \tag{8.1.5}$$

而

$$\omega_0 = \frac{1}{\sqrt{IC}} = \sqrt{\frac{k}{m}} \tag{8.1.6}$$

$$\zeta = \frac{R}{2\sqrt{km}} \tag{8.1.7}$$

得到振动微分方程为

$$\ddot{q} + 2\zeta\omega_0\dot{q} + \omega_0^2 q = B\omega_0^2 e^{i\omega t} \tag{8.1.8}$$

式中，B 为静变形，$B = \dfrac{E_0}{k}$。

令

$$s = \frac{\omega}{\omega_0} \tag{8.1.9}$$

则

$$H(\omega) = \frac{1}{k}\left[\frac{1 - s^2 - 2is\zeta}{\left(1 - s^2\right)^2 + \left(2s\zeta\right)^2}\right] = C\beta e^{-i\theta} \tag{8.1.10}$$

式中，β 为振幅放大因子；θ 为相位差。分别为

$$\beta = \frac{1}{\sqrt{\left(1 - s^2\right)^2 + \left(2s\zeta\right)^2}} \tag{8.1.11}$$

$$\theta = \arctan\left(\frac{2s\zeta}{1-s^2}\right) \tag{8.1.12}$$

由

$$\bar{q} = H(\omega)E_0 \tag{8.1.13}$$

有

$$q = CE_0\beta e^{i(\omega t-\theta)} = Ae^{i(\omega t-\theta)} \tag{8.1.14}$$

则稳态响应的实振幅为

$$A = \beta B \tag{8.1.15}$$

若

$$E(t) = E_0\cos(\omega t) \tag{8.1.16}$$

则

$$q(t) = A\cos(\omega t - \theta) \tag{8.1.17}$$

当无阻尼时,有

$$q(t) = \frac{B}{1-s^2}e^{i\omega t} = \frac{CE_0}{1-s^2}e^{i\omega t} = Ae^{i(\omega t-\theta)} \tag{8.1.18}$$

$$A = \frac{CE_0}{\sqrt{(1-s^2)^2 + (2s\zeta)^2}} \tag{8.1.19}$$

对于多自由度系统,键合空间模型也可以表示为图 8.1.2 形式。在图中先不考虑 R,则有

$$\boldsymbol{C}^{-1} = \boldsymbol{K} \tag{8.1.20}$$

$$\boldsymbol{E} = \boldsymbol{E}(t) = \boldsymbol{E}_0 e^{i\omega t} \tag{8.1.21}$$

由状态方程,可得系统受迫振动的方程为

$$\boldsymbol{I}\ddot{\boldsymbol{q}} + \boldsymbol{K}\boldsymbol{q} = \boldsymbol{E}_0 e^{i\omega t} \tag{8.1.22}$$

式中,$\boldsymbol{q} \in \mathbf{R}^n$;$\boldsymbol{I}, \boldsymbol{K} \in \mathbf{R}^{n\times n}$;$\boldsymbol{E}_0 \in \mathbf{R}^n$。

此时,1 结点将代表可表征系统受迫振动方程中的各个列阵和矩阵的 n 维线性键合空间。$\boldsymbol{q}$ 为复数列阵,实部和虚部分别为余弦或正弦激励的响应。稳态解可表示为

$$\boldsymbol{q} = \bar{\boldsymbol{q}}e^{i\omega t} \tag{8.1.23}$$

式中，$\bar{q} = \left\{ \begin{array}{cccc} \bar{q}_1 & \bar{q}_2 & \cdots & \bar{q}_n \end{array} \right\}^{\mathrm{T}} \in \mathbf{R}^n$ 为振幅列向量；ω 为激励频率。

$\boldsymbol{E}_0$ 为广义激励力的幅值列阵，有

$$\boldsymbol{E}_0 = \left\{ \begin{array}{cccc} E_{01} & E_{02} & \cdots & E_{0n} \end{array} \right\}^{\mathrm{T}} \tag{8.1.24}$$

将 $\boldsymbol{q}$ 的稳态解代入，有

$$\left(\boldsymbol{K} - \omega^2 \boldsymbol{I} \right) \bar{q} = \boldsymbol{E}_0 \tag{8.1.25}$$

记多自由度的幅频响应矩阵为

$$\boldsymbol{H}\left(\omega\right) = \left(\boldsymbol{K} - \omega^2 \boldsymbol{I} \right)^{-1} \tag{8.1.26}$$

有

$$\bar{q} = \boldsymbol{H} \boldsymbol{E}_0 \tag{8.1.27}$$

则

$$\boldsymbol{q} = \boldsymbol{H} \boldsymbol{E}_0 \mathrm{e}^{\mathrm{i}\omega t} \tag{8.1.28}$$

在简谐激励下，系统的稳态响应也为简谐激励响应，并且振动频率等于外部激励的频率，但是各个自由度上的振幅各不相同。

在工程实际中，称 $\left(\boldsymbol{K} - \omega^2 \boldsymbol{I} \right)$ 为阻抗矩阵，$\boldsymbol{H}\left(\omega\right) = \left(\boldsymbol{K} - \omega^2 \boldsymbol{I} \right)^{-1}$ 为导纳矩阵。且有

$$\bar{q}_i = \sum_{j=1}^{n} H_{ij} E_{0j} \tag{8.1.29}$$

式中，H_{ij} 的物理意义为：仅沿 j 坐标作用频率 ω 的单位幅度简谐力时，沿 i 坐标所引起的受迫振动的复振幅。

因

$$\boldsymbol{H}\left(\omega\right) = \left(\boldsymbol{K} - \omega^2 \boldsymbol{I} \right)^{-1} = \frac{\mathrm{adj}\left(\boldsymbol{K} - \omega^2 \boldsymbol{I} \right)}{\left| \boldsymbol{K} - \omega^2 \boldsymbol{I} \right|} \tag{8.1.30}$$

可见，$\boldsymbol{H}\left(\omega\right)$ 包含有 $\left| \boldsymbol{K} - \omega^2 \boldsymbol{I} \right|^{-1}$，而系统的特征方程 $\left| \boldsymbol{K} - \omega^2 \boldsymbol{I} \right| = 0$，因此，当外部激励频率 ω 接近系统的任意一个固有频率时，都会使受迫振动的振幅无限增大而引起共振。

因此，对简谐振动的情况，键合空间 n 自由度系统受简谐力作用时的动力方程为

$$\boldsymbol{I} \ddot{\boldsymbol{q}} + \boldsymbol{K} \boldsymbol{q} = \boldsymbol{E}_0 \mathrm{e}^{\mathrm{i}\omega t} \tag{8.1.31}$$

式中，$\boldsymbol{q} \in \mathbf{R}^n$；$\boldsymbol{I}, \boldsymbol{K} \in \mathbf{R}^{n \times n}$；$\boldsymbol{E}_0 \in \mathbf{R}^n$。

由 $\boldsymbol{q} = \boldsymbol{\Phi}\boldsymbol{q}_P$ 得

$$I_P \ddot{\boldsymbol{q}}_P + \boldsymbol{K}_P \boldsymbol{q}_P = \boldsymbol{E}_P \mathrm{e}^{\mathrm{i}\omega t} \tag{8.1.32}$$

式中，$\boldsymbol{E}_P = \boldsymbol{\Phi}\boldsymbol{E}_0 \in \mathbf{R}^n$。

展开，有

$$m_{pj} \ddot{q}_{pj} + k_{pj} q_{pj} = E_{pj} \mathrm{e}^{\mathrm{i}\omega t} \tag{8.1.33}$$

式中，$E_{pj} = \left(\boldsymbol{\Phi}^{(j)}\right)^{\mathrm{T}} \boldsymbol{E}_0$。

因

$$\boldsymbol{E}_P = \left\{ \begin{array}{c} E_{p1} \\ \vdots \\ E_{pj} \\ \vdots \\ E_{pn} \end{array} \right\} = \boldsymbol{\Phi}\boldsymbol{E}_0 = \left[\begin{array}{ccccc} \boldsymbol{\Phi}^{(1)} & \cdots & \boldsymbol{\Phi}^{(j)} & \cdots & \boldsymbol{\Phi}^{(n)} \end{array} \right] \left\{ \begin{array}{c} E_{01} \\ \vdots \\ E_{0j} \\ \vdots \\ E_{0n} \end{array} \right\}$$

$$= \left[\begin{array}{c} \left(\boldsymbol{\Phi}^{(1)}\right)^{\mathrm{T}} \\ \vdots \\ \left(\boldsymbol{\Phi}^{(j)}\right)^{\mathrm{T}} \\ \vdots \\ \left(\boldsymbol{\Phi}^{(n)}\right)^{\mathrm{T}} \end{array} \right] \boldsymbol{E}_0 = \left\{ \begin{array}{c} \left(\boldsymbol{\Phi}^{(1)}\right)^{\mathrm{T}} \boldsymbol{E}_0 \\ \vdots \\ \left(\boldsymbol{\Phi}^{(j)}\right)^{\mathrm{T}} \boldsymbol{E}_0 \\ \vdots \\ \left(\boldsymbol{\Phi}^{(n)}\right)^{\mathrm{T}} \boldsymbol{E}_0 \end{array} \right\} \tag{8.1.34}$$

确定模态坐标解为

$$q_{pj} = \frac{E_{pj}}{k_{pj}} \frac{1}{1 - s_j^2} \mathrm{e}^{\mathrm{i}\omega t} = \frac{\left(\boldsymbol{\Phi}^{(j)}\right)^{\mathrm{T}} \boldsymbol{E}_0}{k_{pj} \left(1 - s_j^2\right)} \mathrm{e}^{\mathrm{i}\omega t} \tag{8.1.35}$$

式中，s_j 为激励频率与第 j 阶固有频率 ω_j 之比，$s_j = \omega/\omega_j$。

各坐标的受迫振动规律完全类似于键合空间单自由度系统受迫振动规律。由

$$\boldsymbol{q} = \boldsymbol{\Phi}\boldsymbol{q}_P \tag{8.1.36}$$

得

$$\boldsymbol{q} = \boldsymbol{\Phi}\boldsymbol{q}_P = \sum_{j=1}^{n} \boldsymbol{\Phi}^{(j)} q_{pj} = \sum_{j=1}^{n} \frac{\boldsymbol{\Phi}^{(j)} \left(\boldsymbol{\Phi}^{(j)}\right)^{\mathrm{T}}}{k_{pj} \left(1 - s_j^2\right)} \boldsymbol{E}_0 \mathrm{e}^{\mathrm{i}\omega t} \tag{8.1.37}$$

当 $\omega \to \omega_j$ 时，$s_j \to 1$，第 j 阶主坐标的受迫振动幅度将急剧增大，导致第 j 阶频率的共振。系统具有 n 个不相等的固有频率时，可能出现 n 种不同频率的共振。

例 8.1.1　如图 8.1.3 所示的三自由度系统，最左边的滑块受简谐激励 $E_1 = E_0 \sin(\omega t)$ 的作用，且 $\omega = 1.7\sqrt{k/m}$，求系统稳态响应。

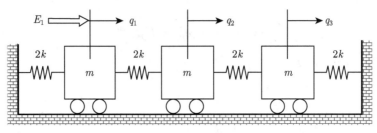

图 8.1.3　三自由度系统

解　建立键合空间模型如图 8.1.4 所示。图中，$I_j = m\ (j = 1, 2, 3)$，$C_1^{-1} = C_4^{-1} = 2k$，$C_2^{-1} = C_3^{-1} = k$，$E_1 = E_0 \sin(\omega t)$。

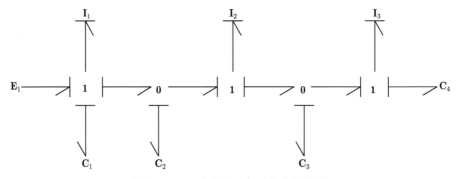

图 8.1.4　三自由度系统键合空间模型

状态方程为

$$
\begin{cases}
\dot{p}_1 = E_1 - C_1^{-1}q_1 - C_2^{-1}q_{C2} \\
\dot{p}_2 = C_2^{-1}q_{C2} - C_3^{-1}q_{C3} \\
\dot{p}_3 = C_3^{-1}q_{C3} - C_4^{-1}q_3 \\
\dot{q}_1 = I_1^{-1}p_1 \\
\dot{q}_{C2} = \dot{q}_1 - \dot{q}_2 \\
\dot{q}_{C3} = \dot{q}_2 - \dot{q}_3 \\
\dot{q}_3 = I_3^{-1}p_3
\end{cases}
$$

代入初始条件，整理得

$$
\begin{cases}
m\ddot{q}_1 + 2kq_1 + k(q_1 - q_2) = E_0 \sin(\omega t) \\
m\ddot{q}_2 + k(q_2 - q_1) + k(q_3 - q_2) = 0 \\
m\ddot{q}_3 + k(q_3 - q_2) + 2kq_3 = 0
\end{cases}
$$

写成矩阵形式，为

$$
\begin{bmatrix} m & 0 & 0 \\ 0 & m & 0 \\ 0 & 0 & m \end{bmatrix}
\begin{Bmatrix} \ddot{q}_1 \\ \ddot{q}_2 \\ \ddot{q}_3 \end{Bmatrix}
+ k \begin{bmatrix} 3 & -1 & 0 \\ -1 & 2 & -1 \\ 0 & -1 & 3 \end{bmatrix}
\begin{Bmatrix} q_1 \\ q_2 \\ q_3 \end{Bmatrix}
= \begin{Bmatrix} E_0 \sin(\omega t) \\ 0 \\ 0 \end{Bmatrix}
$$

即

$$
\boldsymbol{I}\ddot{\boldsymbol{q}} + \boldsymbol{K}\boldsymbol{q} = \boldsymbol{E}
$$

由特征值行列式方程 $\left| \boldsymbol{K} - \omega^2 \boldsymbol{I} \right| = 0$，有

$$
\begin{vmatrix}
3 - \dfrac{m}{k}\omega^2 & -1 & 0 \\[2mm]
-1 & 2 - \dfrac{m}{k}\omega^2 & -1 \\[2mm]
0 & -1 & 3 - \dfrac{m}{k}\omega^2
\end{vmatrix} = 0
$$

解得

$$
\begin{cases}
\omega_1^2 = \dfrac{k}{m} \\[3mm]
\omega_2^2 = \dfrac{3k}{m} \\[3mm]
\omega_3^2 = \dfrac{4k}{m}
\end{cases}
$$

确定正则振型矩阵为

$$
\boldsymbol{\Phi}_N = \frac{1}{\sqrt{6m}}
\begin{bmatrix}
1 & -\sqrt{3} & \sqrt{2} \\
2 & 0 & -\sqrt{2} \\
1 & \sqrt{3} & \sqrt{2}
\end{bmatrix}
$$

正则坐标下的激振力为

$$
\boldsymbol{E}_N = \boldsymbol{\Phi}_N^{\mathrm{T}} \boldsymbol{E} = \frac{E_0 \sin(\omega t)}{\sqrt{6m}}
\begin{Bmatrix} 1 \\ -\sqrt{3} \\ \sqrt{2} \end{Bmatrix}^{\mathrm{T}}
$$

则有

$$\ddot{q}_{N1} + \omega_1^2 q_{N1} = \frac{E_0}{\sqrt{6m}} \sin(\omega t)$$

解得

$$q_{N1}(t) = -0.216 \frac{\sqrt{m}}{k} E_0 \sin(\omega t)$$

同理，可得

$$q_{N2}(t) = -6.43 \frac{\sqrt{m}}{k} E_0 \sin(\omega t)$$

$$q_{N3}(t) = 0.52 \frac{\sqrt{m}}{k} E_0 \sin(\omega t)$$

8.2　动力吸振器

在工程实际中，机器的工作，如旋转部分的偏心等，常常会产生强迫振动，对机器的工作质量和环境造成不利的影响。为了减小这种振动，可以采用如图 8.2.1 所示的动力吸振器。

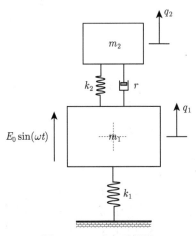

图 8.2.1　动力吸振器

图中，m_1、k_1、$E_0 \sin(\omega t)$ 分别为工作系统的主惯量、主刚度和作用于其上的简谐激励力；m_2、k_2、r 分别为动力吸振器的惯量、刚度和阻尼。建立键合空间模型如图 8.2.2 所示。图中，$I_1 = m_1$，$I_2 = m_2$，$C_1^{-1} = k_1$，$C_2^{-1} = k_2$，$R = r$，$E = E_0 \sin(\omega t)$。

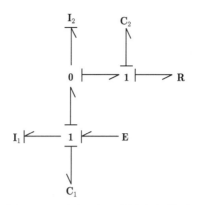

图 8.2.2 动力吸振器键合空间模型

其状态方程为

$$\begin{cases} \dot{p}_1 = E - C_1^{-1} q_1 - \dot{p}_2 \\ \dot{p}_2 = C_2^{-1} q_C + R \dot{q}_C \\ \dot{q}_1 = I_1^{-1} p_1 \\ \dot{q}_C = \dot{q}_1 - I_2^{-1} p_2 \end{cases} \tag{8.2.1}$$

代入初始条件，整理得

$$\begin{cases} m_1 \ddot{q}_1 + r(\dot{q}_1 - \dot{q}_2) + k_1 q_1 + k_2(q_1 - q_2) = E_0 \sin(\omega t) \\ m_2 \ddot{q}_2 + r(\dot{q}_2 - \dot{q}_1) + k_2(q_2 - q_1) = 0 \end{cases} \tag{8.2.2}$$

写成矩阵形式，为

$$\begin{bmatrix} m_1 & 0 \\ 0 & m_2 \end{bmatrix} \left\{ \begin{array}{c} \ddot{q}_1 \\ \ddot{q}_2 \end{array} \right\} + r \begin{bmatrix} 1 & -1 \\ -1 & 1 \end{bmatrix} \left\{ \begin{array}{c} \dot{q}_1 \\ \dot{q}_2 \end{array} \right\} + \begin{bmatrix} k_1 + k_2 & -k_2 \\ -k_2 & k_2 \end{bmatrix} \left\{ \begin{array}{c} q_1 \\ q_2 \end{array} \right\}$$
$$= \left\{ \begin{array}{c} E_0 \sin(\omega t) \\ 0 \end{array} \right\} \tag{8.2.3}$$

即

$$\boldsymbol{I} \ddot{\boldsymbol{q}} + \boldsymbol{R} \dot{\boldsymbol{q}} + \boldsymbol{K} \boldsymbol{q} = \boldsymbol{E} \tag{8.2.4}$$

8.2.1 无阻尼时的动力吸振器

考虑无阻尼时的运动，则式 (8.2.3) 化为

$$\begin{bmatrix} m_1 & 0 \\ 0 & m_2 \end{bmatrix} \left\{ \begin{array}{c} \ddot{q}_1 \\ \ddot{q}_2 \end{array} \right\} + \begin{bmatrix} k_1 + k_2 & -k_2 \\ -k_2 & k_2 \end{bmatrix} \left\{ \begin{array}{c} q_1 \\ q_2 \end{array} \right\} = \left\{ \begin{array}{c} E_0 \sin(\omega t) \\ 0 \end{array} \right\} \tag{8.2.5}$$

即

$$\boldsymbol{I}\ddot{\boldsymbol{q}} + \boldsymbol{K}\boldsymbol{q} = \boldsymbol{E} \tag{8.2.6}$$

采用直接法，有

$$\boldsymbol{q} = \bar{\boldsymbol{q}}\sin\left(\omega t\right) \tag{8.2.7}$$

式中，$\bar{\boldsymbol{q}} = \{\bar{q}_1, \bar{q}_2\}^{\mathrm{T}}$。

得到稳态的响应振幅为

$$\begin{bmatrix} \bar{q}_1 \\ \bar{q}_2 \end{bmatrix} = \begin{bmatrix} k_1 + k_2 - m_1\omega^2 & -k_2 \\ -k_2 & k_2 - m_2\omega^2 \end{bmatrix}^{-1} \begin{bmatrix} E_0 \\ 0 \end{bmatrix} = \frac{E_0}{\lambda\left(\omega\right)} \begin{bmatrix} k_2 - m_2\omega^2 \\ k_2 \end{bmatrix} \tag{8.2.8}$$

式中，$\lambda\left(\omega\right)$ 为系统的特征多项式，有

$$\begin{aligned} \lambda\left(\omega\right) &= \left(k_1 + k_2 - m_1\omega^2\right)\left(k_2 - m_2\omega^2\right) - k_2^2 \\ &= m_1m_2\omega^4 - \left(k_1m_2 + k_2m_1 + k_2m_2\right)\omega^2 + k_1k_2 \end{aligned} \tag{8.2.9}$$

当 $\omega = \sqrt{\dfrac{k_2}{m_2}}$ 时，$\bar{q}_1 = 0$，主系统不再振动，形成反共振效果。此时，$\lambda\left(\omega\right) = -k_2^2$，吸振器的振幅为 $\bar{q}_2 = -\dfrac{E_0}{k_2}$，主系统上受到的激振力恰好与来自吸振器的弹性恢复力平衡。吸振器参数 k_2 和 m_2 一般选为 $\mu = \dfrac{k_2}{k_1} = \dfrac{m_2}{m_1}$，即使吸振器的固有频率和主系统的固有频率相等。记 $\omega_0 = \sqrt{\dfrac{k_1}{m_1}} = \dfrac{k_2}{m_2}$，$s = \omega/\omega_0$，则有

$$\lambda\left(\omega\right) = k_1k_1\left[s^4 - \left(2 + \mu\right)s^2 + 1\right] \tag{8.2.10}$$

设 $s_1 = \omega_1/\omega_0$，$s_2 = \omega_2/\omega_0$，由

$$\lambda\left(\omega\right) = 0 \tag{8.2.11}$$

得

$$s_{1,2}^2 = 1 + \frac{\mu}{2} \mp \sqrt{\mu + \frac{\mu^2}{4}} \tag{8.2.12}$$

将 $\lambda\left(\omega\right)$ 代入，并设 $\bar{q}_0 = E_0/k_1$，得

$$\begin{cases} \dfrac{\bar{q}_1}{\bar{q}_0} = \dfrac{1 - s^2}{s^4 - \left(2 + \mu\right)s^2 + 1} \\[3mm] \dfrac{\bar{q}_2}{\bar{q}_0} = \dfrac{1}{s^4 - \left(2 + \mu\right)s^2 + 1} \end{cases} \tag{8.2.13}$$

则可得图 8.2.3 所示的振幅比曲线。

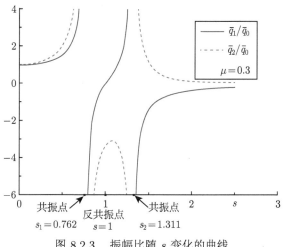

图 8.2.3 振幅比随 s 变化的曲线

从图 8.2.3 可以看出，虽然出现反共振，但在反共振点的两旁存在两个共振点。当 μ 值较大时，s_1 和 s_2 相距较远，如图 8.2.4 所示，但与此同时，k_2 和 m_2 变大，使动力吸振器变得更笨重。

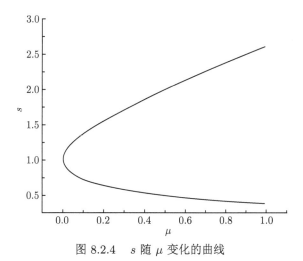

图 8.2.4 s 随 μ 变化的曲线

8.2.2 有阻尼时的动力吸振器

下面讨论有阻尼时的吸振器，由前面考虑阻尼时的强迫振动方程，并取 $E =$

$E_0 \mathrm{e}^{\mathrm{i}\omega t}$, 有

$$
\begin{bmatrix} m_1 & 0 \\ 0 & m_2 \end{bmatrix} \begin{Bmatrix} \ddot{q}_1 \\ \ddot{q}_2 \end{Bmatrix} + r \begin{bmatrix} 1 & -1 \\ -1 & 1 \end{bmatrix} \begin{Bmatrix} \dot{q}_1 \\ \dot{q}_2 \end{Bmatrix} + \begin{bmatrix} k_1 + k_2 & -k_2 \\ -k_2 & k_2 \end{bmatrix} \begin{Bmatrix} q_1 \\ q_2 \end{Bmatrix}
$$
$$
= \begin{Bmatrix} E_0 \mathrm{e}^{\mathrm{i}\omega t} \\ 0 \end{Bmatrix} \tag{8.2.14}
$$

采用直接法, 有

$$
\begin{Bmatrix} q_1 \\ q_2 \end{Bmatrix} = \begin{Bmatrix} \bar{q}_1 \\ \bar{q}_2 \end{Bmatrix} \mathrm{e}^{\mathrm{i}\omega t} \tag{8.2.15}
$$

则稳态响应振幅 (复振幅) 为

$$
\begin{Bmatrix} \bar{q}_1 \\ \bar{q}_2 \end{Bmatrix} = \begin{bmatrix} k_1 + k_2 - m_1\omega^2 + \mathrm{i}r\omega & -(k_2 + \mathrm{i}r\omega) \\ -(k_2 + \mathrm{i}r\omega) & k_2 - m_1\omega^2 + \mathrm{i}r\omega \end{bmatrix}^{-1} \begin{Bmatrix} E_0 \\ 0 \end{Bmatrix}
$$
$$
= \frac{E_0}{\lambda(\omega)} \begin{Bmatrix} k_2 - m_1\omega^2 + \mathrm{i}r\omega \\ k_2 + \mathrm{i}r\omega \end{Bmatrix} \tag{8.2.16}
$$

有

$$
\lambda(\omega) = \left(k_1 + k_2 - m_1\omega^2 + \mathrm{i}r\omega\right)\left(k_2 - m_1\omega^2 + \mathrm{i}r\omega\right) - \left(k_2 + \mathrm{i}r\omega\right)^2
$$
$$
= \left(k_1 - m_1\omega^2\right)\left(k_2 - m_2\omega^2\right) - k_2 m_2\omega^2 + \mathrm{i}r\omega\left(k_1 - m_1\omega^2 - m_2\omega^2\right) \tag{8.2.17}
$$

则主系统的复振幅为

$$
\bar{q}_1 = \frac{E_0\left(k_2 - m_1\omega^2 + \mathrm{i}r\omega\right)}{\left(k_1 - m_1\omega^2\right)\left(k_2 - m_2\omega^2\right) - k_2 m_2\omega^2 + \mathrm{i}r\omega\left(k_1 - m_1\omega^2 - m_2\omega^2\right)} \tag{8.2.18}
$$

取模, 得实振幅为

$$
\bar{q}_1 = \frac{E_0\sqrt{(k_2 - m_2\omega^2)^2 + (r\omega)^2}}{\sqrt{\left[(k_1 - m_1\omega^2)(k_2 - m_2\omega^2) - k_2 m_2\omega^2\right]^2 + \left[r\omega(k_1 - m_1\omega^2 - m_2\omega^2)\right]^2}} \tag{8.2.19}
$$

引入符号：$\delta_{st} = \dfrac{E_0}{k_1}$，$\omega_0 = \sqrt{\dfrac{k_1}{m_1}}$，$\omega_a = \sqrt{\dfrac{k_2}{m_2}}$，$u = \dfrac{m_2}{m_1}$，$\alpha = \dfrac{\omega_a}{\omega_0}$，$s = \dfrac{\omega}{\omega_0}$，

$\xi = \dfrac{r}{2m_2\omega_0}$，得无量纲表达式为

$$\frac{\bar{q}_1}{\delta_{st}} = \frac{\sqrt{(s^2 - \alpha^2)^2 + (2\xi s)^2}}{\sqrt{[us^2\alpha^2 - (s^2-1)(s^2-\alpha)^2]^2 + (2\xi s)^2(s^2 - 1 + us^2)^2}} \tag{8.2.20}$$

可绘制出无量纲表达式的图像如图 8.2.5 所示，可见：① 当 $\xi = 0$ 时，系统无阻尼，有两个共振频率点，$s = 0$ 时出现反共振，主系统振幅为零；② 当 $\xi = \infty$ 时，系统变成单自由度系统，共振点为 $s = 0.976$；③ 当 $\xi = 0.1$ 和 $\xi = 0.32$ 时，主系统在 $s = 1$ 的振幅并不为零，但是和无阻尼系统的两个共振振幅相比，共振振幅明显下降。

无论阻尼取多少，所有曲线都过 S、T 两点。实际设计有阻尼动力吸振器时，选取适当的 m_2 和 k_2，使曲线在 S、T 有相同幅值，并适当选取阻尼，使 S、T 两点具有水平切线。

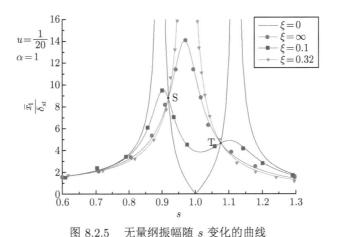

图 8.2.5　无量纲振幅随 s 变化的曲线

8.3　键合空间多自由度受迫激励的响应

模态叠加方法，也可用于键合空间多自由度系统的受迫振动。在前面讨论外部激励为简谐激励时，可采用直接法进行求解。当外部激励不是简谐激励时，不能采用直接法，而可以采用模态叠加法。

对简谐振动的情况,键合空间 n 自由度系统受任意外部力激励时的动力方程为

$$\boldsymbol{I}\ddot{\boldsymbol{q}} + \boldsymbol{K}\boldsymbol{q} = \boldsymbol{E}_0\left(t\right) \tag{8.3.1}$$

式中, $\boldsymbol{q} \in \mathbf{R}^n$; $\boldsymbol{I}, \boldsymbol{K} \in \mathbf{R}^{n \times n}$; $\boldsymbol{E}_0\left(t\right) \in \mathbf{R}^n$。

初始条件为

$$\begin{cases} \boldsymbol{q}\left(0\right) = \boldsymbol{q}_0 \\ \boldsymbol{f}\left(0\right) = \dot{\boldsymbol{q}}\left(0\right) = \boldsymbol{f}_0 \end{cases} \tag{8.3.2}$$

1) 利用正则模态求解

令 $\boldsymbol{\Phi}_N$ 为正则模态矩阵, 做变换 $\boldsymbol{q} = \boldsymbol{\Phi}_N\boldsymbol{q}_N$ 得

$$\boldsymbol{L}\ddot{\boldsymbol{q}}_N + \boldsymbol{\Lambda}\boldsymbol{q}_N = \boldsymbol{E}_N \tag{8.3.3}$$

式中, $\boldsymbol{L} = \begin{bmatrix} 1 & & 0 \\ & \ddots & \\ 0 & & 1 \end{bmatrix}$; $\boldsymbol{\Lambda} = \begin{bmatrix} \omega_1^2 & & 0 \\ & \ddots & \\ 0 & & \omega_1^2 \end{bmatrix}$; $\boldsymbol{E}_N = \boldsymbol{\Phi}_N^{\mathrm{T}}\boldsymbol{E}_0$。

有

$$\ddot{q}_{Nj} + \omega_j^2 q_{Nj} = E_{Nj} \tag{8.3.4}$$

正则坐标初始条件为

$$\begin{cases} \boldsymbol{q}_{0N} = \boldsymbol{\Phi}_N^{-1}\boldsymbol{q}_0 \\ \boldsymbol{f}_{0N} = \dot{\boldsymbol{q}}_{0N} = \boldsymbol{\Phi}_N^{-1}\dot{\boldsymbol{q}}_0 \end{cases} \tag{8.3.5}$$

则解为

$$q_{Nj} = q_{0Nj}\cos\left(\omega_j t\right) + \frac{f_{0Nj}}{\omega_j}\sin\left(\omega_j t\right) + \frac{1}{\omega_j}\int_0^t E_{Nj}\left(\tau\right)\sin\left[\omega_j\left(t-\tau\right)\right]\mathrm{d}\tau \tag{8.3.6}$$

在得到 $\boldsymbol{q}_N$ 后, 利用 $\boldsymbol{q} = \boldsymbol{\Phi}_N\boldsymbol{q}_N$ 可求出原系统的解。

2) 利用主模态矩阵求解

令 $\boldsymbol{\Phi}$ 为主模态矩阵, 做变换 $\boldsymbol{q} = \boldsymbol{\Phi}\boldsymbol{q}_P$, 得

$$\boldsymbol{I}_P\ddot{\boldsymbol{q}}_P + \boldsymbol{K}_P\boldsymbol{q}_P = \boldsymbol{E}_P \tag{8.3.7}$$

式中, $\boldsymbol{E}_P = \boldsymbol{\Phi}^{\mathrm{T}}\boldsymbol{E}_0 = \left\{\begin{array}{ccc} E_{p1} & \cdots & E_{pn} \end{array}\right\}^{\mathrm{T}}$。

有

$$m_{pj}\ddot{q}_{pj} + k_{pj}q_{pj} = E_{pj} \tag{8.3.8}$$

正则坐标初始条件为

$$\begin{cases} \boldsymbol{q}_{0P} = \boldsymbol{\Phi}^{-1} \boldsymbol{q}_0 \\ \boldsymbol{f}_{0P} = \dot{\boldsymbol{q}}_{0P} = \boldsymbol{\Phi}^{-1} \dot{\boldsymbol{q}}_0 \end{cases} \tag{8.3.9}$$

则解为

$$q_{pj} = q_{0pj} \cos(\omega_j t) + \frac{f_{0pj}}{\omega_j} \sin(\omega_j t) + \frac{1}{m_{pj}\omega_j} \int_0^t E_{pj}(\tau) \sin[\omega_j(t-\tau)] \,\mathrm{d}\tau \tag{8.3.10}$$

在得到 $\boldsymbol{q}_P$ 后, 利用 $\boldsymbol{q} = \boldsymbol{\Phi}\boldsymbol{q}_P$ 可求出原系统的解。

例 8.3.1 如图 8.3.1 所示的多自由度系统, 从左开始, 第 1 个和第 4 个滑块上作用有阶梯力 E, 并且为零初始条件, 求系统响应。

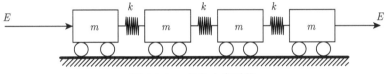

图 8.3.1 多自由度系统

解 建立键合空间模型如图 8.3.2 所示。图中, $I_j = m\,(j = 1, 2, 3, 4)$, $C_i^{-1} = k\,(i = 1, 2, 3)$, 则状态方程为

$$\begin{cases} \dot{p}_1 = E - C_1^{-1} q_{C1} \\ \dot{p}_2 = C_1^{-1} q_{C1} - C_2^{-1} q_{C2} \\ \dot{p}_3 = C_2^{-1} q_{C2} - C_3^{-1} q_{C3} \\ \dot{p}_4 = E + C_3^{-1} q_{C3} \\ \dot{q}_{C1} = I_1^{-1} p_1 - I_2^{-1} p_2 \\ \dot{q}_{C2} = I_2^{-1} p_2 - I_3^{-1} p_3 \\ \dot{q}_{C3} = I_3^{-1} p_3 - I_4^{-1} p_4 \end{cases}$$

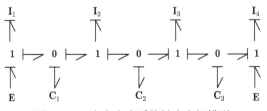

图 8.3.2 多自由度系统键合空间模型

代入初始条件，整理得

$$
\begin{cases}
m\ddot{q}_1 + k\left(q_1 - q_2\right) = E \\
m\ddot{q}_2 + k\left(q_2 - q_1\right) + k\left(q_2 - q_3\right) = 0 \\
m\ddot{q}_3 + k\left(q_3 - q_2\right) + k\left(q_3 - q_4\right) = 0 \\
m\ddot{q}_4 + k\left(q_4 - q_3\right) = E
\end{cases}
$$

写成矩阵形式为

$$
\begin{bmatrix}
m & 0 & 0 & 0 \\
0 & m & 0 & 0 \\
0 & 0 & m & 0 \\
0 & 0 & 0 & m
\end{bmatrix}
\begin{Bmatrix}
\ddot{q}_1 \\ \ddot{q}_2 \\ \ddot{q}_3 \\ \ddot{q}_4
\end{Bmatrix}
+ k
\begin{bmatrix}
1 & -1 & 0 & 0 \\
-1 & 2 & -1 & 0 \\
0 & -1 & 2 & -1 \\
0 & 0 & -1 & 1
\end{bmatrix}
\begin{Bmatrix}
q_1 \\ q_2 \\ q_3 \\ q_4
\end{Bmatrix}
=
\begin{Bmatrix}
E \\ 0 \\ 0 \\ E
\end{Bmatrix}
$$

即

$$
\boldsymbol{I}\ddot{\boldsymbol{q}} + \boldsymbol{K}\boldsymbol{q} = \boldsymbol{E}
$$

式中，$\boldsymbol{I} = \begin{bmatrix} m & 0 & 0 & 0 \\ 0 & m & 0 & 0 \\ 0 & 0 & m & 0 \\ 0 & 0 & 0 & m \end{bmatrix}$；$\boldsymbol{K} = k\begin{bmatrix} 1 & -1 & 0 & 0 \\ -1 & 2 & -1 & 0 \\ 0 & -1 & 2 & -1 \\ 0 & 0 & -1 & 1 \end{bmatrix}$。

可见，刚度矩阵 $\boldsymbol{K}$ 为奇异矩阵。

对于广义特征值方程 $\left(\boldsymbol{K} - \omega^2 \boldsymbol{I}\right)\boldsymbol{\Phi} = \boldsymbol{0}$，$\boldsymbol{\Phi}$ 有非零解的充要条件为

$$
\left|\boldsymbol{K} - \omega^2 \boldsymbol{I}\right| = 0
$$

解得

$$
\begin{cases}
\omega_1^2 = 0 \\
\omega_2^2 = \left(2 - \sqrt{2}\right)\dfrac{k}{m} \\
\omega_3^2 = 2\dfrac{k}{m} \\
\omega_4^2 = \left(2 + \sqrt{2}\right)\dfrac{k}{m}
\end{cases}
$$

模态矩阵为

$$\boldsymbol{\Phi} = \begin{bmatrix} 1 & -1 & 1 & -1 \\ 1 & 1-\sqrt{2} & -1 & 1+\sqrt{2} \\ 1 & -\left(1-\sqrt{2}\right) & -1 & -\left(1+\sqrt{2}\right) \\ 1 & 1 & 1 & 1 \end{bmatrix}$$

正则模态为

$$\boldsymbol{\Phi}_N = \frac{1}{2\sqrt{m}} \begin{bmatrix} 1 & \dfrac{-1}{\sqrt{2-\sqrt{2}}} & -1 & \dfrac{-1}{\sqrt{2+\sqrt{2}}} \\[2mm] 1 & \dfrac{1-\sqrt{2}}{\sqrt{2-\sqrt{2}}} & -1 & \dfrac{1+\sqrt{2}}{\sqrt{2+\sqrt{2}}} \\[2mm] 1 & \dfrac{-\left(1-\sqrt{2}\right)}{\sqrt{2-\sqrt{2}}} & -1 & \dfrac{-\left(1+\sqrt{2}\right)}{\sqrt{2+\sqrt{2}}} \\[2mm] 1 & \dfrac{1}{\sqrt{2-\sqrt{2}}} & 1 & \dfrac{1}{\sqrt{2+\sqrt{2}}} \end{bmatrix}$$

由 $\boldsymbol{q} = \boldsymbol{\Phi}_N \boldsymbol{q}_N$ 得

$$\boldsymbol{L} \ddot{\boldsymbol{q}}_N + \boldsymbol{\Lambda} \boldsymbol{q}_N = \boldsymbol{E}_N$$

式中, $\boldsymbol{L} = \begin{bmatrix} 1 & & 0 \\ & \ddots & \\ 0 & & 1 \end{bmatrix}$; $\boldsymbol{\Lambda} = \begin{bmatrix} \omega_1^2 & & 0 \\ & \ddots & \\ 0 & & \omega_1^2 \end{bmatrix}$; $\boldsymbol{E}_N = \boldsymbol{\Phi}_N^{\mathrm{T}} \boldsymbol{E}$。

展开有

$$\ddot{q}_{Nj} + \omega^2 q_{Nj} = F_{Nj}$$

代入零初始条件,当 $j=1$ 时,由 $\omega_1^2 = 0$ 得 $\ddot{q}_{N1} = E_{N1}$,进而有 $q_{N1} = \dfrac{1}{2} E_{N1} t^2$; 当 $j \neq 1$ 时, 解为

$$q_{Nj} = \frac{1}{\omega_j} \int_0^t E_{Nj} \sin\left[\omega_j\left(t-\tau\right)\right] \mathrm{d}\tau = \frac{E_{Nj}}{\omega_j^2}\left[1 - \cos\left(\omega_j t\right)\right]$$

则

$$\boldsymbol{q}_N = \begin{Bmatrix} q_{N1} \\ q_{N2} \\ q_{N3} \\ q_{N4} \end{Bmatrix} = \frac{E}{\sqrt{m}} \begin{Bmatrix} 0.5t^2 \\ 0 \\ m\left[1 - \cos\left(\omega_3 t\right)\right]/2k \\ 0 \end{Bmatrix}$$

系统响应为

$$q = \boldsymbol{\Phi}_N \boldsymbol{q}_N = \frac{E}{4m} \left\{ \begin{array}{l} t^2 + [1 - \cos(\omega_3 t)]\,\dfrac{m}{k} \\[2mm] t^2 - [1 - \cos(\omega_3 t)]\,\dfrac{m}{k} \\[2mm] t^2 - [1 - \cos(\omega_3 t)]\,\dfrac{m}{k} \\[2mm] t^2 + [1 - \cos(\omega_3 t)]\,\dfrac{m}{k} \end{array} \right\}$$

8.4　键合空间有阻尼的多自由度系统

在工程实际中，系统往往存在不同的阻尼因素，有材料的结构阻尼和介质的线性阻尼等。各种阻尼的形成机理复杂，通常难以直接给出其表达式。与单自由度振动线性阻尼一样，通常情况下，可将各种类型的阻尼近似等效为线性阻尼。

8.4.1　键合空间的多自由度系统线性阻尼

键合空间中 n 自由度线性阻尼系统，可统一表示为如图 8.4.1 所示键合空间模型。

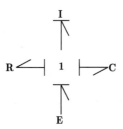

图 8.4.1　n 自由度线性阻尼系统键合空间模型

运动方程为

$$\boldsymbol{I}\ddot{\boldsymbol{q}} + \boldsymbol{R}\dot{\boldsymbol{q}} + \boldsymbol{K}\boldsymbol{q} = \boldsymbol{E} \tag{8.4.1}$$

式中，$\boldsymbol{R} = \begin{bmatrix} r_{11} & \cdots & r_{1n} \\ \vdots & & \vdots \\ r_{n1} & \cdots & r_{nn} \end{bmatrix}$ 为阻尼矩阵。

阻尼矩阵中元素 r_{ij} 的物理意义是使系统在键合空间第 j 个广义坐标上产生

单位速度而需要在第 i 个坐标上所施加的力。则阻尼力 E_R 的表达式为

$$E_{Ri} = -\sum_{j=1}^{n} r_{ij} f_j = -\sum_{j=1}^{n} r_{ij} \dot{q}_j \qquad (8.4.2)$$

阻尼矩阵一般是正定或半正定的对称矩阵。

在键合空间 n 自由度系统中，也可如前求出其无阻尼自由振动状态下的模态矩阵 $\boldsymbol{\Phi}$ 和谱矩阵 $\boldsymbol{\Lambda}$。

做坐标变换 $\boldsymbol{q} = \boldsymbol{\Phi} \boldsymbol{q}_R$，有

$$\boldsymbol{\Phi}^{\mathrm{T}} \boldsymbol{I} \boldsymbol{\Phi} \ddot{\boldsymbol{q}}_R + \boldsymbol{\Phi}^{\mathrm{T}} \boldsymbol{R} \boldsymbol{\Phi} \dot{\boldsymbol{q}}_R + \boldsymbol{\Phi}^{\mathrm{T}} \boldsymbol{K} \boldsymbol{\Phi} \boldsymbol{q}_R = \boldsymbol{\Phi}^{\mathrm{T}} \boldsymbol{E} \qquad (8.4.3)$$

即

$$\boldsymbol{I}_P \ddot{\boldsymbol{q}}_R + \boldsymbol{R}_P \dot{\boldsymbol{q}}_R + \boldsymbol{K}_P \boldsymbol{q}_R = \boldsymbol{E}_R \qquad (8.4.4)$$

式中，$\boldsymbol{R}_P = \boldsymbol{\Phi}^{\mathrm{T}} \boldsymbol{R} \boldsymbol{\Phi}$ 为模态阻尼矩阵。

主质量矩阵和主刚度矩阵是对角阵，但因主坐标 $\boldsymbol{q}_R$ 在强迫振动方程 (8.4.4) 中仍存在耦合，故阻尼矩阵一般为非对角阵。

例 8.4.1 如图 8.4.2 所示的三自由度系统，确定其主刚度矩阵及模态阻尼矩阵。

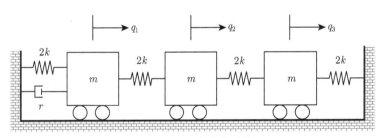

图 8.4.2 三自由度系统

解 建立键合空间模型，如图 8.4.3 所示。图中 $I_1 = I_2 = I_3 = m$，$C_1^{-1} = C_4^{-1} = 2k$，$C_2^{-1} = C_3^{-1} = k$，$R = r$，有

$$\begin{cases} \dot{p}_1 = -C_1^{-1} q_1 - R \dot{q}_1 - C_2^{-1} q_{C2} \\ \dot{p}_2 = C_2^{-1} q_{C2} - C_3^{-1} q_{C3} \\ \dot{p}_3 = C_3^{-1} q_{C3} - C_4^{-1} q_3 \\ \dot{q}_1 = I_1^{-1} p_1 \\ \dot{q}_{C2} = \dot{q}_1 - \dot{q}_2 \\ \dot{q}_{C3} = \dot{q}_2 - \dot{q}_3 \\ \dot{q}_3 = I_3^{-1} p_3 \end{cases}$$

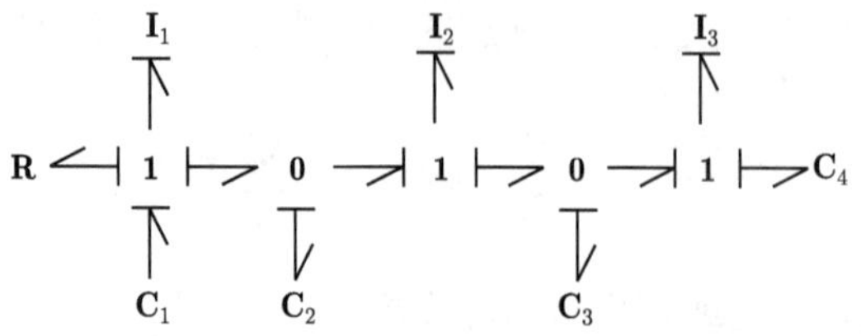

图 8.4.3　三自由度系统键合空间模型

代入初始条件，整理得有阻尼振动方程，为

$$
\begin{cases}
m\ddot{q}_1 + r\dot{q}_1 + 2kq_1 + k(q_1 - q_2) = 0 \\
m\ddot{q}_2 + k(q_2 - q_1) + k(q_2 - q_3) = 0 \\
m\ddot{q}_3 + k(q_3 - q_2) + 2kq_3 = 0
\end{cases}
$$

写成矩阵形式为

$$
\begin{bmatrix} m & 0 & 0 \\ 0 & m & 0 \\ 0 & 0 & m \end{bmatrix}
\begin{Bmatrix} \ddot{q}_1 \\ \ddot{q}_2 \\ \ddot{q}_3 \end{Bmatrix}
+
\begin{bmatrix} r & 0 & 0 \\ 0 & 0 & 0 \\ 0 & 0 & 0 \end{bmatrix}
\begin{Bmatrix} \dot{q}_1 \\ \dot{q}_2 \\ \dot{q}_3 \end{Bmatrix}
+ k
\begin{bmatrix} 3 & -1 & 0 \\ -1 & 2 & -1 \\ 0 & -1 & 3 \end{bmatrix}
\begin{Bmatrix} q_1 \\ q_2 \\ q_3 \end{Bmatrix}
= 0
$$

即

$$
\boldsymbol{I}\ddot{\boldsymbol{q}} + \boldsymbol{R}\dot{\boldsymbol{q}} + \boldsymbol{K}\boldsymbol{q} = \boldsymbol{0}
$$

式中，$\boldsymbol{I} = \begin{bmatrix} m & 0 & 0 \\ 0 & m & 0 \\ 0 & 0 & m \end{bmatrix}$；$\boldsymbol{R} = r\begin{bmatrix} 1 & 0 & 0 \\ 0 & 0 & 0 \\ 0 & 0 & 0 \end{bmatrix}$；$\boldsymbol{K} = k\begin{bmatrix} 3 & -1 & 0 \\ -1 & 2 & -1 \\ 0 & -1 & 3 \end{bmatrix}$。

按其无阻尼自由振动形式，利用特征值方程可解得

$$
\begin{cases}
\omega_1^2 = \dfrac{k}{m} \\[2mm]
\omega_2^2 = \dfrac{3k}{m} \\[2mm]
\omega_3^2 = \dfrac{4k}{m}
\end{cases}
$$

并可求得

$$
\boldsymbol{\Phi} = \begin{bmatrix} 1 & -1 & 1 \\ 2 & 0 & -1 \\ 1 & 1 & 1 \end{bmatrix}
$$

有

$$\boldsymbol{I}_P = \boldsymbol{\Phi}^{\mathrm{T}} \boldsymbol{I} \boldsymbol{\Phi} = m \begin{bmatrix} 6 & 0 & 0 \\ 0 & 2 & 0 \\ 0 & 0 & 3 \end{bmatrix}$$

$$\boldsymbol{K}_P = \boldsymbol{\Phi}^{\mathrm{T}} \boldsymbol{K} \boldsymbol{\Phi} = k \begin{bmatrix} 6 & 0 & 0 \\ 0 & 6 & 0 \\ 0 & 0 & 12 \end{bmatrix}$$

$$\boldsymbol{R}_P = \boldsymbol{\Phi}^{\mathrm{T}} \boldsymbol{R} \boldsymbol{\Phi} = r \begin{bmatrix} 1 & -1 & 1 \\ -1 & 1 & -1 \\ 1 & -1 & 1 \end{bmatrix}$$

可见 $\boldsymbol{R}_P$ 为非对角阵。因 $\boldsymbol{R}_P$ 为非对角阵，前面所讲的无阻尼系统的主坐标法和正则坐标法都不适用。为了能沿用前面的无阻尼系统中的分析方法，工程中常采用近似处理方法，如下所述。

(1) 忽略 $\boldsymbol{R}_P$ 中的全部非对角元素，有

$$\boldsymbol{R}_P = \begin{bmatrix} r_{p1} & & 0 \\ & \ddots & \\ 0 & & r_{pn} \end{bmatrix}$$

对键合空间 n 自由度有阻尼系统 $\boldsymbol{I}\ddot{\boldsymbol{q}} + \boldsymbol{R}\dot{\boldsymbol{q}} + \boldsymbol{K}\boldsymbol{q} = \boldsymbol{E}$，做变换 $\boldsymbol{q} = \boldsymbol{\Phi} \boldsymbol{q}_R$，有

$$m_{pj}\ddot{q}_R + r_{pj}\dot{q}_R + k_{pj}q_R = E_{Rj}$$

令 $\dfrac{r_{pj}}{m_{pj}} = 2\xi_j\omega_j$，有

$$\ddot{q}_{Rj} + 2\xi_j\omega_j\dot{q}_{Rj} + \omega_j^2 q_{Rj} = \frac{E_{Rj}}{m_{pj}}$$

式中，ξ_j 为第 j 阶振型阻尼比或模态阻尼比。

(2) 将阻尼矩阵 $\boldsymbol{R}$ 假设为比例阻尼。

假定 $\boldsymbol{R}$ 有下列形式：

$$\boldsymbol{R} = a\boldsymbol{I} + b\boldsymbol{K}$$

式中，a 和 b 为常数。

代入

$$\boldsymbol{R}_P = \boldsymbol{\Phi}^{\mathrm{T}} \boldsymbol{R} \boldsymbol{\Phi}$$

有

$$\boldsymbol{R}_P = \boldsymbol{\Phi}^{\mathrm{T}}\left(a\boldsymbol{I} + b\boldsymbol{K}\right)\boldsymbol{\Phi} = a\boldsymbol{I}_P + b\boldsymbol{K}_P$$

则相对阻尼系数为

$$\xi_j = \frac{r_{pj}}{2\omega_j m_{pj}} = \frac{am_{pj} + bk_{pj}}{2\omega_j m_{pj}} = \frac{1}{2}\left(\frac{a}{\omega_j} + b\omega_j\right)$$

(3) 由实验测定 j 阶振型阻尼系数 $\xi_j\,(j = 1, 2, \cdots, n)$。

8.4.2　键合空间一般线性阻尼系统的响应

当阻尼矩阵 $\boldsymbol{R}$ 不允许忽略非对角元素时,上面所讲的近似方法不成立,这时需用复模态进行求解。对于键合空间 n 自由度阻尼系统 $\boldsymbol{I}\ddot{\boldsymbol{q}} + \boldsymbol{R}\dot{\boldsymbol{q}} + \boldsymbol{K}\boldsymbol{q} = \boldsymbol{E}$,设有特解 $\boldsymbol{q} = \boldsymbol{\Phi}\mathrm{e}^{\lambda t}$,其特征值问题为 $\left(\boldsymbol{I}\lambda^2 + \boldsymbol{R}\lambda + \boldsymbol{K}\right)\boldsymbol{\Phi} = \boldsymbol{0}$,则 $\boldsymbol{\Phi}$ 有非零解的充要条件为 $\left|\boldsymbol{I}\lambda^2 + \boldsymbol{R}\lambda + \boldsymbol{K}\right| = 0$。

一般线性阻尼系统的特征方程有 $2n$ 个实数或复数特征值,为 $\lambda_1, \lambda_2, \cdots, \lambda_{2n}$,相对应的 $2n$ 个特征向量为 $\boldsymbol{\Phi}^{(j)}\,(j = 1, 2, \cdots, 2n)$,$\boldsymbol{\Phi}^{(j)} \in \mathbf{R}^{n\times 1}$。

因为特征值方程的系数都是实的,所以特征值为复数时,一定以共轭形式成对出现,相应地,特征向量也是共轭成对的复向量,称为复模态或复振型。这是一种具有相位关系的振型,不再具有原来主振型的意义,当特征值为具有负实部的复数时,每一对这样的共轭特征值对应系统中具有特定频率和衰减系数的自由衰减振动。

在 $\boldsymbol{I}\ddot{\boldsymbol{q}} + \boldsymbol{R}\dot{\boldsymbol{q}} + \boldsymbol{K}\boldsymbol{q} = \boldsymbol{E}$ 中,补充方程 $\boldsymbol{I}\dot{\boldsymbol{q}} - \boldsymbol{I}\dot{\boldsymbol{q}} = \boldsymbol{0}$,有

$$\boldsymbol{I}_Y \dot{\boldsymbol{q}}_Y + \boldsymbol{K}_Y \boldsymbol{q}_Y = \boldsymbol{E}_Y$$

式中,$\boldsymbol{q}_Y = \left\{\begin{array}{c}\dot{\boldsymbol{q}} \\ \boldsymbol{q}\end{array}\right\} \in \mathbf{R}^{2n}$;$\boldsymbol{I}_Y = \left[\begin{array}{cc}\boldsymbol{0} & \boldsymbol{I} \\ \boldsymbol{I} & \boldsymbol{R}\end{array}\right] \in \mathbf{R}^{2n\times 2n}$;$\boldsymbol{K}_Y = \left[\begin{array}{cc}-\boldsymbol{I} & \boldsymbol{0} \\ \boldsymbol{0} & \boldsymbol{K}\end{array}\right] \in \mathbf{R}^{2n\times 2n}$;$\boldsymbol{E}_Y = \left\{\begin{array}{c}\boldsymbol{0} \\ \boldsymbol{E}\end{array}\right\} \in \mathbf{R}^{2n\times 1}$。

设特解为 $\boldsymbol{q}_Y = \boldsymbol{\Psi}\mathrm{e}^{\lambda t}$,其特征值问题为

$$\left(\boldsymbol{K}_Y + \lambda\boldsymbol{I}_Y\right)\boldsymbol{\Psi} = \boldsymbol{0}$$

代入初始条件 $\boldsymbol{q}_0$,$\dot{\boldsymbol{q}}_0$ 点,有

$$\boldsymbol{\Psi} = \left\{\begin{array}{c}\lambda\boldsymbol{\Phi} \\ \boldsymbol{\Phi}\end{array}\right\}$$

可得正交性条件，为

$$\begin{cases} \left(\boldsymbol{\Psi}^{(i)}\right)^{\mathrm{T}} \boldsymbol{I}_Y \boldsymbol{\Psi}^{(j)} = \delta_{ij} m_{Ypj} \\ \left(\boldsymbol{\Psi}^{(i)}\right)^{\mathrm{T}} \boldsymbol{K}_Y \boldsymbol{\Psi}^{(j)} = \delta_{ij} k_{Ypj} \end{cases}$$

特征值为 $\lambda_j = -\dfrac{k_{Ypj}}{m_{Ypj}} \, (j = 1, 2, \cdots, 2n)$。

令 $\boldsymbol{\Psi} = \begin{bmatrix} \boldsymbol{\Psi}^{(1)} & \boldsymbol{\Psi}^{(2)} & \cdots & \boldsymbol{\Psi}^{(2n)} \end{bmatrix}$，正交性为

$$\begin{cases} \boldsymbol{\Psi}^{\mathrm{T}} \boldsymbol{I}_Y \boldsymbol{\Psi} = \boldsymbol{I}_{YP} \\ \boldsymbol{\Psi}^{\mathrm{T}} \boldsymbol{K}_Y \boldsymbol{\Psi} = \boldsymbol{K}_{YP} \end{cases}$$

式中，$\boldsymbol{I}_{YP} = \mathrm{diag}\,(m_{Yp1}, \cdots, m_{Yp2n})$；$\boldsymbol{K}_{YP} = \mathrm{diag}\,(k_{Yp1}, \cdots, k_{Yp2n})$。

复特征值矩阵为对角阵，即

$$\boldsymbol{\Lambda} = \mathrm{diag}\,(\lambda_1, \cdots, \lambda_{2n})$$

第 9 章　键合空间线性振动的近似计算方法

在键合空间线性多自由度系统振动中，振动问题可归结为刚度矩阵和惯量矩阵的广义特征值问题，但是当系统的自由度较大时，计算量非常大，为此在实践中，发展了一系列近似计算方法。

9.1　邓 克 利 法

邓克利法由邓克利 (Dunkerley) 用实验确定多圆盘的横向振动固有频率时提出，便于作为系统基频的计算，也适合于具有类似结构的键合空间线性多自由度系统振动处理。

键合空间模型如图 9.1.1 所示。图中，$\mathbf{1}$ 结点所表示的键合空间与多自由度的维数相同，所连的构件即为同维的惯量矩阵 $\boldsymbol{I}$，$\boldsymbol{C}$ 表示柔度矩阵，通常表示为 $\boldsymbol{C}^{-1} = \boldsymbol{K}$，$\boldsymbol{C}$ 可直接代表柔度矩阵，$\boldsymbol{K}$ 代表刚度矩阵；$\boldsymbol{E}(t)$ 代表作用于系统的广义力向量，并假定系统为正定的。

图 9.1.1　线性振动键合空间模型

键合空间中的多自由度振动作用力方程为

$$\boldsymbol{I}\ddot{\boldsymbol{q}} + \boldsymbol{C}^{-1}\boldsymbol{q} = \boldsymbol{E}(t) \tag{9.1.1}$$

当系统为自由振动时，$\boldsymbol{E}(t) = \boldsymbol{0}$，有

$$\boldsymbol{I}\ddot{\boldsymbol{q}} + \boldsymbol{C}^{-1}\boldsymbol{q} = \boldsymbol{0} \tag{9.1.2}$$

左乘柔度矩阵 $\boldsymbol{C}$，可得位移方程

$$\boldsymbol{C}\boldsymbol{I}\ddot{\boldsymbol{q}} + \boldsymbol{q} = \boldsymbol{0} \tag{9.1.3}$$

定义 $\boldsymbol{D} = \boldsymbol{C}\boldsymbol{I}$ 为系统的动力矩阵，有

$$\boldsymbol{D}\ddot{\boldsymbol{q}} + \boldsymbol{q} = \boldsymbol{0} \tag{9.1.4}$$

作用力方程的特征值问题为

$$\boldsymbol{K\Phi} = \omega^2 \boldsymbol{I\Phi} \tag{9.1.5}$$

位移方程特征值问题为

$$\boldsymbol{D\Phi} = \lambda\boldsymbol{\Phi} \tag{9.1.6}$$

特征值分别有

$$\begin{cases} \omega_1^2 < \omega_2^2 < \cdots < \omega_n^2 \\ \lambda_1 > \lambda_2 > \cdots > \lambda_n \end{cases} \tag{9.1.7}$$

并且

$$\lambda_j = \frac{1}{\omega_j^2}, \quad j = 1, 2, \cdots, n \tag{9.1.8}$$

则位移方程的最大特征根为 $\lambda_1 = 1/\omega_1^2$，对应着系统的第一阶固有频率。

位移方程的特征方程为

$$|\boldsymbol{D} - \lambda\boldsymbol{L}| = 0 \tag{9.1.9}$$

展开有

$$(-1)^n \left(\lambda^n + a_1 \lambda^{n-1} + \cdots + a_{n-1} \lambda^1 \right) = 0 \tag{9.1.10}$$

其中

$$a_1 = -(d_{11} + d_{22} + \cdots + d_{nn}) = -\operatorname{tr} \boldsymbol{D} \tag{9.1.11}$$

例如

$$\begin{vmatrix} d_{11} - \lambda & d_{12} \\ d_{21} & d_{22} - \lambda \end{vmatrix} = 0 \tag{9.1.12}$$

有

$$(-1)^2 \left[\lambda^2 - (d_{11} + d_{22}) \lambda + (d_{11}d_{22} - d_{12}d_{21}) \right] = 0 \tag{9.1.13}$$

对此示例来讲，$a_1 = -(d_{11} + d_{22})$。

当 $\boldsymbol{I}$ 为对角阵时，

$$\operatorname{tr} \boldsymbol{D} = \operatorname{tr} \boldsymbol{CI} = \sum_{j=1}^{n} c_{jj} m_j$$

特征方程又可写为

$$(\lambda - \lambda_1) (\lambda - \lambda_2) \cdots (\lambda - \lambda_n) = 0 \tag{9.1.14}$$

有

$$a_1 = -\sum_{j=1}^{n} \lambda_j = -\operatorname{tr} D = -\sum_{j=1}^{n} c_{jj} m_j \tag{9.1.15}$$

得

$$
\begin{cases}
\displaystyle\sum_{j=1}^{n} \lambda_j = \sum_{j=1}^{n} c_{jj} m_j \\[3mm]
\displaystyle\sum_{j=1}^{n} \frac{1}{\omega_j^2} = \sum_{j=1}^{n} c_{jj} m_j
\end{cases}
\tag{9.1.16}
$$

式中，c_{ij} 称为柔度系数，其物理意义为沿第 i 个坐标施加单位力时，所产生的第 j 个坐标的位移。其柔度矩阵为

$$
\boldsymbol{C} = \begin{bmatrix}
c_{11} & \cdots & c_{1n} \\
\vdots & & \vdots \\
c_{n1} & \cdots & c_{nn}
\end{bmatrix}
\tag{9.1.17}
$$

如果只保留第 j 个惯量，所得的单自由度系统的固有频率为

$$
\bar{\omega}_j^2 = \frac{k_{jj}}{m_j} = \frac{1}{c_{jj} m_j}
\tag{9.1.18}
$$

将 $\bar{\omega}_j^2$ 代入式 (9.1.16)，有

$$
\sum_{j=1}^{n} \frac{1}{\omega_j^2} = \frac{1}{\bar{\omega}_1^2} + \frac{1}{\bar{\omega}_2^2} + \cdots + \frac{1}{\bar{\omega}_n^2}
\tag{9.1.19}
$$

对于梁结构，第二阶及以上的固有频率通常远大于基频，上式左端可保留基频，有

$$
\frac{1}{\omega_1^2} \approx \frac{1}{\bar{\omega}_1^2} + \frac{1}{\bar{\omega}_2^2} + \cdots + \frac{1}{\bar{\omega}_n^2}
\tag{9.1.20}
$$

这就是邓克利法，所得到的基频是精确值的下限。

因

$$
\frac{1}{\omega_1^2} + a = b
\tag{9.1.21}
$$

式中，$a = \dfrac{1}{\omega_1^2} + \dfrac{1}{\omega_2^2} + \cdots + \dfrac{1}{\omega_n^2}$；$b = \dfrac{1}{\bar{\omega}_1^2} + \dfrac{1}{\bar{\omega}_2^2} + \cdots + \dfrac{1}{\bar{\omega}_n^2}$。

有

$$
\omega_1^2 = \frac{1}{b - a}
\tag{9.1.22}
$$

因忽略了 a，所得结果为基频的下限。

例 9.1.1   如图 9.1.2 所示的二自由度系统，用邓克利法求其近似固有频率。

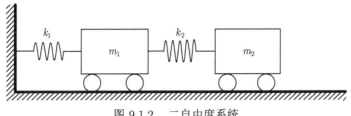

图 9.1.2 二自由度系统

解 建立如图 9.1.3 所示键合空间模型，图中，$I_1 = m_1$，$I_2 = m_2$，$C_1 = 1/k_1$，$C_2 = 1/k_2$。

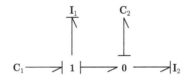

图 9.1.3 二自由度系统键合空间模型

由键合空间模型得

$$\begin{cases} \dot{p}_1 = -C_1^{-1}q_1 - C_2^{-1}q_C \\ \dot{p}_2 = C_2^{-1}q_C \\ \dot{q}_1 = I_1^{-1}p_1 \\ \dot{q}_C = \dot{q}_1 - I_2^{-1}p_2 \end{cases}$$

令 $\dot{q}_2 = \dot{q}_1 - \dot{q}_C$，整理得

$$\begin{bmatrix} m_1 & 0 \\ 0 & m_2 \end{bmatrix} \left\{ \begin{array}{c} \ddot{q}_1 \\ \ddot{q}_2 \end{array} \right\} + \begin{bmatrix} k_1 + k_2 & -k_2 \\ -k_1 & k_2 \end{bmatrix} \left\{ \begin{array}{c} q_1 \\ q_2 \end{array} \right\} = 0$$

则柔度矩阵为

$$\boldsymbol{C} = \begin{bmatrix} \dfrac{1}{k_1} & \dfrac{1}{k_1} \\ \dfrac{1}{k_1} & \dfrac{1}{k_1} + \dfrac{1}{k_2} \end{bmatrix} = \begin{bmatrix} C_1 & C_1 \\ C_1 & C_1 + C_2 \end{bmatrix} = \begin{bmatrix} c_{11} & c_{12} \\ c_{21} & c_{22} \end{bmatrix}$$

则按邓克利法，有

$$\bar{\omega}_1 = \frac{1}{c_{11}m_1} = \frac{1}{C_1 m_1} = \frac{k_1}{m_1}$$

$$\bar{\omega}_2 = \frac{1}{c_{22}m_2} = \frac{1}{(C_1 + C_2)m_2} = \frac{k_1 + k_2}{k_1 k_2 m_2}$$

例 9.1.2　　如图 9.1.4 所示的三自由度系统，按邓克利法，求其基频下限。

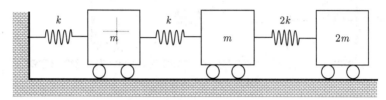

图 9.1.4　三自由度系统

解　　建立如图 9.1.5 所示键合空间模型。图中，$I_1 = I_2 = m$，$I_3 = 2m$，$C_1^{-1} = C_2^{-1} = k$，$C_3^{-1} = 2k$。

图 9.1.5　三自由度系统键合空间模型

状态方程为

$$
\begin{cases}
\dot{p}_1 = -C_1^{-1}q_1 - C_2^{-1}q_{C2} \\
\dot{p}_2 = C_2^{-1}q_{C2} - C_3^{-1}q_{C3} \\
\dot{p}_3 = C_3^{-1}q_{C3} \\
\dot{q}_1 = I_1^{-1}p_1 \\
\dot{q}_{C2} = \dot{q}_1 - \dot{q}_2 \\
\dot{q}_{C3} = \dot{q}_2 - \dot{q}_3
\end{cases}
$$

令 $\dot{q}_2 = \dot{q}_{C2} - \dot{q}_{C3}$，整理得

$$
\begin{bmatrix} m & 0 & 0 \\ 0 & m & 0 \\ 0 & 0 & 2m \end{bmatrix}
\begin{Bmatrix} \ddot{q}_1 \\ \ddot{q}_2 \\ \ddot{q}_3 \end{Bmatrix}
+
\begin{bmatrix} 2k & -k & 0 \\ -k & 3k & -2k \\ 0 & -2k & 2k \end{bmatrix}
\begin{Bmatrix} q_1 \\ q_2 \\ q_3 \end{Bmatrix}
=
\begin{Bmatrix} 0 \\ 0 \\ 0 \end{Bmatrix}
$$

有

$$
\boldsymbol{I} = \begin{bmatrix} m & 0 & 0 \\ 0 & m & 0 \\ 0 & 0 & 2m \end{bmatrix}, \quad
\boldsymbol{K} = \begin{bmatrix} 2k & -k & 0 \\ -k & 3k & -2k \\ 0 & -2k & 2k \end{bmatrix}
$$

特征方程为

$$
\left| \boldsymbol{K} - \omega^2 \boldsymbol{I} \right| = 0
$$

即

$$\begin{vmatrix} 2 - \dfrac{m}{k}\omega^2 & -1 & 0 \\[2mm] -1 & 3 - \dfrac{m}{k}\omega^2 & -2 \\[2mm] 0 & -2 & 2 - 2\dfrac{m}{k}\omega^2 \end{vmatrix} = 0$$

解得

$$\begin{cases} \omega_1 = 0.373\sqrt{k/m} \\ \omega_2 = 1.321\sqrt{k/m} \\ \omega_3 = 2.029\sqrt{k/m} \end{cases}$$

又有

$$\boldsymbol{C} = \begin{bmatrix} c_{11} & c_{12} & c_{13} \\ c_{21} & c_{22} & c_{23} \\ c_{31} & c_{32} & c_{33} \end{bmatrix} = \boldsymbol{K}^{-1} = \begin{bmatrix} 1/k & 1/k & 0 \\ 1/k & 2/k & 0 \\ 2/k & 2/k & 5/2k \end{bmatrix}$$

可以看出，$c_{11} = \dfrac{1}{k}$、$c_{22} = \dfrac{2}{k}$、$c_{33} = \dfrac{5}{2k}$ 与按 I_1、I_2、I_3 各自单独存在时求得的弹簧等效柔度相同。因此，也可以按 I_1、I_2、I_3 各自单独存在时，求其弹簧等效柔度的方法来求解。

根据邓克利法，有

$$\begin{cases} \bar{\omega}_1^2 = \dfrac{1}{c_{11}I_1} = \dfrac{k}{m} \\[3mm] \bar{\omega}_2^2 = \dfrac{1}{c_{22}I_2} = \dfrac{k}{2m} \\[3mm] \bar{\omega}_3^2 = \dfrac{1}{c_{33}I_3} = \dfrac{k}{5m} \end{cases}$$

代入邓克利法公式，有

$$\frac{1}{\omega_1^2} \approx \frac{1}{\bar{\omega}_1^2} + \frac{1}{\bar{\omega}_2^2} + \frac{1}{\bar{\omega}_3^2}$$

则

$$\omega_1 = 0.354\sqrt{k/m}$$

9.2　瑞　利　法

在键合空间多自由度振动系统中，同样可以应用瑞利法。瑞利法是一种基于能量原理的近似方法，可用于计算系统的基频，与邓克利法不同，它算出的近似值是实际基频的上限。这样，两种方法相互配合，即可大致估计出实际系统的基频。

键合空间中的多自由度振动作用力方程为

$$\boldsymbol{I}\ddot{\boldsymbol{q}} + \boldsymbol{C}^{-1}\boldsymbol{q} = \boldsymbol{E}(t) \tag{9.2.1}$$

键合空间模型如图 9.2.1 所示，1 结点所表示的键合空间与多自由度的维数相同，所连的构件即为同维的惯量矩阵 $\boldsymbol{I}$，图中 $\boldsymbol{C}$ 表示弹性矩阵，通常表示为 $\boldsymbol{C}^{-1} = \boldsymbol{K}$，$\boldsymbol{C}$ 可直接代表柔度矩阵，$\boldsymbol{K}$ 代表刚度矩阵；$\boldsymbol{E}(t)$ 代表作用于系统的广义力。并假定系统为正定的。

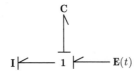

图 9.2.1　多自由度振动系统键合空间模型

当系统为自由振动时，$\boldsymbol{E}(t) = \boldsymbol{0}$，则有

$$\boldsymbol{I}\ddot{\boldsymbol{q}} + \boldsymbol{C}^{-1}\boldsymbol{q} = \boldsymbol{0} \tag{9.2.2}$$

主振动为

$$\boldsymbol{q} = \boldsymbol{\Phi}\sin(\omega t + \phi) \tag{9.2.3}$$

其机械能守恒，则其动能与势能为

$$\begin{cases} E_I = \dfrac{1}{2}\dot{\boldsymbol{q}}^{\mathrm{T}}\boldsymbol{I}\dot{\boldsymbol{q}} \\[2mm] E_C = \dfrac{1}{2}\boldsymbol{q}^{\mathrm{T}}\boldsymbol{K}\boldsymbol{q} \end{cases} \tag{9.2.4}$$

则动能和势能的最大值为

$$\begin{cases} E_{I\max} = \dfrac{1}{2}\omega^2\boldsymbol{\Phi}^{\mathrm{T}}\boldsymbol{I}\boldsymbol{\Phi} \\[2mm] E_{C\max} = \dfrac{1}{2}\boldsymbol{\Phi}^{\mathrm{T}}\boldsymbol{K}\boldsymbol{\Phi} \end{cases} \tag{9.2.5}$$

由 $E_{I\max} = E_{C\max}$ 得

$$\gamma\left(\boldsymbol{\varPhi}\right) = \frac{\boldsymbol{\varPhi}^{\mathrm{T}}\boldsymbol{K}\boldsymbol{\varPhi}}{\boldsymbol{\varPhi}^{\mathrm{T}}\boldsymbol{I}\boldsymbol{\varPhi}} = \omega^2 \tag{9.2.6}$$

式中，$\gamma\left(\boldsymbol{\varPhi}\right)$ 为瑞利商。对于第 j 阶模态，有

$$\gamma\left(\boldsymbol{\varPhi}^{(j)}\right) = \frac{\left(\boldsymbol{\varPhi}^{(j)}\right)^{\mathrm{T}}\boldsymbol{K}\boldsymbol{\varPhi}^{(j)}}{\left(\boldsymbol{\varPhi}^{(j)}\right)^{\mathrm{T}}\boldsymbol{I}\boldsymbol{\varPhi}^{(j)}} = \omega_j^2 \tag{9.2.7}$$

当 $\boldsymbol{\psi}$ 为一般向量时 (不是实际模态)，总能展开为 n 个正则模态的组合，即

$$\boldsymbol{\psi} = a_1\boldsymbol{\varPhi}_N^{(1)} + a_2\boldsymbol{\varPhi}_N^{(2)} + \cdots + a_n\boldsymbol{\varPhi}_N^{(n)} = \boldsymbol{\varPhi}_N\boldsymbol{a} \tag{9.2.8}$$

式中，$\boldsymbol{a} = \{a_1, a_2, \cdots, a_n\}^{\mathrm{T}}$。

将式 (9.2.8) 代入式 (9.2.7)，有

$$\gamma\left(\boldsymbol{\psi}\right) = \frac{\boldsymbol{a}^{\mathrm{T}}\boldsymbol{\varPhi}_N^{\mathrm{T}}\boldsymbol{K}\boldsymbol{\varPhi}_N\boldsymbol{a}}{\boldsymbol{a}^{\mathrm{T}}\boldsymbol{\varPhi}_N^{\mathrm{T}}\boldsymbol{I}\boldsymbol{\varPhi}_N\boldsymbol{a}} = \frac{\boldsymbol{a}^{\mathrm{T}}\boldsymbol{\varLambda}\boldsymbol{a}}{\boldsymbol{a}^{\mathrm{T}}\boldsymbol{L}\boldsymbol{a}} = \frac{\displaystyle\sum_{j=1}^{n} a_j^2\omega_j^2}{\displaystyle\sum_{j=1}^{n} a_j^2} \tag{9.2.9}$$

令

$$\omega_1^2 \leqslant \gamma\left(\boldsymbol{\psi}\right) \leqslant \omega_n^2 \tag{9.2.10}$$

若将瑞利商右端分子内的所有 ω_j 替换为 ω_1，由于 ω_1 为最低阶固有频率，因此有

$$\gamma\left(\boldsymbol{\psi}\right) \geqslant \frac{\displaystyle\sum_{j=1}^{n} a_j^2\omega_1^2}{\displaystyle\sum_{j=1}^{n} a_j^2} = \omega_1^2 \tag{9.2.11}$$

并由瑞利商公式知，当 $\boldsymbol{\psi} = \boldsymbol{\varPhi}^{(1)}$，为第一阶模态时，有

$$\gamma\left(\boldsymbol{\psi}\right) = \omega_1^2 \tag{9.2.12}$$

因此，瑞利商的极小值为 ω_1^2。同理也可证明，端利商的极大值为 ω_n^2。

如果 $\boldsymbol{\psi}$ 接近第 k 阶真实模态 $\boldsymbol{\varPhi}^{(k)}$，即比起 a_k，其他系数很小，可表示为

$$a_j = \varepsilon_j a_k, \quad j = 1\cdots n, j \neq k, \varepsilon \ll 1 \tag{9.2.13}$$

代入，得

$$\gamma\left(\boldsymbol{\psi}\right) \approx \omega_k^2 + \sum_{j=1}^{n}\left(\omega_j^2 - \omega_k^2\right)\varepsilon^2 \tag{9.2.14}$$

因此，若 $\boldsymbol{\psi}$ 和 $\boldsymbol{\varPhi}^{(k)}$ 的差异为一阶小量，则瑞利商与 ω_k^2 的差别为二阶小量，对于基频的特殊情况，令 $k=1$，则由于 $\omega_j^2 - \omega_1^2 > 0\,(j = 2, 3, \cdots, n)$，瑞利商在基频处取极小值。利用瑞利商估计系统的基频结果，为实际基频的上限，$\boldsymbol{\psi}$ 越接近系统的真实模态，算出的固有频率越准确。

例 9.2.1　针对例 9.1.2 的三自由度系统，按瑞利法，求其基频。

解　按前例，得其自由振动方程为

$$\begin{bmatrix} m & 0 & 0 \\ 0 & m & 0 \\ 0 & 0 & 2m \end{bmatrix} \begin{Bmatrix} \ddot{q}_1 \\ \ddot{q}_2 \\ \ddot{q}_3 \end{Bmatrix} + \begin{bmatrix} 2k & -k & 0 \\ -k & 3k & -2k \\ 0 & -2k & 2k \end{bmatrix} \begin{Bmatrix} q_1 \\ q_2 \\ q_3 \end{Bmatrix} = \begin{Bmatrix} 0 \\ 0 \\ 0 \end{Bmatrix}$$

在 I_3 施加单位静力 E 所产生的静变形，近似作为第一阶主振型，即

$$\boldsymbol{\psi} = \left\{\begin{matrix} 1, & 2, & 2.5 \end{matrix}\right\}^{\mathrm{T}}$$

代入瑞利商公式，有

$$\gamma\left(\boldsymbol{\psi}\right) = \frac{\boldsymbol{\psi}^{\mathrm{T}}\boldsymbol{K}\boldsymbol{\psi}}{\boldsymbol{\psi}^{\mathrm{T}}\boldsymbol{I}\boldsymbol{\psi}} = 0.149\frac{k}{m}$$

则

$$\omega_1 = 0.378\sqrt{\frac{k}{m}}$$

采用常规方法计算，得

$$\begin{cases} \omega_1 = 0.373\sqrt{k/m} \\ \omega_2 = 1.321\sqrt{k/m} \\ \omega_3 = 2.029\sqrt{k/m} \end{cases}$$

而由邓克利法计算，得

$$\omega_1 = 0.354\sqrt{k/m}$$

与精确解相比，相对误差为 1.34% 。

9.3 里 茨 法

振动力学中的里茨法也适合于键合空间中多自由度振动分析。里茨法是瑞利法的改进，用里茨法不仅可以计算系统的基频，还可计算出其前几阶频率和模态。瑞利法算出的基频的精度取决于假设的振型对第一阶主振型的近似程度，得到的基频是其精确值的上限。而里茨法将对近似振型给出更为合理的假设，从而使计算出的基频进一步下降。

里茨法基于与瑞利法相同的原理，但将瑞利法使用的单个假设模态改为若干个独立假设模态的线性组合，有

$$\boldsymbol{\psi} = a_1 \boldsymbol{J}^{(1)} + a_2 \boldsymbol{J}^{(2)} + \cdots + a_\kappa \boldsymbol{J}^{(\kappa)} = \boldsymbol{\Theta A} \tag{9.3.1}$$

式中，$\boldsymbol{J}^{(j)} \in \mathbf{R}^{n \times 1}$；$\boldsymbol{\Theta} = \begin{bmatrix} \boldsymbol{J}^{(1)} & \boldsymbol{J}^{(2)} & \cdots & \boldsymbol{J}^{(\kappa)} \end{bmatrix} \in \mathbf{R}^{n \times \kappa}$；$\boldsymbol{A} = \{a_1, a_2, \cdots, a_\kappa\}^{\mathrm{T}} \in \mathbf{R}^{\kappa \times 1}$。

代入瑞利商，有

$$\gamma(\boldsymbol{\psi}) = \gamma(\boldsymbol{\Theta A}) = \frac{\boldsymbol{A}^{\mathrm{T}} \boldsymbol{\Theta}^{\mathrm{T}} \boldsymbol{K \Theta A}}{\boldsymbol{A}^{\mathrm{T}} \boldsymbol{\Theta}^{\mathrm{T}} \boldsymbol{I \Theta A}} = \frac{\boldsymbol{A}^{\mathrm{T}} \bar{\boldsymbol{K}} \boldsymbol{A}}{\boldsymbol{A}^{\mathrm{T}} \bar{\boldsymbol{I}} \boldsymbol{A}} = \bar{\omega}^2 \tag{9.3.2}$$

式中，$\bar{\boldsymbol{K}} = \boldsymbol{\Theta}^{\mathrm{T}} \boldsymbol{K \Theta} \in \mathbf{R}^{\kappa \times \kappa}$；$\bar{\boldsymbol{I}} = \boldsymbol{\Theta}^{\mathrm{T}} \boldsymbol{I \Theta} \in \mathbf{R}^{\kappa \times \kappa}$。

由于 $\gamma(\boldsymbol{\psi})$ 在系统中的真实主振型处取值，所以 $\boldsymbol{A}$ 的各个元素应当通过下式来确定

$$\frac{\partial \gamma}{\partial a_j} = 0 \tag{9.3.3}$$

代入有

$$\frac{\partial}{\partial a_j} \left(\boldsymbol{A}^{\mathrm{T}} \bar{\boldsymbol{K}} \boldsymbol{A} \right) - \bar{\omega}^2 \frac{\partial}{\partial a_j} \left(\boldsymbol{A}^{\mathrm{T}} \bar{\boldsymbol{I}} \boldsymbol{A} \right) = 0 \tag{9.3.4}$$

且

$$\frac{\partial}{\partial a_j} \left(\boldsymbol{A}^{\mathrm{T}} \bar{\boldsymbol{K}} \boldsymbol{A} \right) = \left(\frac{\partial}{\partial a_j} \boldsymbol{A}^{\mathrm{T}} \right) (\bar{\boldsymbol{K}} \boldsymbol{A}) + (\boldsymbol{A}^{\mathrm{T}} \bar{\boldsymbol{K}}) \left(\frac{\partial}{\partial a_j} \boldsymbol{A} \right)$$

$$= 2 \left(\frac{\partial}{\partial a_j} \boldsymbol{A}^{\mathrm{T}} \right) (\bar{\boldsymbol{K}} \boldsymbol{A}) = 2 l_j^\kappa \bar{\boldsymbol{K}} \boldsymbol{A} \tag{9.3.5}$$

式中，l_j^κ 为 κ 阶单位矩阵 $\boldsymbol{L}$ 的第 j 列。

则上面 κ 个方程可合成为

$$\frac{\partial}{\partial \boldsymbol{A}} \left(\boldsymbol{A}^T \bar{\boldsymbol{K}} \boldsymbol{A} \right) = 2 \bar{\boldsymbol{K}} \boldsymbol{A} \tag{9.3.6}$$

式中，$\dfrac{\partial}{\partial \boldsymbol{A}}$ 表示将函数分别对 $\boldsymbol{A}$ 的各个元素依次求偏导，然后排成列向量。

同理，有

$$\frac{\partial}{\partial \boldsymbol{A}}\left(\boldsymbol{A}^{\mathrm{T}}\bar{\boldsymbol{I}}\boldsymbol{A}\right) = 2\bar{\boldsymbol{I}}\boldsymbol{A} \tag{9.3.7}$$

代入得

$$\frac{\partial}{\partial \boldsymbol{A}}\left(\boldsymbol{A}^{\mathrm{T}}\bar{\boldsymbol{K}}\boldsymbol{A}\right) - \bar{\omega}^2 \frac{\partial}{\partial \boldsymbol{A}}\left(\boldsymbol{A}^{\mathrm{T}}\bar{\boldsymbol{I}}\boldsymbol{A}\right) = \boldsymbol{0} \tag{9.3.8}$$

$\bar{\boldsymbol{K}}$ 和 $\bar{\boldsymbol{I}}$ 是自由度缩减为 κ 的新系统刚度矩阵和惯量矩阵。

求出 κ 个特征根 $\bar{\omega}_1^2, \bar{\omega}_2^2, \cdots, \bar{\omega}_\kappa^2$，及其相应特征向量 $\boldsymbol{A}^{(1)}, \boldsymbol{A}^{(2)}, \cdots, \boldsymbol{A}^{(\kappa)}$，则原系统的前 κ 阶固有频率可近似取为

$$\omega_j^2 = \bar{\omega}_j^2 \tag{9.3.9}$$

相应的前 κ 阶模态可近似取为

$$\boldsymbol{\Phi}^{(j)} = \boldsymbol{\Theta}\boldsymbol{A}^{(j)} \tag{9.3.10}$$

下面进行正交性分析，当 $i \neq j$ 时，因

$$\begin{cases} \left(\boldsymbol{\Phi}^{(i)}\right)^{\mathrm{T}} \boldsymbol{I}\boldsymbol{\Phi}^{(j)} = \left(\boldsymbol{A}^{(i)}\right)^{\mathrm{T}} \boldsymbol{\Theta}^{\mathrm{T}}\boldsymbol{I}\boldsymbol{\Theta}\boldsymbol{A}^{(j)} = \left(\boldsymbol{A}^{(i)}\right)^{\mathrm{T}} \bar{\boldsymbol{I}}\boldsymbol{A}^{(j)} = \boldsymbol{0} \\ \left(\boldsymbol{\Phi}^{(i)}\right)^{\mathrm{T}} \boldsymbol{K}\boldsymbol{\Phi}^{(j)} = \left(\boldsymbol{A}^{(i)}\right)^{\mathrm{T}} \boldsymbol{\Theta}^{\mathrm{T}}\boldsymbol{K}\boldsymbol{\Theta}\boldsymbol{A}^{(j)} = \left(\boldsymbol{A}^{(i)}\right)^{\mathrm{T}} \bar{\boldsymbol{K}}\boldsymbol{A}^{(j)} = \boldsymbol{0} \end{cases} \tag{9.3.11}$$

因此近似模态关于矩阵 $\bar{\boldsymbol{K}}$ 和 $\bar{\boldsymbol{I}}$ 正交。

例 9.3.1　针对例 9.1.2 的三自由度系统，按瑞利法，求其基频。

解　按前例，其自由振动方程为

$$\begin{bmatrix} m & 0 & 0 \\ 0 & m & 0 \\ 0 & 0 & 2m \end{bmatrix} \begin{Bmatrix} \ddot{q}_1 \\ \ddot{q}_2 \\ \ddot{q}_3 \end{Bmatrix} + \begin{bmatrix} 2k & -k & 0 \\ -k & 3k & -2k \\ 0 & -2k & 2k \end{bmatrix} \begin{Bmatrix} q_1 \\ q_2 \\ q_3 \end{Bmatrix} = \begin{Bmatrix} 0 \\ 0 \\ 0 \end{Bmatrix}$$

采用常规方法计算，得

$$\begin{cases} \omega_1 = 0.373\sqrt{k/m} \\ \omega_2 = 1.321\sqrt{k/m} \\ \omega_3 = 2.029\sqrt{k/m} \end{cases}$$

而由邓克利法得

$$\omega_1 = 0.354\sqrt{k/m}$$

瑞利法得

$$\omega_1 = 0.378\sqrt{k/m}$$

下面按里茨法，假设取振型为

$$\boldsymbol{\Theta} = \left[\begin{array}{cc} \boldsymbol{J}^{(1)} & \boldsymbol{J}^{(2)} \end{array}\right] = \left[\begin{array}{cc} 1 & 1 \\ 2 & 2 \\ 3 & -1 \end{array}\right]$$

缩减后的新系统的刚度矩阵和惯量矩阵有

$$\bar{\boldsymbol{K}} = \boldsymbol{\Theta}^{\mathrm{T}}\boldsymbol{K}\boldsymbol{\Theta} = \left[\begin{array}{cc} 4k & -4k \\ -4k & 20k \end{array}\right]$$

$$\bar{\boldsymbol{I}} = \boldsymbol{\Theta}^{\mathrm{T}}\boldsymbol{I}\boldsymbol{\Theta} = \left[\begin{array}{cc} 23m & -m \\ -m & 7m \end{array}\right]$$

令 $\beta = \bar{\omega}^2 m/k$，有特征值问题

$$\left|\begin{array}{cc} 4 - 23\beta & -4 + \beta \\ -4 + \beta & 20 - 7\beta \end{array}\right| = 0$$

解得

$$\left\{\begin{array}{l} a_1 = 0.1399 \\ a_2 = 2.8601 \end{array}\right.$$

$$\boldsymbol{A}^{(1)} = \left\{\begin{array}{c} 4.928 \\ 1 \end{array}\right\}$$

$$\boldsymbol{A}^{(2)} = \left\{\begin{array}{c} -0.018 \\ 1 \end{array}\right\}$$

固有频率为

$$\left\{\begin{array}{l} \omega_1 = \bar{\omega}_1 = \sqrt{\dfrac{a_1 k}{m}} = 0.374\sqrt{\dfrac{k}{m}} \\[4mm] \omega_2 = \bar{\omega}_2 = \sqrt{\dfrac{a_2 k}{m}} = 1.691\sqrt{\dfrac{k}{m}} \end{array}\right.$$

模态为

$$
\begin{cases}
\boldsymbol{\Phi}^{(1)} = \boldsymbol{\Theta} \boldsymbol{A}^{(1)} = \mu_1 \left\{ \begin{array}{c} 0.43 \\ 0.86 \\ 1 \end{array} \right\} \\
\boldsymbol{\Phi}^{(2)} = \boldsymbol{\Theta} \boldsymbol{A}^{(2)} = \mu_2 \left\{ \begin{array}{c} -0.93 \\ -1.86 \\ 1 \end{array} \right\}
\end{cases}
$$

式中，μ_1 和 μ_2 为模态归一化时产生的常数，可不考虑。

可见用里茨法求得的基频精度较瑞利法高，但第二阶固有频率的精度仍然不是很高。

第 10 章 键合空间动力学仿真

10.1 无链供弹系统键合空间动力学仿真

10.1.1 某无链供弹系统结构分析

某无链供弹系统如图 10.1.1 所示，其工作过程如下：电机带动两个弹簧马达作为动力源，通过锥齿轮传动带动主提弹链轮 (及其轴) 转动，一方面主提弹链轮带动主推弹链轮，经推弹链条及拨弹齿将弹拨入提弹链条，同时除掉弹夹；另一方面主提弹链轮经提弹链条带动从提弹链轮轴转动，从提弹链轮轴通过差动机构带动耳轴后拨弹轮转动，耳轴后拨弹轮轴经一系列的齿轮转动，分别带动 I、II、III 对螺旋转动，炮弹在螺旋内与运动导板相互作用，按预定的轨迹运动，最后经自动机进弹口拨弹轮进入自动机中心位置，完成整个供弹过程。

在此供弹系统结构中，炮弹共计 210 发：中弹箱内装有弹夹 24 夹，每个弹夹带弹 7 发，共计 168 发；提弹链条提弹 29 发，有 27 发位于垂直链条内，2 发处于提弹链轮与耳轴后拨弹轮交接状态；从转盘到耳轴计 13 发，耳轴后拨弹 2 发，三对螺旋各带弹 2 发，自动机进弹口拨弹轮拨弹 5 发。

10.1.2 无链供弹系统键合空间模型

根据系统动力学键合空间理论，分析某无链供弹机，结合上述简化系统结构，知该系统为典型的支状流显系统，采用结点拓扑法增广定向并确定其因果关系后，系统键合空间模型如图 10.1.2 所示。图中，**I** 代表惯性元件，**C** 代表容性元件，**R** 代表阻性元件，**Q** 代表零刚度元件，**E** 代表势源，**TFH** 代表转换器和摩阻元件集成的两通口元件，**1** 表示共流结，**0** 表示共势结。

键合空间模型共 30 个结点，各结点空间含义如下：

(1) 弹簧马达 1 输入轴系运动结点空间；

(2) 弹簧马达 2 输入轴系运动结点空间；

(3) 主、从提弹链轮系运动结点空间；

(4) 提弹链条 (含所提弹) 系统运动结点空间；

(5) 推弹系统 (含弹、弹夹及推弹链条链轮系) 运动结点空间；

(6) 差动机构输入齿轮系运动结点空间；

(7) 差动机构中间传动齿轮系运动结点空间；

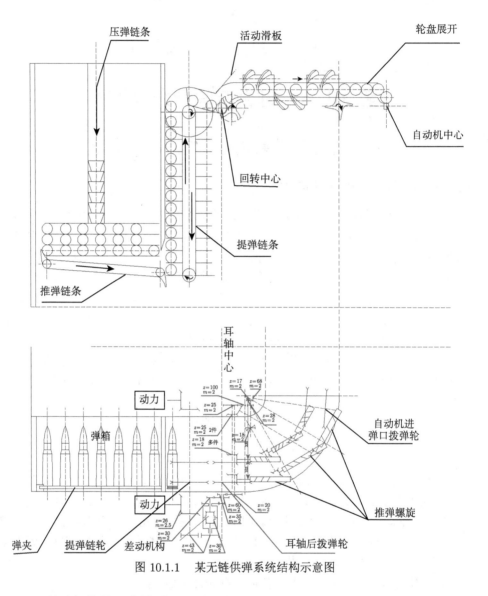

图 10.1.1　某无链供弹系统结构示意图

(8) 差动机构输出齿轮系运动结点空间；

(9) 耳轴齿轮系运动结点空间；

(10) 耳轴后拨弹轮系运动结点空间；

(11) 带动 I 螺旋对转动齿轮轴系运动结点空间；

(12) I 螺旋对轴系 (含传动锥齿轮) 运动结点空间；

(13) I 螺旋对 1 弹运动结点空间；

(14) 带动 II 螺旋对转动主齿轮轴系运动结点空间；

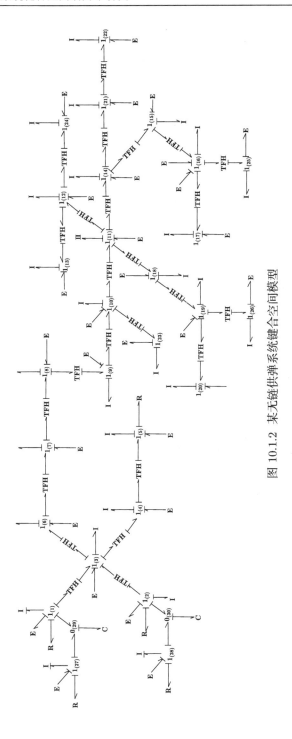

图 10.1.2　某无链供弹系统键合空间模型

(15) 带动 II 螺旋对转动齿轮轴系运动结点空间；

(16) II 螺旋对轴系 (含传动锥齿轮) 运动结点空间；

(17) II 螺旋对 1 弹运动结点空间；

(18) 带动 III 螺旋对转动齿轮轴系运动结点空间；

(19) III 螺旋对轴系 (含传动锥齿轮) 运动结点空间；

(20) III 螺旋对 1 弹运动结点空间；

(21) 自动机进弹口拨弹轮轴系运动结点空间；

(22) 转盘展开到自动机中心 5 发被拨炮弹运动结点空间；

(23) 2 发被耳轴后拨弹轮拨动炮弹运动结点空间；

(24) I 螺旋对 2 弹运动结点空间；

(25) II 螺旋对 2 弹运动结点空间；

(26) III 螺旋对 2 弹运动结点空间；

(27) 弹簧马达 1 电机系统运动结点空间；

(28) 弹簧马达 2 电机系统运动结点空间；

(29) 弹簧马达 1 弹簧运动结点空间；

(30) 弹簧马达 2 弹簧运动结点空间。

10.1.3 状态方程的推导

以图 10.1.2 中的第 1 结点所表示的弹簧马达运动为基础构件，而其独立的构件仅有 $\mathbf{I}_1$、$\mathbf{I}_{27}$、$\mathbf{I}_{28}$、$\mathbf{C}_1$、$\mathbf{C}_2$、$\mathbf{C}_{27}$、$\mathbf{C}_{28}$，故此按键合空间运动传递关系模数与摩阻组件叠加的原则，在考虑转换器时只需要考虑最后叠加的形式即可，确定出方程为

$$
\begin{cases}
\dot{q}_1 = f_1 = I_1^{-1} p_1 \\
\dot{q}_2 = f_2 = \dot{q}_1 = I_1^{-1} p_1 \\
\dot{p}_1 = E_{28} - C_1^{-1}(q_1 - q_{27}) - R_1 f_1 + E_{30} - C_2^{-1}(q_2 - q_{30}) \\
\qquad - R_2 f_2 + E_3 - \dot{p}_3 - \dot{p}_2 - \sum_{i=4}^{26} H_i^{-1} m_i (\dot{p}_i - E_i) \\
\dot{q}_{27} = I_{27}^{-1} p_{27} \\
\dot{p}_{27} = E_{27} - R_{27} I_{27}^{-1} p_{27} - C_{29}^{-1}(q_1 - q_{27}) + E_{29} \\
\dot{q}_{28} = I_{28}^{-1} p_{28} \\
\dot{p}_{28} = E_{28} - R_{28} I_{28}^{-1} p_{28} - C_{30}^{-1}(q_2 - q_{28}) + E_{30}
\end{cases}
\tag{10.1.1}
$$

对于 $\dot{p}_i$ $(i = 4, 5, \cdots, 26)$ 有

$$
\ddot{q}_{Nj} + \omega_j^2 q_{Nj} = E_{Nj}, \quad j = 1, 2, \cdots, n
$$

并且有

$$
\dot{p}_2 = I_2 I_1^{-1} \dot{p}_1
$$

$$\dot{p}_3 = I_3 I_1^{-1} \dot{p}_1$$

取 $m_1 = 1$，$H_1 = 1$，$m_2 = 1$，$H_2 = 1$，$m_3 = 1$，$H_3 = 1$，$E_1 = E_2 = 0$。有

$$q_{pj} = q_{0pj}\cos(\omega_j t) + \frac{f_{0pj}}{\omega_j}\sin(\omega_j t) + \frac{1}{m_{pj}\omega_j}\int_0^t E_{pj}(\tau)$$
$$\times \sin[\omega_j(t - \tau)]\,\mathrm{d}\tau, \quad j = 1, 2, \cdots, n$$

状态方程整理得

$$\begin{cases}
\dot{q}_1 = f_1 = I_1^{-1}p_1 \\[2mm]
\dot{q}_2 = f_2 = \dot{q}_1 = I_1^{-1}p_1 \\[2mm]
\dot{p}_1 = \dfrac{\left\{\displaystyle\sum_{i=1}^n\left[H_i^{-1}m_iE_i - H_i^{-1}m_iI_i\dfrac{\mathrm{d}m_i}{\mathrm{d}q_i}\left(I_1^{-1}p_1\right)^2\right]\right\}}{\displaystyle\sum_{i=1}^n H_i^{-1}m_iI_im_iI_1^{-1}} \\[2mm]
\qquad \dfrac{-C_1^{-1}(q_1 - q_{27}) - C_2^{-1}(q_2 - q_{28}) - (R_1 - R_2)I_1^{-1}p_1}{\displaystyle\sum_{i=1}^n H_i^{-1}m_iI_im_iI_1^{-1}} \\[2mm]
\dot{q}_{27} = I_{27}^{-1}p_{27} \\[2mm]
\dot{p}_{27} = E_{27} - R_{27}I_{27}^{-1}p_{27} - C_{29}^{-1}(q_1 - q_{27}) + E_{29} \\[2mm]
\dot{q}_{28} = I_{28}^{-1}p_{28} \\[2mm]
\dot{p}_{28} = E_{28} - R_{28}I_{28}^{-1}p_{28} - C_{30}^{-1}(q_2 - q_{28}) + E_{30}
\end{cases} \qquad (10.1.2)$$

根据状态方程，编写软件并代入所有初始状态参量，进行动态分析。

10.1.4　仿真与结果

利用式 (10.1.2) 的计算结果，编程仿真。

1. 仿真分析的主要目的

进行双螺旋导引无链供弹系统动力学计算，以确定其供弹的速度、供弹过程的动力学特征量；确定弹簧马达与无链供弹的匹配性；在动力学分析计算的基础上，对参数进行合理匹配，以便改进与完善设计。

2. 确定可以变化输入的参数

为了实现上述目的，确定了可以变化输入的参数。主要有弹簧马达相关参数，提弹数，弹簧马达电机减速器传速比，传动系统的等效阻尼、传动效率、转动惯量等参数。

3. 仿真结果

由于仿真分析的结果很多，这里只列举出具有代表性的几个结果，如图 10.1.3 至图 10.1.7 所示。

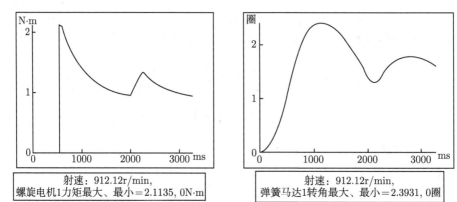

图 10.1.3　提弹 15 发时单弹簧马达驱动的松弛转角 (左) 和电机力矩 (右)

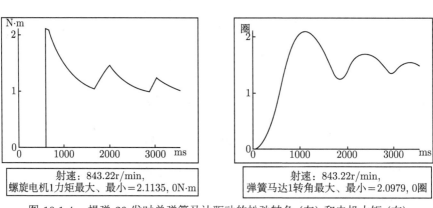

图 10.1.4　提弹 29 发时单弹簧马达驱动的松弛转角 (左) 和电机力矩 (右)

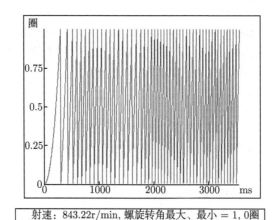

图 10.1.5　提弹 29 发时单弹簧马达驱动时螺旋转角 (转一圈为一个周期)

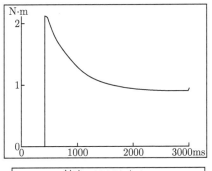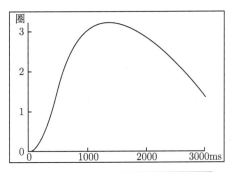

图 10.1.6 提弹 29 发时双弹簧马达驱动时马达 1 松弛转角 (左) 和力矩 (右)

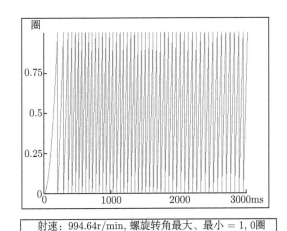

图 10.1.7 提弹 29 发时双弹簧马达驱动时螺旋转角 (转一圈为一个周期)

经过仿真分析, 并利用仿真结果中动反力的结果, 对关键件强度进行了有限分析, 校核强度。结果主要有: 当提弹数为 15 发时, 在单弹簧马达带动下, 以供弹 50 发计算, 动态分析双螺旋无链供弹机能够达到的供弹速度, 与实验测试结果基本符合, 说明双螺旋无链供弹系统动力学建模及处理、计算的方法是正确的; 在提弹数为 29 发时, 在单弹簧马达带动下, 以供弹 50 发计算, 双螺旋无链供弹机能够达到 843 发/min 的供弹速度, 但首发供弹时间相对较长; 在提弹数为 29 发时, 在双弹簧马达带动下, 以供弹 50 发计算, 双螺旋无链供弹机能够达到 994 发/min 的供弹速度, 且首发供弹时间较单弹簧马达供弹时间短, 能够满足弹炮一体化自动机对供弹速度的要求; 根据动态分析的结果, 对双螺旋无链供弹系统与自动机进弹口接口处拨弹轮 (供弹接口拨弹轮) 有限元分析表明, 供弹接口拨弹轮能够满足使用要求; 根据动态分析的结果, 对双螺旋无链供弹系统提弹出口

处拨弹轮 (提弹后拨弹轮) 有限元分析表明，提弹后拨弹轮能够满足使用要求；根据动态分析的结果，选择结构相对最薄弱的螺旋进行有限元分析计算。按螺旋前端、中部、后端拨弹进行的有限元计算表明，螺旋能够满足使用要求。

10.2　某自动炮键合空间动力学仿真

10.2.1　某自动炮模型的建立与因果关系的确定

运用键合空间理论建立某自动炮动力学模型，如图 10.2.1 所示。其中，各结点含义为

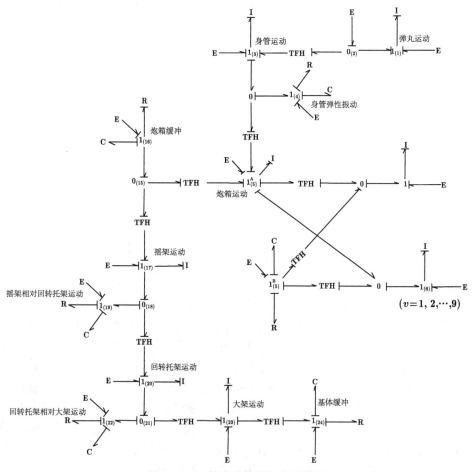

图 10.2.1　某自动炮键合空间模型

(1) 弹丸运动空间；

(2) 弹丸相对身管运动空间;

(3) 身管刚、弹性接口空间;

(4) 身管弹性振动空间;

(5) A 为炮箱运动空间,B 为机框相对炮箱运动空间;

(6) 炮箱与机框作用力空间 ($v = 1, 2, \cdots, 9$) 为自动机从动构件运动空间;

(15) 炮箱缓冲力空间;

(16) 炮箱缓冲运动空间;

(17) 摇架运动空间;

(18) 摇架与回转托架作用力空间;

(19) 摇架相对回转托架运动空间;

(20) 回转托架运动空间;

(21) 回转托架与大架 (炮车本体) 作用力空间;

(22) 回转托架相对大架 (炮车本体) 运动空间;

(23) 大架 (炮车本体) 运动空间;

(24) 基体缓冲运动空间。

所有的结点空间都是六自由度的线性空间。当弹丸出炮口以后,(1) 结点的展开方程即为六自由度的外弹道方程,此时 (1) 结点与 (3) 结点脱离。

说明:(5) 结点即为自动机模型中的 A 结点;(3) 结点到 (4) 结点为若干个柔性子结点,其模型见柔性身管仿真部分;(22) 结点到 (23) 结点为若干个柔性子结点,其模型见柔性大架仿真部分。

10.2.2 某自动炮状态方程的列写

一般说来,根据键合空间理论可从图 10.2.1 所示的键合空间模型中得到系统状态方程。但是模型共有 24 个结点,每个结点至少有一个自由度,多者达到六个自由度,每个自由度有两个系统状态方程,因此整个系统少则有 $24 \times 2 = 48$ 个系统状态方程,多则有 $24 \times 12 = 288$ 个系统状态方程。像这样复杂的机械系统的动力学仿真,只有将系统模型模块化,根据具体的系统键合空间模型,严格按键合空间理论采用分割法将模型划分为几个局部模型 (子模型),然后分别求解各局部系统模型,最后将各模型结果联合起来,最终完成整个大系统模型的求解。

键合空间理论划分子系统的基本原则是:

(1) 不改变系统及各子系统各结点空间的因果关系;

(2) 各子系统模型之间的相互关系不能改变;

(3) 各子系统模型之间的联系应该体现出来;

(4) 既可在 **1** 结点断开又可在 **0** 结点断开,不能在其他结点 (如转换器、回转器) 断开。

　　实际的系统键合空间模型划分为子系统模型，应该结合各学科的求解方法和实际的系统结构，遵循有利于求解模型的思想，合理划分子系统的个数。根据上述分割原则，某自动炮全炮动态仿真键合空间模型可以划分为下面三个子模型，分别在结点 (3) 和结点 (15) 处断开，形成身管运动子系统、自动机运动子系统及炮架运动子系统。

　　根据键合空间理论，可从上面的键合空间模型中得到炮架运动子系统的状态方程为

$$
\begin{cases}
\dot{q}_{17} = \boldsymbol{\Phi}_{I17}^{-1}\boldsymbol{p}_{17} - \boldsymbol{\Phi}_{I20}^{-1}\boldsymbol{p}_{20} \\
\dot{q}_{22} = \boldsymbol{\Phi}_{I20}^{-1}\boldsymbol{p}_{20} - \boldsymbol{\Phi}_{I23}^{-1}\boldsymbol{p}_{23} \\
\dot{q}_{24} = \boldsymbol{m}_{(23,24)}\boldsymbol{\Phi}_{I23}^{-1}\boldsymbol{p}_{23} \\
\dot{p}_{17} = \boldsymbol{e}_{(17,16)} + \boldsymbol{e}_{17} - \boldsymbol{\Phi}_{R19}\left(\dot{\boldsymbol{\Phi}}_{I17}^{-1}\boldsymbol{p}_{17} - \boldsymbol{\Phi}_{I20}^{-1}\boldsymbol{p}_{20}\right) - \boldsymbol{\Phi}_{C19}^{-1}\boldsymbol{q}_{19} \\
\dot{p}_{20} = \boldsymbol{e}_{20} - \left[\boldsymbol{\Phi}_{R22}\left(\boldsymbol{\Phi}_{I20}^{-1}\boldsymbol{p}_{20} - \boldsymbol{\Phi}_{I23}^{-1}\boldsymbol{p}_{23}\right) - \boldsymbol{e}_{22} + \boldsymbol{\Phi}_{C19}^{-1}\boldsymbol{q}_{19}\right] \\
\qquad - \boldsymbol{h}_{(20,19)}^{-1}\boldsymbol{m}_{(20,19)}^{\mathrm{T}}\left[\boldsymbol{e}_{17} - \boldsymbol{\Phi}_{R19}\left(\boldsymbol{\Phi}_{I17}^{-1}\boldsymbol{p}_{17} - \boldsymbol{\Phi}_{I20}^{-1}\boldsymbol{p}_{20}\right) - \boldsymbol{\Phi}_{C19}^{-1}\boldsymbol{q}_{19}\right] \\
\dot{p}_{23} = \boldsymbol{e}_{23} - \boldsymbol{h}_{(23,24)}^{-1}\boldsymbol{m}_{(23,24)}^{\mathrm{T}}\left[\boldsymbol{\Phi}_{R24}\boldsymbol{m}_{(23,24)}\boldsymbol{\Phi}_{I23}^{-1}\boldsymbol{p}_{23} - \boldsymbol{e}_{24} + \boldsymbol{\Phi}_{C24}^{-1}\boldsymbol{q}_{24}\right] \\
\qquad - \boldsymbol{h}_{(22,23)}^{-1}\boldsymbol{m}_{(22,23)}^{\mathrm{T}}\left[\boldsymbol{e}_{22} - \boldsymbol{\Phi}_{R22}\left(\boldsymbol{\Phi}_{I20}^{-1}\boldsymbol{p}_{20} - \boldsymbol{\Phi}_{I23}^{-1}\boldsymbol{p}_{23}\right) - \boldsymbol{\Phi}_{C22}^{-1}\boldsymbol{q}_{22}\right]
\end{cases}
$$

$$(10.2.1)$$

　　上式为矢量微分方程组，按键合空间理论对符号的定义：$\boldsymbol{p}$、$\boldsymbol{q}$、$\boldsymbol{f}$ 和 $\boldsymbol{e}$ 分别代表动量变量、位变、流和势，它们上面一点表示它们对时间的一阶导数，它们均是对应键所连接结点空间中的矢量；用 $\boldsymbol{I}$ 表示惯量张量；$\boldsymbol{C}$ 为柔度张量；$\boldsymbol{R}$ 为阻性张量；下标代表元件连接结点，$\boldsymbol{\Phi}_{Rj}$ 为 j 结点阻性函数；$\boldsymbol{\Phi}_{Cj}$ 为 j 结点容性函数；$\boldsymbol{h}_{(j,k)}$ 表示流由 j 结点经摩阻元件 $\mathbf{H}$ 向 k 结点的摩阻特性张量；$\mathbf{TF}$ 为转换器，$\mathbf{m}_{(j,k)}$ 表示流由 j 结点经转换器 $\mathbf{TF}$ 指向 k 结点的转换器矩阵。当 $\mathbf{H}$ 与转换器 $\mathbf{TF}$ 直接相连时，通常缩写为 $\mathbf{TFH}$，符号记为它们各自一端所连的结点，下标顺序亦按流的方向取。

10.2.3　系统各结点键合空间及其相互转换关系

　　在键合空间理论中，系统模型采用拓扑结点表示，模型的最终求解结果也是由结点状态参量来体现。欲将复杂的系统矢量状态方程展开，并采用一定的方法解出该矢量方程，必须结合各专业学科的知识和实际系统结构，分清各结点空间的含义，并且准确把握各结点的相互关系，求出各结点之间的转换矩阵。下面分析某自动炮炮架子系统模型各结点空间。

　　结点 24 表示基体缓冲运动空间，结点 24 对结点 23 产生反作用，基体本身并不运动。根据某自动炮系统大架 (炮车本体) 由三个支撑驻锄将其支撑在泥土上，整个炮车本体具有三个方向的平移和绕三个坐标轴转动的旋转运动，为了描

述 24 结点对 23 结点的缓冲作用，同时便于分析炮车本体各个大架腿的受力及运动情况，采用如图 10.2.2 所示的坐标系表示本结点空间。

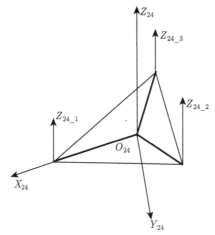

图 10.2.2　结点 24 坐标系

结点 24 的六个自由度重新定义为：x、y、z_1、z_2、z_3 五个方向上的平移和绕 z 轴的转动。

结点 23 为炮车本体运动空间，炮车本体运动描述得好坏与否，将直接影响到整个系统能否合理、方便地显示，在系统模型结果的后处理中，以此结点空间坐标系为全炮动态响应三维动画显示的整体坐标系，其他各结点计算出来的局部坐标系结果都将通过 **TFH** 以转换器矩阵的方式变换到这个结点空间坐标系里面来。

根据某自动炮实验射击状态，以前脚朝前、后脚朝后进行零射角、零方向角平射，定义此结点空间坐标系如图 10.2.3 所示。

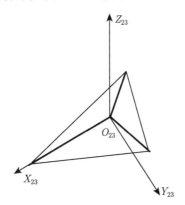

图 10.2.3　结点 23 坐标系

结点 22 空间描述回转托架相对大架运动空间，其含义同结点 23。

结点 21 空间描述回转托架与大架相互作用力空间，由于大架和回转托架均有六个自由度，所以结点 21 也有六个方向上的作用力和反作用力，即沿 x、y、z 三个方向的力和绕 x、y、z 三个轴的转动力矩。

结点 20 空间描述回转托架绝对运动空间，回转托架在方向机的作用下主要做左右方向转动，但在整个火炮系统的作用下有平动和转动共六个自由度的振动空间，考虑到方向角，结合 23 结点空间，定义结点 22 空间为沿 x、y、z 三个方向的平动和绕 x、y、z 三个轴的转动，如图 10.2.4 所示。图中 α_{20} 表示方向角。

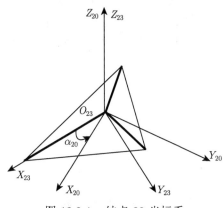

图 10.2.4   结点 20 坐标系

结点 19 描述摇架相对回转托架运动空间，由结点 20 和结点 17 的运动空间可知，结点 19 也有六个自由度，分别是三个相对平动和三个相对转动。

结点 18 描述摇架与回转托架相互作用力空间，从上述结点 19 空间的运动分析可知，二者之间的相互作用力与反作用力共有六个，分别是沿三个坐标轴的力和绕三个坐标轴转动的力矩。

结点 17 描述摇架绝对运动空间，摇架在高低机的作用下做高低转动，在惯性参考系中，摇架也具有三个平动和三个转动共六个自由度。根据系统模型的需要，结合实际情况，将结点 17 空间描述如图 10.2.5 所示。图中 α_{17} 为高低射击角，虚线轴平行于 $O_{20}\text{-}X_{20}Y_{20}Z_{20}$ 坐标系。

综合上述各结点的定义，整个炮架子系统键合空间定义如图 10.2.6 所示。

两个通口键的连接通过二通口元件完成功率由一个通口向另一个通口转换和传递的功能。二通口元件所连接的这两个通口的键合空间性质和维数可以一样，也可以不一样，通过二通口元件既可表示不同能量范畴元件和系统间功率的传递和转换，也可表示键合空间的转换。键合空间理论能够把包含不同能量范畴的系统用统一的符号表示，很重要的一点就是用二通口元件能够清楚地描述系统中不同能量范畴的元件和子系统间的势、流和功率的转换和传递关系。当多通道口元

件 **H** 与转换器 **TF** 直接相连时，通常缩写成 **TFH**，简化为二通道口元件。确定某自动炮炮架子系统键合空间模型各结点空间的相互转换关系，即确定结点空间的 **TFH** 转换矩阵。

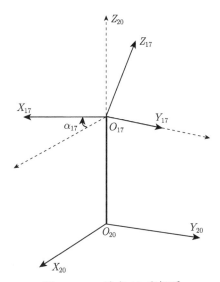

图 10.2.5　结点 17 坐标系

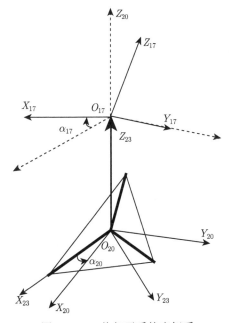

图 10.2.6　炮架子系统坐标系

结点 23 和结点 24 之间通过第一类转换器实现相互转换，即因变量是流、果变量 (从变量) 是势的转换器。结点 23 空间 B_{23}：$\dim(B_{23}) = 6$。结点 24 空间 B_{24}：$\dim(B_{24}) = 6$，转换矩阵为一 6×6 的矩阵，用 $\boldsymbol{K}_{23,24} = \boldsymbol{H}_{23,24}^{-1} \boldsymbol{m}_{23,24}$ 表示，满足：$\boldsymbol{f}_{24} = \boldsymbol{K}_{23,24} \boldsymbol{f}_{23}$；$\boldsymbol{e}_{23} = \boldsymbol{K}_{23,24}^{\mathrm{T}} \boldsymbol{e}_{24}$。

$$\boldsymbol{H}_{23,24}^{-1} \boldsymbol{m}_{23,24} = \begin{bmatrix} 1 & 0 & 0 & 0 & 0 & 0 \\ 0 & 1 & 0 & 0 & 0 & 0 \\ 0 & 0 & 1 & 0 & -L_1 & 0 \\ 0 & 0 & 1 & Z_6 & L_2 \sin\gamma & 0 \\ 0 & 0 & 1 & Z_5 & L_3 \sin\gamma & 0 \\ 0 & 0 & 1 & 0 & 0 & 1 \end{bmatrix} \tag{10.2.2}$$

式中，各参数如图 10.2.7 所示，有 $\gamma = \arccos\left(\dfrac{L_6}{L_2}\right)$。

结点 20、21、24 三个结点为同一键合空间，所以它们与结点 23 之间的转换矩阵相同，属于第二类转换器，即因变量是势，果 (从) 变量是流。为了便于计算机表示，以结点 20 为例进行说明。

结点 23 空间 B_{23}：$\dim(B_{23}) = 6$。结点 20 空间 B_{20}：$\dim(B_{20}) = 6$，转换矩阵为一 6×6 的矩阵，用 $\boldsymbol{K}_{23,20} = \boldsymbol{H}_{23,20}^{-1} \boldsymbol{m}_{23,20}$ 表示，满足：$\boldsymbol{f}_{20} = \boldsymbol{K}_{23,20} \boldsymbol{f}_{23}$；$\boldsymbol{e}_{23} = \boldsymbol{K}_{23,20}^{\mathrm{T}} \boldsymbol{e}_{20}$。

$$\boldsymbol{H}_{23,20}^{-1} \boldsymbol{m}_{23,20} = \begin{bmatrix} \cos\alpha_{20} & \sin\alpha_{20} & 0 & 0 & 0 & 0 \\ -\sin\alpha_{20} & \cos\alpha_{20} & 1 & 0 & 0 & 0 \\ 0 & 0 & 0 & 0 & 0 & 0 \\ 0 & 0 & 0 & \cos\alpha_{20} & \cos\alpha_{20} & 0 \\ 0 & 0 & 0 & \cos\alpha_{20} & \cos\alpha_{20} & 0 \\ 0 & 0 & 0 & 0 & 0 & 1 \end{bmatrix} \tag{10.2.3}$$

结点 17、18、19 三个结点为同一键合空间，所以它们与结点 20 之间的转换矩阵相同，属于第二类转换器，即因变量是势，果 (从) 变量是流。为了便于计算机表示，以结点 17 为例进行说明。

结点 20 空间 B_{20}：$\dim(B_{20}) = 6$。结点 17 空间 B_{17}：$\dim(B_{17}) = 6$，转换矩阵为一 6×6 的矩阵，用 $\boldsymbol{K}_{20,17} = \boldsymbol{H}_{20,17}^{-1} \boldsymbol{m}_{20,17}$ 表示，满足：$\boldsymbol{f}_{20} = \boldsymbol{K}_{20,17} \boldsymbol{f}_{17}$；$\boldsymbol{e}_{17} = \boldsymbol{K}_{20,17}^{\mathrm{T}} \boldsymbol{e}_{20}$，其转换关系为

$$\boldsymbol{H}_{20,17}^{-1}\boldsymbol{m}_{20,17} = \begin{bmatrix} \cos\alpha_{17} & 0 & \sin\alpha_{17} & 0 & L_{17}\cos\alpha_{17} & 0 \\ 0 & 1 & 0 & -L_{17} & 0 & 0 \\ -\sin\alpha_{17} & 0 & \cos\alpha_{17} & 0 & -L_{17}\cos\alpha_{17} & 0 \\ 0 & 0 & 0 & \cos\alpha_{17} & \sin\alpha_{17} & \sin\alpha_{17} \\ 0 & 0 & 0 & 0 & 1 & 0 \\ 0 & 0 & 0 & -\sin\alpha_{17} & 0 & \cos\alpha_{17} \end{bmatrix}$$

$$(10.2.4)$$

式中，L_{17} 为 O_{17} 与 O_{20} 之间的距离。

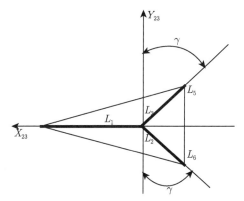

图 10.2.7　结点 23 相关参数示意图

10.3　身管振动键合空间动力学仿真

在高炮中，身管的振动对射击精度有至关重要的影响，因此建立身管的振动求解模型是十分必要的。下面利用键合空间理论对某自动炮身管的振动建立求解模型并进行振动分析。

10.3.1　建模

将身管分为七个结点，考虑其在各结点发射平面内的振动。键合空间模型如图 10.3.1 所示。

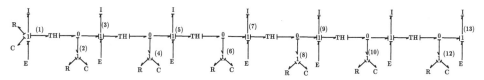

图 10.3.1　身管键合空间模型

10.3.2　状态方程列写

根据键合空间理论,可从上面的键合空间模型中得到系统状态方程,为

$$
\begin{cases}
\dot{\boldsymbol{p}}_1 = \boldsymbol{E}_1 - \boldsymbol{M}_{0102}^{\mathrm{T}}\left(\boldsymbol{R}_2\dot{\boldsymbol{q}}_2 + \boldsymbol{C}_2^{-1}\boldsymbol{q}_2\right) - \left(\boldsymbol{R}_1\dot{\boldsymbol{q}}_1 + \boldsymbol{C}_1^{-1}\boldsymbol{q}_1\right) \\
\dot{\boldsymbol{p}}_3 = \boldsymbol{E}_3 + \left(\boldsymbol{R}_2\dot{\boldsymbol{q}}_2 + \boldsymbol{C}_2^{-1}\boldsymbol{q}_2\right) - \boldsymbol{M}_{0304}^{\mathrm{T}}\left(\boldsymbol{R}_4\dot{\boldsymbol{q}}_4 + \boldsymbol{C}_4^{-1}\boldsymbol{q}_4\right) \\
\dot{\boldsymbol{p}}_5 = \boldsymbol{E}_5 + \left(\boldsymbol{R}_4\dot{\boldsymbol{q}}_4 + \boldsymbol{C}_4^{-1}\boldsymbol{q}_4\right) - \boldsymbol{M}_{0506}^{\mathrm{T}}\left(\boldsymbol{R}_6\dot{\boldsymbol{q}}_6 + \boldsymbol{C}_6^{-1}\boldsymbol{q}_6\right) \\
\dot{\boldsymbol{p}}_7 = \boldsymbol{E}_7 + \left(\boldsymbol{R}_6\dot{\boldsymbol{q}}_6 + \boldsymbol{C}_6^{-1}\boldsymbol{q}_6\right) - \boldsymbol{M}_{0708}^{\mathrm{T}}\left(\boldsymbol{R}_8\dot{\boldsymbol{q}}_8 + \boldsymbol{C}_8^{-1}\boldsymbol{q}_8\right) \\
\dot{\boldsymbol{p}}_9 = \boldsymbol{E}_9 + \left(\boldsymbol{R}_8\dot{\boldsymbol{q}}_8 + \boldsymbol{C}_8^{-1}\boldsymbol{q}_8\right) - \boldsymbol{M}_{0910}^{\mathrm{T}}\left(\boldsymbol{R}_{10}\dot{\boldsymbol{q}}_{10} + \boldsymbol{C}_{10}^{-1}\boldsymbol{q}_{10}\right) \\
\dot{\boldsymbol{p}}_{11} = \boldsymbol{E}_{11} + \left(\boldsymbol{R}_{10}\dot{\boldsymbol{q}}_{10} + \boldsymbol{C}_{10}^{-1}\boldsymbol{q}_{10}\right) - \boldsymbol{M}_{1112}^{\mathrm{T}}\left(\boldsymbol{R}_{12}\dot{\boldsymbol{q}}_{12} + \boldsymbol{C}_{12}^{-1}\boldsymbol{q}_{12}\right) \\
\dot{\boldsymbol{p}}_{13} = \boldsymbol{E}_{13} + \left(\boldsymbol{R}_{12}\dot{\boldsymbol{q}}_{12} + \boldsymbol{C}_{12}^{-1}\boldsymbol{q}_{12}\right) \\
\dot{\boldsymbol{q}}_1 = \dot{\boldsymbol{I}}_i^{-1}\boldsymbol{p}_i \ \ (i=1,3,5,7,9,11,13) \\
\dot{\boldsymbol{q}}_2 = \boldsymbol{M}_{0102}\dot{\boldsymbol{q}}_1 - \dot{\boldsymbol{q}}_3 \\
\dot{\boldsymbol{q}}_4 = \boldsymbol{M}_{0304}\dot{\boldsymbol{q}}_3 - \dot{\boldsymbol{q}}_5 \\
\dot{\boldsymbol{q}}_6 = \boldsymbol{M}_{0506}\dot{\boldsymbol{q}}_5 - \dot{\boldsymbol{q}}_7 \\
\dot{\boldsymbol{q}}_8 = \boldsymbol{M}_{0708}\dot{\boldsymbol{q}}_7 - \dot{\boldsymbol{q}}_9 \\
\dot{\boldsymbol{q}}_{10} = \boldsymbol{M}_{0910}\dot{\boldsymbol{q}}_9 - \dot{\boldsymbol{q}}_{11} \\
\dot{\boldsymbol{q}}_{12} = \boldsymbol{M}_{1112}\dot{\boldsymbol{q}}_{11} - \dot{\boldsymbol{q}}_{13}
\end{cases}
\tag{10.3.1}
$$

10.3.3　计算结果

按照键合空间的理论编写程序,给出一次冲击时的位移如图 10.3.2 所示。

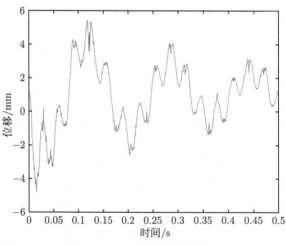

图 10.3.2　一次冲击位移曲线

10.4　大架振动键合空间动力学仿真

10.4.1　指定键合空间模型的功率流向

按某自动炮大架系统的结构建立键合空间模型如图 10.4.1 所示。图中，0 为全炮底盘，1 为炮架前脚，2 为炮架右后脚，3 为炮架左后脚。这里假定该炮架和全炮相对于一个惯性参考系运动，这里炮架的运动是在以下射击条件下产生的：高低射角不为零，方向射角不为零，且以在射击过程中土壤对炮架三只脚的反力为势源，即在键合空间模型中出现的势源 E_1，E_2，E_3。为了便于和前面键合空间拓扑结点方法对比，这里采用一般键合空间模型建模的方法来建立大架系统动力学模型。在大架系统中，为了表达出各条腿的运动状态，把每条腿都分成若干个结点，但是为了便于说明问题，每条腿只取三个结点。每个结点间的运动传递是由转换器 **TF** 来表示的，这里用 **R** 元件表示结点间的阻尼力作用效果，用 **C** 元件表示各结点的柔度，**I** 元件表示各结点的质量。这样根据一个复杂机械系统键合空间模型建模的一般方法可以把系统表述为如图 10.4.1 所示的键合空间模型。

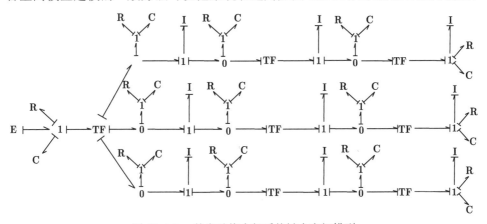

图 10.4.1　某自动炮大架系统键合空间模型

10.4.2　状态方程列写

因为大架系统的三条腿是相互独立的，所以把三条腿的状态方程分开来写。这样我们就可以把每一条腿简化为一支梁，三条腿就是三个梁单元。从上文中可知三个梁单元是相互独立的。由于整个大架系统的变形是微小的，而且全炮底盘的刚度相对于三条腿的刚度非常大，所以在计算三条腿的运动变形时可以近似地把底盘看作是刚性的。那么在每条梁分为如图 10.4.2 所示的三个结点后，在受到外力的作用下三个结点的变形关系可以表示为

$$\left\{ \begin{array}{c} \Delta y_3 \\ \Delta \theta_3 \end{array} \right\} = \left[\begin{array}{cc} L_3^2/(3EI) & L_3^2/(2EI) \\ L_3^2/(2EI) & L_3/(EI) \end{array} \right] \left\{ \begin{array}{c} p_3 \\ M_3 \end{array} \right\} \tag{10.4.1}$$

$$\left\{\begin{array}{c} \Delta y_2 \\ \Delta \theta_2 \end{array}\right\} = \left[\begin{array}{cc} L_2^3/(3EI) & L_2^2/(2EI) \\ L_2^2/(2EI) & L_2/(EI) \end{array}\right] \left\{\begin{array}{c} p_2 \\ M_2 \end{array}\right\} + \left[\begin{array}{cc} 1 & L_2 \\ 0 & 1 \end{array}\right] \left\{\begin{array}{c} \Delta y_3 \\ \Delta \theta_3 \end{array}\right\}$$

$$(10.4.2)$$

$$\left\{\begin{array}{c} \Delta y_1 \\ \Delta \theta_1 \end{array}\right\} = \left[\begin{array}{cc} L_1^3/(3EI) & L_1^2/(2EI) \\ L_1^2/(2EI) & L_1/(EI) \end{array}\right] \left\{\begin{array}{c} p_1 \\ M_1 \end{array}\right\} + \left[\begin{array}{cc} 1 & L_1 \\ 0 & 1 \end{array}\right] \left\{\begin{array}{c} \Delta y_2 \\ \Delta \theta_2 \end{array}\right\}$$

$$(10.4.3)$$

以上各方程式中的参数 Δy 和 $\Delta \theta$ 分别为结点各自由度的位移和转角，p 和 M 分别为加在各结点的力和力矩。其中 $\left[\begin{array}{cc} 1 & L_2 \\ 0 & 1 \end{array}\right]$ 和 $\left[\begin{array}{cc} 1 & L_1 \\ 0 & 1 \end{array}\right]$ 分别为三个结点之间的转换矩阵，分别用 $\boldsymbol{M}_{b1}$ 和 $\boldsymbol{M}_{b2}$ 来表示，然后列出大架各条腿的状态方程。

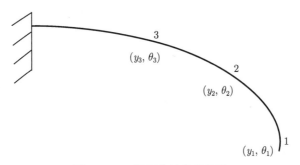

图 10.4.2　梁划分结点示意图

前腿：

$$\left\{\begin{array}{l} \dot{\boldsymbol{q}}_1 = \boldsymbol{I}_1^{-1}\boldsymbol{p}_1 \\ \dot{\boldsymbol{q}}_3 = \boldsymbol{I}_2^{-1}\boldsymbol{p}_3 \\ \dot{\boldsymbol{q}}_5 = \boldsymbol{I}_3^{-1}\boldsymbol{p}_5 \\ \dot{\boldsymbol{q}}_2 = \dot{\boldsymbol{q}}_1 - \boldsymbol{M}_{b1}\dot{\boldsymbol{q}}_3 \\ \dot{\boldsymbol{q}}_4 = \dot{\boldsymbol{q}}_3 - \boldsymbol{M}_{b2}\dot{\boldsymbol{q}}_5 \\ \dot{\boldsymbol{p}}_1 = \boldsymbol{E}_{01} - \left(\boldsymbol{C}_2^{-1}\boldsymbol{q}_2 + \boldsymbol{R}_2\boldsymbol{f}_2\right) \\ \dot{\boldsymbol{p}}_3 = \boldsymbol{M}_{b1}^{\mathrm{T}}\left(\boldsymbol{C}_2^{-1}\boldsymbol{q}_2 + \boldsymbol{R}_2\boldsymbol{f}_2\right) - \left(\boldsymbol{C}_4^{-1}\boldsymbol{q}_4 + \boldsymbol{R}_4\boldsymbol{f}_4\right) \\ \dot{\boldsymbol{p}}_5 = \boldsymbol{M}_{b2}^{\mathrm{T}}\left(\boldsymbol{C}_4^{-1}\boldsymbol{q}_4 + \boldsymbol{R}_4\boldsymbol{f}_4\right) - \left(\boldsymbol{C}_5^{-1}\boldsymbol{q}_5 + \boldsymbol{R}_5\boldsymbol{f}_5\right) \\ \boldsymbol{f}_2 = \dot{\boldsymbol{q}}_2 \\ \boldsymbol{f}_4 = \dot{\boldsymbol{q}}_4 \\ \boldsymbol{f}_5 = \dot{\boldsymbol{q}}_5 \end{array}\right. \qquad (10.4.4)$$

左后腿：

$$
\begin{cases}
\dot{q}_1 = I_1^{-1} p_1 \\
\dot{q}_3 = I_2^{-1} p_3 \\
\dot{q}_5 = I_3^{-1} p_5 \\
\dot{q}_2 = \dot{q}_1 - M_{b1} \dot{q}_3 \\
\dot{q}_4 = \dot{q}_3 - M_{b2} \dot{q}_5 \\
\dot{p}_1 = E_{01} - \left(C_2^{-1} q_2 + R_2 f_2 \right) \\
\dot{p}_3 = M_{b1}^{\mathrm{T}} \left(C_2^{-1} q_2 + R_2 f_2 \right) - \left(C_4^{-1} q_4 + R_4 f_4 \right) \\
\dot{p}_5 = M_{b2}^{\mathrm{T}} \left(C_4^{-1} q_4 + R_4 f_4 \right) - \left(C_5^{-1} q_5 + R_5 f_5 \right) \\
f_2 = \dot{q}_2 \\
f_4 = \dot{q}_4 \\
f_5 = \dot{q}_5
\end{cases}
\tag{10.4.5}
$$

右后腿：所加载荷为 $E03$，其他的方程式与左后腿大体相似，这里就不再列出。标号后的各腿统一键合空间模型如图 10.4.3 所示。

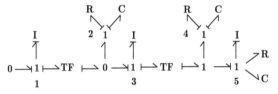

图 10.4.3 标号后的各腿统一键合空间模型

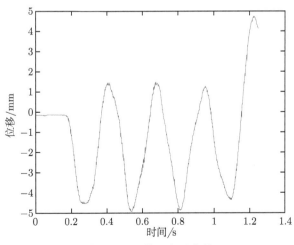

图 10.4.4 前腿变形曲线

10.4.3　计算结果的处理和分析

前腿在其 X 方向的变形曲线如图 10.4.4 所示。从动态曲线可以看出，大架前腿在 X 方向的变形是小变形，说明大架前腿在 X 方向的刚度很好。

参 考 文 献

[1]   Thomson W T, Dahleh M D. Theory of Vibration with Applications[M]. 5th ed. New Jersey: Prentice Hall, 1998.

[2]   傅志方, 华宏星. 模态分析理论与应用 [M]. 上海: 上海交通大学出版社, 2000.

[3]   Rao S S. Mechanical Vibrations[M]. 5th ed. New Jersey: Prentice Hall, 2010.

[4]   张义民. 机械振动 [M]. 北京: 清华大学出版社, 2007.

[5]   闻邦椿, 刘树英, 张纯宇. 机械振动学 [M]. 2 版. 北京: 冶金工业出版社, 2011.

[6]   刘延柱, 陈立群, 陈文良. 振动力学 [M]. 3 版. 北京: 高等教育出版社, 2019.

[7]   Karnopp D C, Rosenberger R C. System Dynamics: A Unified Approach [M]. New York: John Wiley & Sons Inc., 1975.

[8]   任锦堂. 键图理论及应用——系统建模与仿真 [M]. 上海: 上海交通大学出版社, 1992.

[9]   王艾伦, 钟掘. 模态分析的一种新方法——键合图法 [J]. 振动工程学报, 2003, 16(4): 463-467.

[10] Borutzky W. Bond Graph Methodology: Development and Analysis of Multidisciplinary Dynamic System Models [M]. New York: Springer, 2010.

[11] Damić V, Montgomery J. Mechatronics by Bond Graphs: An Object-Oriented Approach to Modelling and Simulation[M]. 2nd ed. New York: Springer, 2015.

[12] Borutzky W. Bond Graphs for Modelling, Control and Fault Diagnosis of Engineering Systems[M]. 2nd ed. New York: Springer, 2017.

[13] 戴劲松, 王茂森, 苏晓鹏, 等. 现代火炮自动机设计理论 [M]. 北京: 国防工业出版社, 2018.

[14] de Kleer J, Brown J S. A qualitative physics based on confluences [J]. Artificial Intelligence, 1984, 24(1-3): 7-83.

[15] Williams R S. Learning to program by examining and modifying cases [C]. Proceedings of ICML-88, San Mateo, 1988.

[16] Iwasaki Y, Simon H A. Causality in device behavior [J]. Artificial Intelligence, 1986, 29(1): 3-32.

[17] Forbus K D. Qualitative process theory [J]. Artificial Intelligence, 1984, 24(1-3): 85-168.